高等职业教育“十四五”规划教材

黑龙江生物科技职业学院

高水平高职院校建设项目成果——项目化课程系列教材

禽病防治

马青飞　赵庶吏　　主编

中国农业大学出版社

·北京·

内容简介

本教材以学生就业需求为导向，是一本基于项目引导、任务驱动的项目式融媒体教材。教材内容主要面向规模化家禽养殖场，同时兼顾一般养殖户或养殖小区，贯彻“预防为主”的方针，在诊断方法上既照顾到基层采用的最基本的诊断方法，又体现出新技术快速准确的诊断手段。

本教材紧扣兽医化验员、动物疫病防治员、动物检疫检验员等国家职业标准和执业兽医资格考试大纲选择教学内容，设计了禽场传染病的流行和防控、禽场传染病的诊断与防控和禽场普通病的诊断与防控3个项目，选编了41种禽常见病和13个岗位技能训练。禽场规范化管理和标准化生产等先进理念贯穿全书；教材中设计了许多学生动手操作内容，边做边学、学中做、做中学，非常适合“工学结合”教学模式；重要的能力训练情境以视频说明，共选编了40余个。

本教材可作为高等职业教育畜牧兽医类学生的教学用书，也可作为畜牧兽医工作者的学习参考书。

图书在版编目(CIP)数据

禽病防治 / 马青飞，赵庶吏主编. -- 北京：中国农业大学出版社，2021.9(2025.1重印)
ISBN 978-7-5655-2625-1

Ⅰ.①禽… Ⅱ.①马… ②赵… Ⅲ.①禽病－防治 Ⅳ.①S858.3

中国版本图书馆CIP数据核字(2021)第197458号

书　　名 禽病防治
作　　者 马青飞　赵庶吏　主编

策划编辑 张　玉　　**责任编辑** 田树君　许晓婧
封面设计 郑　川
出版发行 中国农业大学出版社
社　　址 北京市海淀区圆明园西路2号　　**邮政编码** 100193
电　　话 发行部 010-62733489,1190　　读者服务部 010-62732336
编辑部 010-62732617,2618　　出　版　部 010-62733440
网　　址 http://www.caupress.cn　　**E-mail** cbsszs @ cau.edu.cn
经　　销 新华书店
印　　刷 北京溢漾印刷有限公司
版　　次 2022年4月第1版　2025年1月第2次印刷
规　　格 185 mm×260 mm　16开本　14.75印张　330千字
定　　价 44.00元

编 写 人 员

主　编　马青飞　赵庶吏

副主编　刘佰慧　张　磊　高金英

编　者　马青飞（黑龙江生物科技职业学院）

赵庶吏（北京农业职业学院）

刘佰慧（黑龙江生物科技职业学院）

张　磊（黑龙江生物科技职业学院）

高金英（黑龙江生物科技职业学院）

行业、企业指导　冯国峰

审　稿　汪晏伊　莫胜军　杨玉平　杜护华

数字资源建设人员

马青飞　汪晏伊　莫胜军　杨玉平　张　磊

前言
Preface

党的二十大报告明确提出了“深化教育领域综合改革，加强教材建设和管理”，体现了对教材建设的高度重视。禽病防治是高等职业教育畜牧兽医类专业的主干课程之一，其实践性、应用性和操作性均非常强。本教材遵照《职业院校教材管理办法》的文件精神，根据畜牧兽医类专业人才培养方向和目标，结合我国禽病中常发且危害较大的群发病为重点编写的。

在本教材编写过程中，我们遵循以下原则：以职业能力训练内容为主，以学术性理论探讨为辅；以禽病防治综合能力训练为主线，以单项技能训练为重点；内容选取以实用、适用和够用为标准。

本教材以学生就业需求为导向，以“项目引导，任务驱动”为基本形式，内容面向规模化家禽养殖场兼顾养殖户或养殖小区，贯彻“预防为主”的方针，在诊断方法上既照顾到基层采用最基本的诊断方法，又体现出新技术快速准确的诊断手段。本教材将禽病在不同学科体系中的课程集于一体，在处理好相关课程的同时，立足于当前畜牧业的岗位需要，着眼于未来发展趋势，充实新知识、新技术，并便于学生记忆。为了便于学生考取执业兽医资格证书，作者在查阅禽病相关现行标准、了解禽病最新研究成果的基础上，在本教材中设计了禽场传染病的流行和防控、禽场传染病的诊断与防控和禽场普通病的诊断与防控 3 个项目，每个学习项目包括项目描述、知识目标、技能目标、案例导入、项目小结、项目测试 6 个板块。

本教材特色是：基于项目引导、任务驱动的项目式新形态教材；禽场规范化管理和标准化生产等先进理念贯穿全书；教材中设计了许多学生动手操作内容，边做边学、学中做、做中学，非常适合“工学结合”教学模式；重要的能力训练情境以视频说明。

本教材的前言、项目二中任务 1、任务 2、技能训练及知识链接由马青飞编写，项目一、项目三中任务 3 及技能训练由刘佰慧编写，项目二中任务 3 由赵庶吏编写，项目三中任务 1 由张磊编写，项目三中任务 2 由高金英编写。数字资源由黑龙江生物科技职业学院马青飞、汪晏伊、莫胜军、杨玉平、张磊老师制作完成。本教材邀请了东北农业大学动物医院院长冯国峰进行行业、企业指导，由黑龙江生物科技职业学院汪晏伊、莫胜军、杨玉平、杜护华审定。

本教材在编写过程中，得到了黑龙江生物科技职业学院的大力支持，在此一并表示感谢，同时向参考文献中的作者表示诚挚的谢意。

由于时间仓促，编者水平有限，本教材错漏之处在所难免，恳请同行批评指正。

编　者

2025 年 1 月

目录
Contents

项目一
禽场传染病的流行和防控

项目描述

本项目是根据《国家职业技能标准——动物疫病防治员(2020年版)》《兽医化验员国家职业标准》中专业基础的要求分析而来的,通过对禽场疾病预防和控制的学习,使学生能够掌握禽病的综合防制措施。

知识目标

通过对禽病发生与传播的学习,使学生能够掌握禽病发生的原因、特征和传播的基本环节并能够进行综合性的防制。

技能目标

使学生能够掌握禽舍消毒的方法和程序,以及免疫接种的方法,能够按照正确的剖检程序解剖病鸡。

案例导入

家禽个体小、抵抗力弱、饲养密度大,一旦发病,传播相当迅速,会给养禽业带来严重的后果。禽病发生的原因包括哪些?通过哪些途径进行传播?

任务1 禽病的发生与传播

一、传染的概念及分类

(一)传染的概念

病原微生物通过一定途径侵入动物机体,并在一定的部位定居、生长、繁殖,从而引起机体一系列病理反应,这个过程称为感染,也叫作传染。

引起传染病的前提是要有病原微生物侵害到动物机体,可以引起动物发病的病原微生物一共有八大类,它们可以通过消化道、呼吸道甚至是皮肤黏膜进入动物体内,然后在一定的部位定居和生长繁殖,但不是所有的病原微生物进入体内之后都会定居和生长繁殖的,例如结核杆菌,当结核杆菌通过呼吸道进入动物体内,如果没有停留在肺泡,而是停留在气管和支气管,那么机体一天内就会将它们自动移除。

大肠杆菌通过消化道侵入动物的肠道,然后在大肠定居、生长、繁殖,但是大肠杆菌不一定会引起机体发生病理反应,这是因为大肠杆菌是肠道的常在菌群,正常的时候就会停留在肠道里的,只有当动物抵抗力弱或者菌株特别强的时候才会引起动物发病,符合了以上几个条件,我们就把使机体呈现出一种病理生理学的过程称为感染,又可以叫作传染。

二维码 1-1
传染的分类

(二)传染的分类(二维码 1-1)

动物感染病原微生物后会有不同的临床表现,从完全没有临床症状到明显的临床症状,甚至死亡,这是病原的致病性、毒力与宿主特性综合作用的结果。也就是说病原对宿主的感染力和致病力表现出很大差异,这不仅取决于病原本身的特性(致病力和毒力),也与动物的易感性和宿主的免疫状态以及环境因素有关。

病原微生物在感染过程中表现出各种形式或类型,可归纳如下:

1. 外源性感染和内源性感染

外源性感染是指病原微生物由动物体外侵入体内引起的感染,大多数传染病属于这一类;内源性感染是指动物体内条件性病原微生物引起的感染,这类病原微生物在机体机能正常的情况下,并不表现其病原性,但当机体受到外界环境影响致使抵抗力下降时,可大量繁殖,毒力增强,导致机体发病。

2. 单纯感染(单一感染)和混合感染

单纯感染(单一感染)是由一种病原微生物引起的感染;混合感染是由两种及以上病原

微生物同时参与引起的感染，如鸡大肠杆菌病和鸡白痢。一般而言，混合感染要比单纯感染多。

3. 原发性感染和继发性感染

原发性感染是指最早侵入机体的病原微生物引起的感染；继发性感染是指动物感染了一种病原微生物之后，在机体抵抗力减弱的情况下，由新侵入的或原来存在于体内的另外一种病原微生物引起的感染，称为继发性感染。混合感染和继发感染的传染病都会出现较为严重而复杂的临床症状和病理变化，极大地增加了诊断和防制的困难。

4. 显性感染和隐性感染，顿挫型感染和一过性感染

动物机体在临床上出现了该病明显症状的过程叫显性感染；感染后不呈现任何临床症状的过程称为隐性感染。有些隐性感染的动物虽然外表看不到症状，但体内可能呈现一定的病理变化；有些隐性感染的动物则既不表现临床症状，也无可见的病理变化，但它们却能排出病原微生物，通常只能靠实验室方法检出。隐性感染的动物在机体抵抗力下降时也可能转化为显性感染。

感染发生后，其经过并不趋向正常，一般称为顿挫型感染。就个体水平而言，尽管确实受到感染，但却不出现感染所特有的症状，这称为感染顿挫，此时的个体则称为带菌者。就细胞水平而言，则是指虽已发生病毒的感染，但病毒并不繁殖，也不连续释放新病毒。一过性感染是指开始时病情比较轻，未出现特征性的临床症状就已恢复的感染。

5. 局部感染和全身感染

由于动物机体的抵抗力较强，而侵入的病原微生物毒力较弱或数量较少，病原微生物被局限在一定部位生长繁殖，并引起一定病变，称为局部感染，如化脓性葡萄球菌、链球菌等引起的各种化脓创。在局部感染中，动物机体仍然作为一个整体，其全部防御机能都参加到与病原体的斗争中去。如果动物机体抵抗力较弱，病原微生物毒力强、数量多，则病原微生物就会冲破机体的防御屏障侵入血液向全身扩散，发生全身感染。其表现形式主要有菌血症、病毒血症、毒血症、败血症和脓毒败血症等。

6. 典型感染和非典型感染

在感染过程中表现出该病的特征性临床症状，称为典型感染。非典型感染则表现或轻或重的临床症状，与典型症状不尽相同。

7. 良性感染和恶性感染

传染病上的良性感染和恶性感染与其他普通病是不同的，传染病的良性感染和恶性感染是以死亡率为基础的，感染过程并不引起病畜大批死亡的，称为良性感染。感染过程引起病畜大批死亡的，称为恶性感染。

8. 最急性型、急性型、亚急性型和慢性型感染

病程短促，数小时至一天内，症状或病变不显著而突然死亡，为最急性型感染。常见于传染病的流行初期，如禽霍乱。病程较短，从几天至 2～3 周不等，并伴有明显的典型症状，为急性型感染；病程稍长，症状不如急性型显著，比急性型缓和，称为亚急性型感染；病程发展缓慢，常在一个月以上，临床症状不明显或不表现出来，为慢性型感染。

9. 病毒的持续性感染和慢性病毒感染

持续性感染是指动物长期的持续的感染状态。由于入侵的病毒不能杀死宿主细胞，而形成了共生平衡关系，感染动物可长期或终生带毒，而且经常或反复不定期地向外排出病毒，但常缺乏临床症状，或缺乏与免疫病理有关的症状，若由此种动物采取血液或脏器感染同种健康动物，常可成功感染。慢性病毒感染（又称长程感染）是指潜伏期长，发病呈进行性且最后常以死亡为转归的病毒感染。

10. 再感染和重复感染

再感染是指同一传染病在痊愈后，经过长短不等的时间再度感染。重复感染是指感染尚在进行中，同一种病原体再度侵袭而又感染。

以上感染类型都是从某个侧面或角度相对进行分类的，临床上各类感染常出现交叉、重叠和相互转化。认识这些感染类型，对于传染病的流行病学调查、预后的判断和防制具有重要的意义。

二、传染病的概念及分类

（一）传染病的概念及特征

凡是由病原微生物引起，具有一定的潜伏期和临床表现，并具有传染性的疾病，称为传染病。

传染病的表现虽然多种多样，但是也具有一些共同特性，根据这些特性可与其他非传染病相区别。这些特性是：

1. 传染病是在一定环境条件下由病原微生物与机体相互作用所引起的

每一种传染病都有其特异的致病性微生物存在，如禽流感是由禽流感病毒引起的，没有禽流感病毒就不会发生禽流感。

2. 传染病具有传染性和流行性

从患传染病的动物体内排出的病原微生物，侵入另一个有易感性的动物体内，能引起同样症状的疾病。像这样使疾病从患病动物传染给健康动物的现象，就是传染病与非传染病相区别的一个重要特征。当环境条件适宜时，在一定时间内，某一地区易感动物群中可能有许多动物被感染，致使传染病蔓延散播，形成流行。

3. 被感染的机体发生特异性反应

在传染病发展过程中由于病原微生物的抗原刺激作用，机体发生免疫生物学的改变，产生特异性抗体和变态反应等。这种改变可以用血清学等特异性反应检查出来。

4. 耐过动物能获得特异性免疫

动物耐过传染病后，在大多数情况下均能产生特异性免疫，使机体在一定时期内或终生不再患该种传染病。

5. 具有特征性的临床表现

大多数传染病都具有该种病特征性的综合症状和一定的潜伏期及病程经过。

(二)传染病的发生条件

任何传染病都是由其特异病原体引起的,如新城疫是由新城疫病毒引起的,可以说,病原微生物的入侵是传染发生的先决条件。但传染病的发生与传播则是病原体与宿主相互联系、相互作用的结果。病原体的存在并不意味着一定要发生传染病,必须具备下列3个条件,才能发生传染病:

1. 病原微生物必须具备一定的数量和足够的毒力以及适宜的传播途径

病原微生物必须具备一定的数量和毒力,通过适宜的传播途径(感染门户)侵入动物机体,才能引起感染。

2. 具有对该传染病有易感性的动物

病原微生物只有侵入有易感性的动物机体才能引起传染病。同等毒力和数量的病原微生物,侵入抵抗力不同的同一种动物,可产生不同的结果,有的临床症状严重,有的轻微,有的无任何临床表现。

3. 具有可促使病原微生物侵入易感动物机体的外界环境条件

外界环境条件能影响病原微生物的生命力和毒力,影响动物机体的易感性,对病原微生物接触和侵入易感动物的可能和侵害程度也有影响。

传染病发生的过程,是病原微生物的致病作用和机体的防御功能在一定的传播途径和外界环境条件下,不断相互作用的过程。只有具备一定数量和足够毒力的病原微生物以及适宜的传播途径、易感动物和适宜的外界环境这3个条件,传染病才能发生。了解传染病在动物个体中发生的条件,对于控制和消灭传染病具有重要的意义。

(三)传染病的发病经过

动物传染病的发病经过,多数情况下都表现出一定的规律性,一般分为潜伏期、前驱期、明显期(发病期)和转归期(恢复期)。

1. 潜伏期

由病原微生物侵入动物机体并进行繁殖时起,直到疾病最初的临床症状出现为止,这段时间叫潜伏期。传染病之所以出现潜伏期,是因为病原微生物进入机体后要生长繁殖,有一个数量积累的过程;移行到靶器官,到适合的部位定居;产生致病因素,作用于器官、组织,引起病理反应,从而呈现出症状。这些过程都需要一定的时间。

传染病表现出一定的潜伏期是区别于非传染病的一个特征;不同的传染病其潜伏期长短不同,即使是同一种传染病,它的潜伏期长短也有很大的变动范围,这是因为不同动物种属、品种或个体的易感性不同,病原微生物的种类、数量、毒力以及侵入的途径、部位等也有所不同而呈现出差异。一般情况下,急性传染病的潜伏期较短,潜伏期差异范围也比较小;

慢性传染病、非典型性传染病潜伏期差异较大，潜伏期也长。同一种传染病潜伏期短促时，疾病经过常较严重，潜伏期延长时，病程通常也较轻缓。处于潜伏期的动物可能排出病原体，成为传染源。了解各种传染病的潜伏期，有利于我们进一步认识疾病，为诊断作参考；同时也是进行隔离检疫、封锁期限的主要依据。

2. 前驱期

从出现疾病的最初症状开始到特征性症状出现为止，这段时期叫前驱期，是疾病的征兆阶段。多数传染病呈现体温升高，食欲减退，精神不振，呼吸、脉搏增速，生产性能降低等一般症状，但特征性症状不明显，难以确诊。

3. 明显期(发病期)

明显期是继前驱期之后，表现特征性症状的阶段，是该病发展的高峰阶段。该阶段会出现许多具有代表性的特征症状，具有诊断价值。

4. 转归期(恢复期)

从特征性症状出现到该传染病趋于结束，传染病发展的最后时期称为转归期。可以表现为痊愈(康复或免疫)或死亡。如病原体的致病力强，或动物体的抵抗力弱，则传染过程以动物死亡为转归。如果机体抵抗力逐渐增强，则临床症状逐渐消退，病理变化逐渐减弱直至消失，机体机能逐步恢复。

应当注意，康复期动物在一定时间内还会带菌(毒)、排毒，可能成为传染源，因此要倍加注意。

二维码 1-2

传染病的分类

(四)传染病的分类(二维码 1-2)

根据不同的分类方法可以将动物传染病分为不同的种类，下面分别介绍几种分类方法：

1. 按病原体的种类分类

可以分为病毒病、细菌病、支原体病、衣原体病、螺旋体病、放线菌病、立克次体病和霉菌病等。其中除病毒病外，其他病原体引起的动物传染病通常称为细菌性传染病。

2. 按动物的种类分类

可以分为猪传染病、鸡传染病、鸭传染病、鹅传染病、牛传染病、羊传染病、犬传染病、猫传染病、兔传染病以及人畜共患传染病等。

3. 按动物传染病的危害程度分类

(1)我国政府通常根据动物传染病对人畜致病的严重程度、造成经济损失的大小和国家扑灭措施的需要，将动物传染病分为一类、二类和三类。

一类动物传染病是指对人畜危害严重，需要采取紧急、严厉的强制性预防、控制和扑灭措施的疾病。

二类动物传染病是指可造成重大经济损失，需要采取严格控制、扑灭措施，防止扩散的疾病。

三类动物传染病是指常见多发，可造成重大经济损失，需要控制和净化的疾病。

(2)国际上世界动物卫生组织(OIE)将动物传染病分成A类和B类。

A类动物传染病是指超越国界，具有快速的传播能力，能引起严重的社会经济或公共卫生后果，并对动物和动物产品的国际贸易具有重大影响的传染病。按照《国际动物卫生法典》的规定，应将这类动物传染病的流行状况经常或及时地向OIE报告。

B类动物传染病是指在国内对社会经济或公共卫生具有明显的影响，并对动物和动物产品国际贸易具有很大影响的传染病。按规定应每年向OIE呈报一次疫情，但必要时也需要多次报告，这类动物传染病的种类较多。

三、禽病发生的原因

禽病种类繁多，比较复杂。根据病因、特征和危害程度，基本上可分为两大类：一类是由生物性因素引起的，通常具有传染性；另一类是由非生物性因素引起的，无传染性。

(一)生物性因素

禽病发生的生物性因素通常包括病毒性传染病、细菌性传染病、霉形体病、真菌病等。

例如，由病毒引起的禽病有新城疫、禽流感、马立克病、白血病、传染性法氏囊病、传染性支气管炎、传染性喉气管炎、禽脑脊髓炎、鸭瘟和小鹅瘟等；由细菌引起的有鸡白痢、禽副伤寒、大肠杆菌病、禽霍乱等；由支原体引起的鸡慢性呼吸道病；由衣原体引起的鸟疫；由真菌引起的曲霉菌病、念珠菌病等。

由病原微生物引起的疾病，是危害比较大的一类禽病。这些疾病不仅可以水平传播，甚至有些疾病，如白血病、禽脑脊髓炎、病毒性关节炎、支原体病和鸡白痢等，还可以经过种蛋垂直传播给下一代。此外，一些家禽传染病，如禽流感、大肠杆菌病、禽副伤寒、禽弯曲杆菌病、禽葡萄球菌病等，是人畜共患病，对人类健康有不同程度的危害，具有重要的公共卫生意义。

(二)非生物性因素

非生物性因素引起且没有传染性的疾病称为普通病。主要有营养代谢病、中毒病和与饲养管理因素有关的其他疾病等。

1. 营养代谢病

家禽由于解剖生理和代谢特点，对某些营养代谢性疾病较为敏感。随着饲料配方设计和饲料加工生产等科学技术水平的提高，大规模、严重性营养缺乏或代谢障碍性疾病已较少发生，但有时仍对生产造成一定的损失。一些养殖户为追求家禽增重、产蛋率等生产性能的提高，盲目滥用营养物质，超量饲喂维生素、矿物质和微量元素、油脂等，引起某些营养成分的过剩、代谢障碍甚至中毒。

2. 中毒病

由毒物引起的家禽中毒性疾病时有发生，并在家禽生产中造成较大的损失。例如，在使用磺胺类药物、庆大霉素、卡那霉素、亚硒酸钠等药物时剂量过大、使用时间过长；在使用杀虫剂时浓度过高；饲料中混有毒鼠药、杀虫剂等有毒物质；饲料中使用过量未去毒的棉籽饼或菜籽饼；使用含有黄曲霉毒素的发霉饲料饲喂家禽等。

3. 饲养管理不当

尽管家禽的饲养管理水平已有了很大的提高，但由于饲养管理不当引起的禽病仍时有发生。例如，雏禽冻伤、家禽热应激、严重缺水、过分拥挤引起啄癖；地面不平整或网、笼上突出的铁丝、刺、钩引起的皮肤和脚垫的创伤；禽舍由于氨气浓度过高、空气质量不好、垫料过分干燥尘土飞扬而引起眼结膜炎或上呼吸道疾病；产蛋禽由于受到异常声响或陌生人的惊吓，跳跃奔跑引起的卵黄性腹膜炎；冬季为了保温而忽视通风透气，长时间缺氧而加剧了肉鸡腹水综合征的形成等。

在普通病中，有些病亦可大批发生，并有较高的病死率。还有些病（如寄生虫病、营养代谢性疾病和慢性疾病等）虽然并不立即引起禽死亡，但能明显降低禽产品的数量和质量，从而造成一定的经济损失。因此，掌握常见禽病防治方法，对维护禽群健康和促进养殖业顺利发展具有十分重要的意义。

四、禽病发生的特征

（一）群发性

家禽个体小，抵抗力弱，实行群饲且饲养密度高，发病的初期不易发觉，暴发传染病后蔓延很快，而有些传染病，尚无有效的药物或疫苗防治，更容易造成严重的损失。

（二）并发感染和继发感染

由两种及以上病原微生物同时引起的感染称为并发感染。家禽已经感染了一种病原微生物之后，又有新侵入的或原来存在于体内的另一种病原微生物所引起的感染称为继发感染。生产实践中，多种病原体的并发感染或继发感染非常普遍，厌氧菌和需氧菌同时存在可能导致协同作用的发生。细菌混合共存，其中一些菌能抵御或破坏宿主的防御系统，使共生菌得到保护。更为重要的是并发感染常使抗生素活性受到干扰，体外敏感试验常不能反映混合感染病灶中的实际情况。病原体相互作用还使一些疫病的临床表现复杂化，给诊断和防治都增加了难度。

（三）症状类同性

在临床上，不同传染病的表现千差万别，但也具有一些共同特征。

1. 病原微生物与机体的相互作用

传染病是病原微生物与机体相互作用所引起，每一种传染病都有其特异的致病性微生物，如新城疫病毒感染鸡群引起鸡新城疫。

2. 具有传染性和流行性

病原微生物能在患病禽体内增殖并不断排出体外，通过一定的途径再感染另外一个易感性的健康禽体而引起具有相同症状的疾病。当具有适宜的条件，在一定时间内，某一地区易感禽群中可能有许多家禽被感染，致使传染病散播蔓延而形成流行。

3. 机体的特异性反应

在感染发展过程中由于病原微生物的抗原刺激作用，机体发生免疫生物学的改变，产生特异性抗体的变态反应等。

4. 具有一定的临床表现和病理变化

大多数传染病都具有其特征性的临床症状和病理变化，而且在一定时期或地区范围内呈现群发性疾病的表现。

5. 获得特异性免疫

多数传染病发生后，没有死亡的患病禽能产生特异性免疫，并在一定时期内或终生不再感染该种传染病。

当家禽发生疾病时，不同疾病有相似的症状，因此在诊断时，要综合分析，充分利用病理剖检和实验室检验等手段正确诊断。

五、禽病的传播

禽病传播的一个基本特征是能在家禽之间直接接触传染或间接通过媒介物（生物或非生物的传播媒介）互相传染构成流行，即家禽个体感染发病到家禽群体发病的过程，也就是传染病在家禽群中发生、发展以及终止的过程。传染病在禽群中蔓延流行，必须具备3个基本条件，也就是3个基本环节，即传染源、传播途径和对传染病有易感性的家禽。如果缺少任何一个条件，传染病就不可能发生与流行。

（一）传染源（二维码1-3）

传染源是指某种传染病的病原体在其体内寄居、生长、繁殖，并能排出体外的动物机体。具体来说传染源就是受感染的家禽，包括患病家禽和病原携带者。

二维码1-3

传染源

1. 患病家禽

病禽是重要的传染源。不同病期的病禽，作为传染源的意义也不相同。前驱期和症状明显期的病禽因能排出病原体且具有症状，尤其是在急性过程或者病程转剧阶段可排出大量毒力强大的病原体，因此作为传染源的作用也最大。潜伏期和恢复期的病禽是否具有传染源的作用，则随病种不同而异。

病禽能排出病原体的整个时期称为传染期。不同传染病传染期长短不同。各种传染病的隔离期就是根据传染期的长短来制定的。为了控制传染源，对病禽原则上应隔离至传染期终了为止。

2. 病原携带者

病原携带者是指外表无症状但携带并能排出病原体的动物。病原携带者是一个统称，如已明确所带病原体的性质，也可以相应地称为带菌者、带毒者、带虫者等。病原携带者排出病原体的数量一般不及病禽的，但因缺乏症状不易被发现，有时可成为十分重要的传染源，如果检疫不严，还可以随动物的运输散播到其他地区，造成新的暴发或流行。研究各种传染病存在形式的病原携带状态不仅有助于对流行过程特征的了解，而且对控制传染源、防止传染病的蔓延或流行也具有重要意义。病原携带者一般分为潜伏期病原携带者、恢复期病原携带者和健康病原携带者 3 类。

(1)潜伏期病原携带者　是指感染后至症状出现前能排出病原体的动物。在这一时期，大多数传染病的病原体数量还很少，此时一般不具备排出条件，因此不能起传染源的作用。但有少数传染病在潜伏期后期能够排出病原体，此时就有传染性了。

(2)恢复期病原携带者　是指在临床症状消失后仍能排出病原体的动物。一般来说，这个时期的传染性已逐渐减少或已无传染性了。但还有不少传染病在临床痊愈的恢复期仍能排出病原体。在很多传染病的恢复阶段，机体免疫力增强，虽然外表症状消失但病原尚未肃清，对于这种病原携带者除应考查其过去病史，还应做多次病原学检查，方能查明。

(3)健康病原携带者　是指过去没有患过某种传染病但却能排出该种病原体的动物。一般认为这是隐性感染的结果，通常只能靠实验室方法检出。这种携带状态一般为时短暂，作为传染源的意义有限，但是巴氏杆菌病、沙门氏菌病等健康病原携带者为数众多，可成为重要的传染源。

病原携带者存在着间歇排出病原体的现象，因此仅凭一次病原学检查的阴性结果不能得出正确的结论，只有反复多次地检查均为阴性时才能排除病原携带状态。在非疫区，防止引入病原携带者的意义重大，消灭和防止引入病原携带者是传染病防控中艰巨的主要任务之一。

二维码 1-4
传播途径

(二)传播途径(二维码 1-4)

病原体由传染源排出后，经一定的方式再侵入其他易感动物所经的途径称为传播途径。研究传染病传播途径的目的在于切断病原体继续传播的途径，防止易感动物被传染，这是防治禽传染病的重要环节之一。传播途径可分为两大类：一是水平传播；二是垂直传播。

1. 水平传播

(1)直接接触传播　是在没有任何外界因素的参与下，病原体通过被感染的动物(传染源)与易感动物直接接触(交配、啄咬等)而引起的传播方式。仅以直接接触而传播的传染病，其流行特点是一个接一个地发生，形成明显的链锁状。这种方式使疾病的传播受到限制，一般不易造成广泛的流行。

(2)间接接触传播　必须在外界环境因素的参与下，病原体通过传播媒介使易感动物发生传染的方式，称为间接接触传播。从传染源将病原体传播给易感动物的各种外界环境因素称为传播媒介。传播媒介可能是生物，也可能是无生命的物体。大多数传染病如禽流感、鸡新城疫等以间接接触为主要传播方式，同时也可以通过直接接触传播。两种方式都能传播的传染病也可称为接触性传染病。

间接接触一般通过如下几种途径而传播：

①经空气(飞沫、尘埃)传播　空气不适于任何病原体的生存，但空气可作为传染的媒介物，它可作为病原体在一定时间内暂时存留的环境。经空气而散播的传染主要是通过飞沫或尘埃为媒介而传播的。经飞散于空气中带有病原体的微细泡沫而散播的传染称为飞沫传染。呼吸道传染病主要是通过飞沫而传播的，如鸡传染性支气管炎(简称"传支")、传染性喉气管炎等。这类病禽的呼吸道往往积聚不少渗出液、刺激机体发生咳嗽或喷嚏，很强的气流把带着病原体的渗出液从狭窄的呼吸道喷射出来形成飞沫飘浮于空气中，可被易感动物吸入而感染。动物正常呼吸时，一般不会排出飞沫，只有在呼出的气流强度较大时(如叫鸣、咳嗽)才喷出飞沫。从传染源排出的分泌物、排泄物和处理不当的尸体散布在外界环境的病原体附着物，经干燥后，由于空气流动冲击，带有病原体的尘埃在空气中飘扬，被易感动物吸入而感染，称为尘埃传染。但实际上尘埃传染的传播作用比飞沫要小，因为只有少数在外界环境生存能力较强的病原体能耐过这种干燥环境或阳光的暴晒。能借尘埃传播的传染病有结核病、痘等。

经空气飞沫传播的传染病的流行特征是：因传播途径易于实现，病例常连续发生，患者多为传染源周围的易感动物。潜伏期短的传染病如流行性感冒等，易感动物集中时可暴发。未加以有效控制时，此类传染病的发病率多有周期性和季节性升高现象，一般以冬春季多见。病的发生常与禽舍条件及拥挤程度有关。

②经污染的饲料和水传播　以消化道为主要侵入门户的传染病如鸡新城疫、沙门氏菌病、结核病等，其传播媒介主要是污染的饲料和饮水。传染源的分泌物、排出物和病禽尸体及其流出物污染了饲料、牧草、饲槽、水池、水井、水桶，或由某些污染的管理用具、车船、禽舍等辗转污染了饲料、饮水而传给易感动物。因此，在防疫上应特别注意防止饲料和饮水的污染，防止饲料仓库、饲料加工场、禽舍、牧地、水源、有关人员和用具的污染，并做好相应的防疫消毒卫生管理。

③卵源传播　有的病原体存在于病鸡或感染鸡的卵巢或输卵管内，在蛋的形成过程中进入蛋内，有的蛋经泄殖腔排出时，病原体附着在蛋壳上。还有一些通过被病原体污染的各种用具和饲养人员的手而染菌(毒)。细菌或病毒进入蛋内的多少，主要取决于病变器官病原数量、蛋的污染程度、蛋的储存温度、蛋壳的完好程度、气温高低、空气湿度大小以及病原体的种类等条件。目前，已知由蛋传递的疾病有禽伤寒、鸡白痢、禽大肠杆菌病、鸡脑脊髓炎、禽白血病、病毒性肝炎、包涵体肝炎、减蛋综合征等。

④孵化室传播　主要发生在雏禽开始啄壳至出壳期间。这时雏禽开始呼吸，接触周围环境，就会加速附着在蛋壳碎屑和绒毛中的病原体的传播。通过这一途径传播的疾病有禽曲霉菌病、沙门氏菌病等。

⑤垫料和粪便传播　病禽的粪便中有大量的病原体，而病禽使用过的垫料常被含有各种各样的病原体的粪便、分泌物等污染。如鸡马立克病病毒、传染性法氏囊病病毒、沙门菌、

大肠杆菌和多种寄生虫虫卵等。如果不及时消除粪便和更换这些垫料,不严格消毒,禽群的健康就难以保证,同时还会殃及相邻的禽群。

⑥经污染的土壤传播　随病禽排泄物、分泌物或其尸体一起落入土壤而能在其中生存很久的病原微生物可称为土壤性病原微生物。它所引起的传染病有猪丹毒等。从以上实例可以看出,经污染的土壤传播的传染病,其病原体对外界环境的抵抗力较强,疫区的存在相当牢固。因此,应特别注意病禽排泄物、污染的环境、物体和尸体的处理,防止病原体落入土壤,以免造成难以收拾的后患。

⑦经设备、用具、其他动物和人传播　养禽场的一些设备和用具,尤其是一些禽群共用的设备和用具,场内外共用的设备和用具,如饲料箱、蛋箱、装禽箱、运输车等,往往管理不善,消毒不严,都是传播疫病的重要媒介。飞鸟、鼠类、野生动物、蚊蝇等也能传播疫病。如鼠类传播沙门氏菌病、钩端螺旋体病,野鸭传播鸭瘟等。饲养人员和兽医工作者如不注意遵守防疫卫生制度,消毒不严时,也容易传播病原体。如在进出病禽和健康禽的禽舍时可将手上、衣服、鞋底沾染的病原体传播给健康禽。兽用体温计、注射针头以及其他器械消毒不严就可能成为鸡新城疫等病的传播媒介。

⑧混群传播　某些病原体往往不会使成年鸡发病,但它们可能是带菌、带毒和带虫者,具有很强的传染性。假如把后备鸡群或新购入的鸡群与成年鸡群混合饲养,往往会造成许多传染病的暴发流行。由健康带菌(毒)和带虫的家禽而传播的疫病有鸡霍乱、鸡传染性鼻炎、鸡白痢、鸡败血支原体病、鸡传染性支气管炎、鸡传染性喉气管炎、鸡马立克病、淋巴性白血病、球虫病、组织滴虫病等。

⑨羽毛传播　鸡马立克病病毒存在于病鸡的羽囊中,如果对这种羽毛处理不当,可以成为该病的重要传播因素。

2. 垂直传播

垂直传播主要表现为病原体的经卵传播。卵细胞携带病原体,在发育时使胚胎受到感染称为经卵传播。经卵传播的病原体有鸡白痢沙门菌、禽白血病病毒、禽腺病毒、鸡传染性贫血病毒、禽脑脊髓炎病毒等。

家禽传染病的传播途径比较复杂,每种传染病都有其特定的传播途径,有的只有一种途径,有的有多种途径,即使是同一种传染病,不同的病例也可有不同的传播途径。掌握病原体的传播方式及各传播途径所表现出来的流行特征,有助于对传染病的诊断。

(三)易感禽群

易感性是指禽对于每种传染病病原体感受性的大小。禽易感性的高低虽与病原体的种类和毒力强弱有关,但主要还是由禽体的遗传特征、疾病流行之后的特异免疫等因素决定的。外界环境条件如气候、饲料、饲养管理卫生条件等因素都可能直接影响禽群的易感性和病原体的传播。

1. 禽群的内在因素

不同种类的动物对于同一种病原体表现的临床反应有很大的差异,这是由遗传性决定的。不同品系的动物对传染病抵抗力的遗传性差别，往往是抗病育种的结果。例如通过选种培育而成的白来航鸡对雏鸡白痢沙门菌的抵抗力有一定的增强。一定年龄的动物对某些传染病的易感性较高，如幼禽对大肠杆菌、沙门菌的易感性较高。年轻的禽群对一般传染病的易感性较年老者为高，这往往和禽的特异性免疫状态有关。

2. 禽群的外界因素

各种饲养管理因素包括饲料质量、禽舍卫生、粪便处理、拥挤、饥饿以及隔离检疫等都是与疫病发生有关的重要因素。在考虑同一地区同一时间内类似农场和禽群的差别时，很明显地可以看出饲养管理条件是非常重要的疾病发生因素。但对于这些饲养管理因素在农场条件下的实际重要性还很少进行过周密对照的研究，因此它们对疫病发生的影响很难具体测定。

3. 特异免疫状态

在某些疾病流行时，禽群中易感性最高的个体易于死亡，余下的禽或已耐过，或经过无症状传染都获得了特异性免疫力。因此，某些疾病发生流行之后该地区禽群对该病的易感性降低，疾病停止流行。

禽病传播，就是来自传染源的病原体通过一定的传染途径，使那些有易感性的禽感染发病。传染源、传播途径、易感禽这 3 个因素缺一不可，相互联系构成了传染病的流行过程。

任务2　禽场疾病预防与控制

家禽生产是群体化、集约化的，如果预防不力，发生了疾病，传播相当迅速，不仅会耗费大量的人力、物力、财力，而且即使能够挽救一些病禽，其生产性能和经济效益也会受到影响。因此家禽养殖过程中一定要以预防为主，尽量避免疫病的发生。预防禽病的饲养管理和卫生防疫措施，就像一条环状链条的各个环节，缺一不可。只有抓好每个环节，才能使疫病无机可乘，无孔可入。

一、建立兽医卫生防疫制度

搞好环境卫生、严格消毒，达到养禽场的健康水平和抗病能力的水平是预防疾病的重要措施。

(一)场区卫生防疫制度

(1)禽场门口消毒池内要经常保持 50～80 cm 深度的有效消毒液，由专人负责定期更换药液，每天更换 1 次；凡进入场内的车辆必须对车身车厢进行喷雾消毒 5 min；进入场区内的人员要洗手、消毒、换鞋，经紫外线照射消毒后进入。

(2)场区道路要求平坦易消毒，道路两旁植树绿化，设置排水沟，沟底硬化，不积水，有一定坡度，排水方向从清洁区流向污染区。

(3)生活管理区要求卫生整洁，每隔 2 d 对生产区的地坪进行冲洗，每月环境消毒 2 次。

(4)非工作人员不得进入生产区，工作人员必须每天淋浴、更衣后方能出入。

(5)生产区净道和污道分开，工作人员、饲料车走净道，粪车、淘汰禽、病死禽走污道。每天要清除粪道的积粪，以免造成氨气浓度过大。

(6)用过的废弃物如针头、药瓶、疫苗瓶要集中处理、烧毁；每天用过的纱布、试管、授精器具要清洗。

(7)场内禁止饲养其他畜禽，也不允许采购禽肉进入食堂。

(二)舍内卫生防疫制度

1. 新建禽舍要求

屋顶、墙壁和地面要光滑，使用前用消毒液消毒一次。饮水器、料桶、其他设备充分清洗消毒后方可进舍。

2. 旧禽舍要求

首先撤出养禽设备(饮水器、料槽等)，彻底清扫禽舍地面粪便、羽毛以及窗台、屋顶每一个角落的尘土，然后用高压水枪由上到下、由内向外冲洗，要求无羽毛、无粪便、无尘土。待禽舍干燥后，再用消毒液从上到下整体喷雾消毒一次。撤出的饮水器、料槽等设备用消毒液浸泡 30 min，然后用清水冲洗，在阳光下暴晒 2～3 d，搬入禽舍。进禽前 6～7 d，封闭门窗，舍内温度 25～27 ℃，相对湿度 75%～80%，每立方米用高锰酸钾 21 g、福尔马林 42 mL，熏蒸 24 h，打开门窗通风 2 d。

3. 禽舍消毒

禽舍卫生的核心工作就是消毒，消毒是贯彻“预防为主”的一项重要措施。消毒的目的是消灭传染源散播于外界环境中的病原体，以切断传播途径，阻止病症继续蔓延。

(1)严管禽舍进出口　在门口设脚踏消毒池和消毒盆，消毒液用 10% 的百毒杀加水 400 倍，消毒液每天更换一次。每周应更换一次消毒药，以保持经常有效的消毒作用。

工作人员进入禽舍必须洗手、脚踏消毒液，进舍前更换工作服、鞋。工作服应经常清洗、消毒。工作服不能穿出禽舍。

(2)预防性消毒　结合平时饲养管理，对禽舍、场地、用具、饮水等进行定期消毒，计划性消毒。

(3)临时消毒　当发生禽传染病时，病禽舍、病禽分泌物、排泄物、死禽污染场地、用具、物品等定期多次消毒，必要时每天进行消毒。

(4)终末消毒　病禽解除隔离，痊愈或死亡，解除封锁疫区，对残留的分泌物、场舍要进行彻底大消毒。

综合上述消毒，一种是机械性消毒：清扫、洗刷、通风，另一种是物理性消毒：阳光暴晒，紫外线灯照射，高温。在禽舍用化学药品消毒最彻底。选择性使用消毒液，最好两种消毒液交替使用，对杀死病原微生物较有效。禽舍坚持每周带禽消毒 2～3 次，禽舍工作间每天清扫一次，每周消毒一次。

4. 饲养人员不得互相串舍

禽舍内工具固定，不得串用，进禽舍的所有用具必须消毒后方可使用。

5. 及时捡出死禽、病禽、残禽、弱禽，做出诊断并采取相应处理措施

6. 定期做好灭鼠、灭蚊、灭蝇工作

7. 采取“全进全出”的饲养制度

“全进全出”是指同一栋禽舍或全场在同一时间饲养同龄的家禽，在同一时间出售或出栏。现代家禽生产都应采用“全进全出”的饲养管理制度。这种制度便于生产管理，可以实行统一的饲养标准、技术方案和防疫措施。家禽出场后，可以彻底清洁、消毒禽舍及全部养禽设备，以杜绝病原的循环感染，降低死亡率，提高禽舍利用率。

(三)粪便的无害化处理

家禽粪便中有好热性细菌，经堆积封闭后，可产生热量，使内部温度达到 80 ℃左右，从而杀死病原微生物和寄生虫卵，达到无害化处理的目的。对于恶性传染病或对人有危害的某些传染病的家禽粪便应进行深埋、焚烧或化学处理。深埋法即挖深坑，并在粪便表面撒上石灰，再填 0.5～1.0 m 厚的土即可。粪便量较少或垫草较多时，可以采用焚烧法，在草上堆上粪便焚烧，若燃烧不完全可加干草或油类助燃，直至烧完。也可以将粪便填入坑内，再加上适量化学药品，如 2%来苏儿、20%漂白粉或 3%甲醛等，搅拌均匀，填土长期封存。

二、防止疾病传播

传染病的发生必须有传染源、传播途径和易感家禽。人、病死家禽、带毒(菌)家禽、鼠类和蚊、蝇、蜱、虻等，是家禽场疫病的主要传染源和传播途径。如果能杜绝传染源的出现，切断传播途径，则基本上可杜绝传染病的发生。

(一)控制人员流动

人是造成传染疾病发生的潜在因素之一。由于人自身感染而散播疾病的情况极为罕见。但是，往往由于人们使用了污染的设备，或者是在管理禽群时太大意，从而造成疾病的散播。生产实践中，饲养人员要严格执行消毒制度，防止病菌的传播。因此，在养禽场中应专门设置供工作人员出入的通道，进场时必须通过消毒池、淋浴更衣。最大限度地防止可能携带病原体的工作人员进入养殖区。同时应严禁一切外来人员进入或参观家禽养殖场区。工作人员不能在生产区内各禽舍间随意走动。

(二)隔离饲养

将假定健康禽、病禽、可疑病禽控制在一个有利于生产和便于防疫的地方，称为隔离。

隔离是预防、控制和扑灭传染病的重要措施。通过隔离,可以有效控制传染源,防止病禽继续扩散传染,将疫情控制在最小范围内就地扑灭,在国内外的应用非常普遍。

传染病发生时,兽医人员应深入现场,对感染禽群逐只进行临床检查或血清学检验,查明疫病在群体中的分布状态,根据检查结果,将受检禽分为病禽、可疑病禽、假定健康禽 3 类,分别采取处理措施。

(三)康复带菌(毒)禽的处理

康复带菌(毒)禽都是已从临床诊断感染恢复的禽类,但它们本身的某些部分仍然有传染性微生物存在。这类禽虽然貌似健康,但传染因子还会继续在体内繁殖,并排入周围环境,能在禽场散播疾病,威胁其他禽群,许多常见的疾病都是由它们传播的。这些带菌(毒)禽能通过各种途径构成疾病的潜在来源。因此,对这类禽应单独饲养或淘汰。

(四)病死禽处理

病死禽处理是避免环境污染、防止与其他家禽交叉感染的有效方式。

1. 焚烧法

焚烧法是一种传统的处理方式,是杀灭病原体最可靠的方法。可用专用的焚尸炉焚烧死禽,也可利用供热的锅炉焚烧。但近年来,许多地区制定了防止大气污染条例,限制焚烧炉的使用。

2. 深埋法

深埋法是一个简单的处理方法,费用低且不易产生气味,但埋尸坑易成为病原的贮藏地,并有可能污染地下水。故必须深埋,且有良好的排水系统。

3. 堆肥法

堆肥法已成为场区内处理死禽最受欢迎的选择之一。经济实用,如设计并管理得当,不会污染地下水和空气。运死禽的容器应便于消毒密封,以防运送过程中污染环境。

(五)杀虫灭鼠

1. 杀虫

害虫是禽场疾病的传染源或传染媒介,包括蚊、蝇和蜱等节肢动物的成虫、幼虫和虫卵。常用的杀虫方法分为物理性、化学性和生物性 3 种方法。

(1)物理杀虫法　是采用机械性的拍打捕捉、火焰烧杀、沸水或蒸汽热杀,也可选用电子灭蚊、灭蝇灯具杀虫。

(2)生物杀虫法　主要是通过改善饲养环境,阻止有害昆虫的滋生达到减少害虫的目的。平时改造好禽舍环境,填平禽舍内外的污水坑,疏通排水及排污系统,及时清除垃圾和积粪,禽粪做堆积发酵和无害化处理,病死禽及时深埋或焚烧。

(3)化学杀虫法　是指在养殖场舍内外的有害昆虫栖息地、滋生地大面积喷洒化学杀虫剂,以杀灭昆虫成虫、幼虫和虫卵的措施。常见的杀虫剂包括有机磷杀虫剂,如敌敌畏、倍硫磷、马拉硫磷等;除虫菊酯类杀虫剂,如胺菊酯等;硫酸烟碱类以及多种驱避剂,如邻苯二甲酸二甲酯、避蚊胺等。粪池和排水沟在蚊蝇繁殖季节,每周用0.5%敌百虫或0.2%溴氰菊酯洒布。

2. 灭鼠

鼠类作为人和动物多种共患病的传播媒介和传染源,可以传播许多传染病。在规模化养禽生产实践中,要根据害鼠的种类、密度、分布规律等生态学特点,在圈舍墙基、地面和门窗的建造方面加强投入,让鼠类难以藏身和滋生;在管理方面,应从禽舍内外环境的整洁卫生等方面着手,让其难以得到食物和藏身之处,并且要做到及时发现漏洞及时解决。可采用器械灭鼠,用各种工具以不同方式扑杀鼠类,如关、夹、压、扣、套、翻、堵、挖、灌等。目前通过灭鼠药杀鼠是应用较广的方法。

(六)控制飞鸟入舍

飞鸟传播禽病的可能性比鼠类更大,这是因为许多飞鸟对多种家禽的传染病和外寄生虫病易感。开放式禽舍要设置纱窗网或铁丝网防护,也可用人工驱赶或捕捉等办法,赶走在禽舍等建筑物上筑巢的飞鸟。

三、建立科学的饲养管理制度

实行科学的饲养管理是养禽场的基本措施,也是搞好卫生防疫工作的基础,这样才能提高禽场的效益。只有坚持以"预防为主",实行科学的饲养管理,搞好清洁卫生,才能从根本上增强禽群的抵抗力。

(一)建立岗位责任制度

在禽场的生产管理中,要使每一项生产工作都有人尽心去做,充分发挥生产者的主观能动性和聪明才智,需要建立联产计酬的岗位责任制。

联产计酬岗位责任制的制定主要是责、权、利分明。内容包括:承担哪些工作职责、生产任务或饲养定额;必须完成的工作项目或生产量;规定奖罚细则。根据生产实践经验,对技术员和饲养员岗位责任制度大体有如下几种办法:

1. 完全承包法

对饲养员停发工资及一切其他收入,每只禽按入舍计算交蛋,超过部分全部归己。育成禽、淘汰禽、饲料、禽蛋都按场内价格记账结算,经营销售由场部组织进行。本办法经营者省时省力,能充分发挥饲养员的主观能动性,但对饲养员个人来说风险很大。

2. 超产提成承包法

对饲养员基本工资固定,确定各项承包指标,承包指标为平均先进水平,要经过努力才能超额完成。奖罚的比例以奖多罚少为原则。这种承包办法各种禽场都可以采用。

3. 有限奖励承包法

养禽场为防止饲养员因承包超产收入过高,可以采用按百分比奖励的办法。如一鸡场对育雏育成人员承包办法，20周龄育成率为90%，日工资每人每天为30元，超过一个百分点奖励2元。育成率最高100%，日工资为50元，等于封顶。如果基数定的低了，奖励可高一些。

4. 计件工资法

养禽场有许多工种可以采用计件工资的办法，如每加工一吨饲料、每鉴别一只母雏，工资报酬是多少。对销售人员取消工资，按销售额提成。只要指标定得恰当，都能调动职工的主观能动性。

5. 目标责任制

现代养禽企业投入与产出的关系呈标准化、高度机械化和自动化，用人很多，生产效率很高，工资水平也很高，在这种情况下不用承包制而使用目标责任制，完成目标拿工资，年终还有红包，完不成者将被辞退。这种制度适用于私有现代化养禽企业。

承包办法必须按期兑现。由于生产成绩突出而获得高额奖励，必须如数付给。如因指标确定不当也应兑现。承包指标不应经常修订，应在年初修订，场方与饲养人员签订合同，合同期至少一年或一个生产周期。

建立了岗位制，还要通过各项记录资料统计分析，不断进行检查，用计分方法科学计算出每一职工、每一部门、每一生产环节的工作成绩和完成任务的情况，并以此作为考核成绩及奖罚的依据。

(二)制定技术操作规程

技术操作规程是养禽场按照科学的管理制定出日常工作的技术规范。不同饲养阶段的禽群，按照生产周期制定不同的技术操作规程。主要内容有：对主要生产任务提出具体的生产指标，使饲养人员明确目标，重点管理；按不同的饲养阶段分步落实并采取先进的生产技术。

在制定过程中要集体研究、认真讨论、综合分析，并结合本场实际制定出切实可行的技术操作规程，同时要有贯彻执行的保证措施。

(三)实行“全进全出”的饲养管理制度

“全进全出”是指同一栋禽舍或全场在同一时间饲养同龄的家禽，在同一时间出售或出栏。现代家禽生产大都采用“全进全出”的饲养管理制度。因为不同阶段的家禽有不同的易发疾病，禽场内如果有几种不同饲养阶段的家禽共存，较大的禽群可能带有某些病原体，本身虽不发病却不断地将病原体传给同场内日龄小的敏感雏禽，引起疾病的暴发。全进全出的饲养方法，便于生产管理，可以实行统一的饲养标准、技术方案和防疫措施。家禽出场后，可以彻底清洁、消毒禽舍及全部设备，以杜绝病原体的循环感染，降低死亡率，提高禽舍利用率。

(四)建立观察和登记制度

1. 经常观察禽群

观察禽群的目的是为了了解禽群的健康与采食状况，挑出病禽、停产禽，同时拣出死禽。有些病禽虽经治疗可以恢复，但恢复后也往往要停产很长一段时间，所以病禽以尽早淘汰为好。及时发现和淘汰病禽，可提高全年的产蛋量和饲料效率，减少饲料浪费，节约劳力，预防传染病和降低死亡率。

2. 做好生产记录工作

生产记录的内容很多，最低限度必须包括以下几项：产蛋量、存活、死亡和淘汰只数、饲料消耗量、蛋重和体重。管理人员必须经常检查禽群的实际生产记录，并与该品种禽的性能指标相比较，找出问题，以便及时修正饲养管理措施。

禽舍从早到晚按时间规划，制定出每项具体操作内容和时间，使每天的饲养管理工作按部就班准时完成。以笼养产蛋鸡为例，制定的工作日程(表 1-1)。

表 1-1　笼养蛋鸡工作日程

时间	工作内容
5:30	开灯；抽查触摸鸡只嗉囊，掌握消化状况。
6:30	喂料；观察鸡群采食、饮水、粪便情况；检查食槽、饮水器；如有异常及时采取相应措施；记录室内温度；清刷水槽，打扫室内外卫生等。
7:30	早餐
9:30	匀料一次，检查饮水器供水情况，抓回地面的跑鸡。
10:30	捡蛋
11:30	喂料；观察鸡群采食、饮水、粪便情况；检查食槽、饮水器状况。
12:00	午餐
14:00	检查食槽、饮水器状况。
15:00	喂料；观察鸡群采食、饮水、粪便状况。
17:00	捡蛋、打扫室内卫生，擦拭灯泡(每周一次)；做好饲料消耗、产蛋、死亡、淘汰鸡数记录工作。
17:30	匀料一次，检查饮水器供水情况；抓回地面的跑鸡。
18:00	晚餐，关灯。
20:00	喂料；1 h后关灯；抽查触摸鸡只嗉囊，以掌握采食情况。

(五)保证饲料和饮水卫生

俗话说“病从口入”，饲料和饮水卫生不好，就会给病原体的侵入大开方便之门。因此，饲料和饮水卫生是养禽生产的关键因素，也是预防疾病的先决条件。

1. 供应全价配合饲料

根据禽类不同品种、不同日龄以及不同用途的要求和不同生长时期的营养需要，选用优质全价的营养饲料，以保证对蛋白质、矿物质、维生素及微量元素的需要。一次配制饲料量不宜过多，尤其是在夏季，最好现配现用，所用的饲料要相对稳定，不要突然改变饲料，在配制、贮存、运输等环节要防止污染、霉败、变质、生虫等。饲喂前，应仔细检查。更不能饲喂发霉变质及含有毒物的饲料。要定时定量饲喂，这样既可满足禽的营养需要，又可避免浪费饲料。

2. 适宜温度和合理光照

对禽群要精心管理。根据禽的生长发育需要，舍内要保证适宜温度和合理光照，尤其是雏禽，温度过低会诱发很多疾病，光照不足会引起钙的代谢障碍，产蛋禽舍温度过低和光照不足会直接降低产蛋率。改变温度和光照时，应该遵守循序渐进的原则，不能剧增猛减，以防破坏禽的生理平衡，舍内冬天要防寒保暖，夏天能避暑降温。

3. 禽舍环境要保持清洁干燥，做到“六净”

“六净”指禽体干净、饲料干净、饮水干净、用具干净、工具干净和垫草干净。禽舍在做好清洁消毒的基础上，应保持良好的通风，并认真做好防野鸟、防昆虫、防鼠害和防人为污染的工作。禽舍地面要硬化，窗户要加纱网，杜绝鸟类、昆虫和鼠类进入。禽舍严禁外人进入，饲养人员应穿工作服、工作鞋，并严格消毒。

家禽生产中要防止饲料污染、霉败、变质、生虫等。对每种饲料原料进行化验分析，特别是对鱼粉、肉骨粉等质量不稳定的原料，要经过严格检验后才能使用。生产场应配备专用运料车辆，饲料应分禽舍专用，不能互相混用。饲料要求新鲜，应当每周送到禽舍一次，散装饲料塔的容积应能容纳 7 d 的饲喂量和 2 d 的贮备量。对运输饲料卡车进行有效的消毒，卡车必须驶过加有良好消毒液的消毒池，驾驶室和车子底盘部分可以用同样的消毒溶液喷洒。因为运料卡车是致病微生物侵入禽舍的一个重要途径。对饲料槽等应经常清洗，保持干净。

家禽的饮水卫生问题十分重要，一般要求饮用优质地下水，并定期测定水中大肠杆菌数量和固体物总量，前者要求不超过 2 万个/mL，后者不得超过 290 mg/L。饮水消毒一般用氯制剂，并按说明使用。在 7 日龄前用温开水，8～10 日龄用半开水，11 日龄后用自来水。饮水可用消毒药处理，以提高其安全性，也可经常在饮水中给予高锰酸钾、碘制剂等消毒剂，如果使用饮水器或水槽每天应清洗消毒 1 次，饮水器内的水至少每天应更换两次，杜绝喝过夜水。10 日龄以后的禽最好用杯式饮水器或乳头式饮水器，可大幅度地减少供水量，杜绝污染，符合禽群饮水卫生要求。

(六)搞好环境建设和卫生管理

1. 环境建设

绿化可以吸尘灭菌，净化空气。绿色植物可以利用太阳能吸收二氧化碳，放出氧气。槐、柳、梧桐等树木还可以吸收其他有害气体。禽舍排出的粉尘带有大量的毛屑和其他污染物，由树木草皮的吸附、过滤、降落、经雨淋洗不断清除，从而减少空气中的细菌和污染物的含量。树木经光合作用可以产生大量的氧气，有些绿色植物还能分泌具有杀菌性的挥发性物质，可以消灭有害微生物和病原菌。绿化可以美化环境，让饲养人员生活在“花园式”禽场中，身心愉快地工作和生活，对稳定饲养人员队伍，提高养殖生产效益有重要作用。

禽舍周围植树种草，使进入禽舍的空气经过“预冷”，从而降低夏季舍内温度。冬季由于树木的阻挡，可以降低气流速度，减轻冬季冷风对禽舍造成的危害。

2. 卫生管理

(1)排污　禽场中每天产生大量禽粪和污水，其中含有大量的微生物，妥善地排出各栋舍内的粪便和污水，是保证环境卫生的重要措施。禽舍内应有下水道，将污水排出场外。排出的污水应进行无害化处理。禽场有专门的净道和污道，净道专门运输饲料和产品，污道运送禽粪、病死禽和垃圾。禽场应有粪便处理场，位于主风向的下方或坡度下处，禽粪要经发酵或烘干处理，并进行无害化处理。

(2)消毒　入舍前，场内、舍内的一切设备、设施都应进行消毒处理。场内应有消毒池、洗浴室、更衣室、消毒隔离间。职工经消毒后，穿工作服、工作鞋方能进入舍内。严格控制人员及车辆进出，做好人员分工，专人或分片负责各自的卫生区，定期或不定期地对饮水、禽体、用具、禽舍及周围环境进行消毒，要经常保持清洁、干燥，防止交叉感染。禽场的垃圾、杂草、粪便及污物要做到及时清除，病死禽经诊断后，应及时焚烧或深埋，防止病原微生物的滋生、蔓延。

(3)通风　禽舍通风不良，容易导致病原微生物的大量繁殖，禽群长期生活在污浊的空气中，机体抵抗力下降，极易发生各种疾病。禽舍在做好清洁消毒的基础上，禽舍内部应保持良好的通风，尽量降低舍内有害病原菌的数量，减少禽群感染的机会。

(4)控湿　绝大多数病原微生物都是在适温和高湿的条件下大量繁殖的，因此控制舍内湿度非常重要。通常控湿的方法有加强通风换气、及时清粪、使用乳头饮水器、减少舍内作业用水、勤换垫料等。

四、免疫接种

免疫接种是激发动物机体产生特异性抵抗力，使易感动物转化为不易感动物的一种手段。为防止传染病的发生，在平时有计划地给健康禽群进行的免疫接种称为预防接种。预防接种通常使用疫苗、菌苗、类毒素等生物制剂作为抗原激发免疫。用于人工自动免疫的生物制剂统称为疫苗，包括由细菌、支原体、螺旋体制成的菌苗；用病毒制成的疫苗和用细菌外毒素制成的类毒素等。根据其性质的不同，采用皮下、皮内、肌内注射、皮肤刺种、点眼、滴鼻、喷雾、口服等不同的接种方法。接种后可获得数月至一年以上的免疫力。

五、药物预防(二维码 1-5)

二维码 1-5
药物预防

群体化学药物预防是传染病防制的一个较新的途径，对某些疫病在具有一定条件时也可以收到明显效果。所谓群体是指包括没有症状的禽群单位。

养禽场可能发生的疫病种类很多，其中有些病目前已研制出有效的疫苗，还有不少疾病尚无有效的疫苗，有些病虽说有疫苗但实际应用还有很多问题。而且,家禽无法用语言与人类进行沟通,所以当人们发现家禽患病时,体内组织器官的功能和完整性已经受到损害,此时即使通过投放药物减少死亡损失,但是生产性能也会受到很大的影响。因此,防治疾病除了加强饲养管理,搞好检验检疫、预防接种和消毒工作外,应用药物预防也是一项重要措施。以安全药物加入饲料或饮水中进行群体化学药物预防,即所谓的添加剂。常用的有磺胺类药物和抗生素,还有诺氟沙星、吡哌酸等,对预防雏鸡白痢、禽类肠炎、慢性呼吸道疾病等具有良好效果。

长期使用化学药物预防,容易产生耐药菌株,影响防制效果,因此需要选用高敏的药物。而且,长期使用抗生素等药物预防某些疾病,如大肠杆菌、沙门菌等,一旦形成耐药菌株会对人类健康造成严重危害。因此,目前我们应该倾向于以疫(菌)苗来防制这些病病,而不主张采用药物预防的方法。

六、消毒

消毒是传染病预防措施中的一项重要内容,它可将养殖场、交通工具和各种被污染物体中病原微生物的数量减少到最低或无害的程度。具体的消毒内容有以下几点:

(一)环境消毒

经常清除禽舍附近的垃圾、杂草;定期进行灭鼠和杀虫,防止活体媒介物和中间宿主与禽接触;消灭蚊蝇滋生地,消灭疫病的传染媒介,及时清除死禽和病禽,禁止犬、猫及饲养员食用死禽、病禽,必须深埋或烧毁,场内禁止养狗、养猫、养鸽子、飞鸟等。

(二)人员消毒

凡进入禽舍人员必须经过消毒,进入禽舍要换衣、帽、胶鞋。胶鞋必须浸入消毒池(缸)内。禽场生产区谢绝参观。

(三)禽舍消毒

禽舍消毒的程序:清空禽舍、清扫、清洗、整修、检查、化学消毒。

1. 清空禽舍

将所有家禽全部清转。

2. 清扫

在禽舍内外将笼具清扫干净。清扫的顺序为由上到下、由里到外。

3. 清洗

对天花板、横梁、壁架、地板用高压水枪进行清洗。清洗的顺序同清扫。

4. 整修

冲洗之后,对各种损坏的东西进行整修。如地板、门窗及禽舍内的其他固定设施。

5. 检查

对清扫、清洗、整修后的禽舍进行检查,合格后进行下一步工作,不合格的要重做。

6. 化学消毒

清洗干燥后才能进行化学消毒。禽舍最好使用 2 种或 3 种不同的消毒剂进行 2～3 次的消毒，只用一种消毒剂消毒效果是不完全的，因为不同的病原体对不同消毒剂的敏感性不同，一次消毒不能杀灭所有的病原体。一般化学消毒的顺序为：碱性消毒剂消毒，酚类、卤素类、表面活性剂或氧化剂消毒，甲醛熏蒸消毒。

①碱性消毒剂消毒　一般用 2%～3%的氢氧化钠或用 10%的石灰乳。氢氧化钠可喷雾消毒，石灰乳可粉刷墙壁和地面。

②酚类、卤素类、表面活性剂或氧化剂消毒　酚类消毒剂可用 3%～5%的煤酚皂或 0.3%～1%的复合酚；卤素类，可用 5%～20%的漂白粉乳剂；表面活性剂可用百毒杀。氧化剂可用 0.5%的过氧乙酸喷雾消毒。

③甲醛熏蒸消毒　1 m^3 空间用甲醛溶液 28～42 mL，高锰酸钾 14～21 g。一般密闭门窗熏蒸 1～2 d，然后打开门窗，使甲醛气体充分排出。

（四）用具消毒

蛋箱、蛋盘、孵化器、运雏箱可先用 0.1%的新洁尔灭，或 0.2%～0.5%的过氧乙酸溶液浸泡或洗刷，然后在密闭的室内，15～18 ℃下，用甲醛熏蒸消毒 5～10 h（1 m^3 空间用甲醛溶液 14～28 mL，高锰酸钾 7～14 g，水 7～14 mL）。

（五）带禽消毒

带禽消毒是在禽舍进禽后至出舍整个存养期内，定期使用有效消毒剂对禽舍内环境和禽体体表喷雾消毒，以杀灭病原微生物，达到预防消毒的目的。

1. 带禽消毒的作用

带禽消毒可以全面消毒，沉降粉尘，夏季防暑降温，提供湿度，使羽毛洁白、皮肤洁净，净化空气，有利于禽的生长发育和饲养人员的健康。

2. 消毒剂的选择

带禽消毒应选用广谱高效、无毒无害、刺激性小、腐蚀性小、黏附性大的消毒剂。

3. 常用消毒剂和使用浓度

百毒杀 1 m^3 水加 150 mL；新洁尔灭 0.1%；过氧乙酸，育雏期用 0.2%的浓度，育成期及成禽用 0.3%的浓度；次氯酸钠 0.2%～0.3%；复合酚类，育雏期间用 1∶300 的浓度，育成期及成禽用 1∶250 的浓度。

4. 带禽消毒的方法

消毒时使用高压喷雾器。首次消毒的日龄，鸡鸭不低于 8 d，鹅不低于 10 d，再次消毒的时间可根据舍内的污染情况而定，一般育雏期间每周进行 1 次，育成期间 7～10 d 进行 1 次，成禽 15～20 d 进行 1 次。发生疫病时可每天进行 1 次，清除粪便后也要带禽消毒 1 次。

5. 带禽消毒的注意事项

禽舍勤打扫，及时清除粪便、污物及灰尘。禽舍喷雾消毒时，喷口不能直射家禽，药液的浓度和剂量一定要掌握准确。喷雾程度以地面、墙壁、屋顶均匀湿润和禽体体表稍湿为止。稀释用水的温度要适当，高温育雏或寒冷的冬季用自来水直接稀释喷雾，易使禽体突然受冻感冒，水温应提前加热到室温。喷雾造成禽舍、禽体体表潮湿，过后要开窗通气，促其尽快干燥。禽舍应保持一定的温度，尤其是入雏时喷雾，要将舍温比平时温度提高 3～4 ℃，使被喷湿的雏禽得到适宜的温度，及时驱湿、驱寒，以免雏禽受冷挤压。各类消毒药的交替使用，每月轮换一次。禽群接种弱毒疫苗前后 3 d 内停止喷雾消毒。

七、检疫和净化

(一)检疫

检疫就是应用各种动物医学的诊断方法，对动物及其产品进行疫病检查，并采取相应措施，防止疫病发生和传播。这是一项经常性的重要防疫措施，直接关系到畜牧业生产的发展，保障人民身体健康和维护对外贸易信誉等。

1. 检疫范围

按照检疫的性质、类别可将检疫的范围分为生产性、观赏性、贸易性和过境性四个方面。

实施检疫的动物包括各种家畜、家禽、皮毛兽、实验动物、野生动物和蜜蜂、鱼苗、鱼种等。动物产品包括生皮张、生毛类、生肉、脏器、血液、种蛋、鱼粉、兽骨、蹄角等。运载工具包括运输动物及其产品的车船、飞机、包装、铺垫材料、饲养工具。

2. 检疫对象

根据 2008 年中华人民共和国农业部公布的动物疫病病种名录，一、二、三类疫病共计 157 种，其中 24 种禽类疫病。

(1)一类动物疫病(17 种)　其中禽类疫病(2 种)包括高致病性禽流感、新城疫。

(2)二类动物疫病(77 种)　其中禽类疫病(18 种)包括鸡传染性喉气管炎、鸡传染性支气管炎、鸡传染性法氏囊病、鸡马立克病、鸡产蛋下降综合征、禽白血病、禽痘、鸭瘟、鸭病毒性肝炎、小鹅瘟、禽霍乱、鸡白痢、鸡败血支原体感染、鸡球虫病、鸭浆膜炎、低致病性禽流感、禽伤寒、禽网状内皮组织增殖症。

(3)三类动物疫病(63 种)　其中禽类疫病(4 种)包括鸡病毒性关节炎、禽传染性脑脊髓炎、传染性鼻炎、禽结核病。

3. 检疫类型

根据家禽及其产品的动态和运转形式，家禽检疫可分为以下几种类型：

(1)产地检疫　是指在家禽生产地的检疫。做好这些地区的检疫是直接控制禽类传染病的好办法。产地检疫可分为两种：一种是集市检疫。到集市出售家禽，必须持有由当地检疫部门发放的检疫合格证。在检疫中发现有患病家禽则进行隔离、消毒、治疗或扑杀处理。对未预防注射的家禽进行预防接种。另一种是收购检疫。是指任何个人和集体出售家禽时，由收购部门与当地检疫部门配合进行的检疫。

(2)屠宰场检疫　是家禽屠宰前后所进行的检疫。

(3)运输检疫　是指通过铁路、公路、水路、航空运输的家禽及其产品进行的检疫可分为铁路检疫和交通要道检疫。

①铁路检疫　铁路动物检疫部门对托运的动物及其产品进行检疫,并查验产地(或市场)签发的检疫证明,证明家禽健康才能托运。如发现患病家禽时,根据有关规定进行处理。

②交通要道检疫　对水路、陆路或空中运输各种家禽及其产品,在起运前必须经过检疫,认为合格并签发检疫证明,方可允许委托装运。一般在家禽运输频繁的车站、码头等交通要道上设立检疫站,负责检疫工作。

(4)国境口岸检疫　为了维护国家主权和国际信誉,保障我国家禽业生产,既不允许国外家禽疫病传入,也不允许国内家禽疫病传到国外。为此,我国在国境各重要口岸设立动物检疫机构,执行检疫任务。动物检疫工作必须根据1991年发布的《中华人民共和国进出境动植物检疫法》的规定实施检疫。国境口岸检疫按性质不同又可分为:

①进出境检疫　是对贸易性的动物及其产品在进出国境口岸时进行的检疫。

②旅客携带检疫　是对进入国境的旅客、交通员工携带或托运的动物及其产品的现场检疫。

③国际邮包检疫　邮寄入境的动物产品经检疫发现检疫对象时,进行消毒处理或销毁,并分别通知邮局和收寄人。

④过境检疫　载有动物及其产品的列车等通过我国国境时,对其进行检疫和处理。

健康的雏禽是培养健康成年家禽或减少雏禽发病的基础。应从防疫严格、种禽饲养管理好、孵化质量高的种禽场购进雏禽,接雏时要仔细检查,认真挑选。引进雏禽时,还必须做好检验工作,尤其是对家禽危害严重的疫病和新病,更要认真检疫,不要把患有传染病禽只引进饲养场区。凡需要从外地购买禽苗时,必须事先调查了解当地传染病的流行情况,以保证从非疫区引进健康禽。运回禽场后,一定要隔离1个月,经临床检查、实验室检验,确认健康无病后,方可进入健康禽舍饲养。

有些疾病,禽体感染后症状不明显,有些虽治愈但长期带菌,这不仅严重影响禽体本身的生长发育和生产性能,更严重的是种禽群一旦感染,可经种蛋传到下一代,造成更大的损失。因此,要对这些疾病进行定期检疫,如对鸡白痢、禽白血病、支原体、马立克病和产蛋下降综合征等疾病,及时隔离、淘汰病禽,建立一个健康良好的禽群。

(二)净化

净化(以鸡为例)是指在某一限定地区或养殖场内,根据特定疫病的流行病原调查结果和疫病监测结果,及时发现并淘汰各种形式的感染病鸡,使限定的鸡群中某些疫病逐渐被消除的疾病控制方法。净化鸡群对鸡传染病控制起到了极大的推动作用。特别对垂直传播的传染病如鸡白痢、鸡白血病、慢性呼吸道疾病要定期检查,并同步进行抗体监测;在有病鸡群,应定期反复用凝集试验进行检疫,将阳性鸡及可疑鸡全部挑出淘汰,使鸡群净化。

1. 鸡白痢的净化

种鸡群定期通过全血平板凝集反应进行全面检疫，淘汰阳性鸡和可疑鸡。有该病的种鸡场或种鸡群，应每隔 4～5 周检疫一次，将全部阳性带菌鸡挑出并淘汰，以建立健康种鸡群。

2. 鸡白血病的净化

通过对种鸡检疫、淘汰阳性鸡，以培育出无禽白血病病毒(ALV)的健康鸡群，也可通过选育对禽白血病有抵抗力的鸡种。

3. 鸡支原体的净化

支原体感染在养鸡场普遍存在，在正常情况下一般不表现临床症状，但如遇环境条件突然改变或其他应激因素的影响时，可能暴发本病或引起死亡。应定期进行血清学检查，一旦出现阳性鸡，立即淘汰。也可以采用抗生素处理和加热法来降低或消除种蛋内支原体。

八、杀虫、灭鼠和控制飞鸟

杀灭蚊、蝇、蜱、虻等媒介昆虫和鼠类并防止它们的出现，在消灭传染源、切断传播途径、阻止传染病流行中，是禽病综合性防疫体系的重要组成部分。

(一)杀虫

包括蚊、蝇、蜱、虻等节肢动物的成虫、幼虫和虫卵。常用的杀虫方法分为物理性、化学性和生物性 3 种方法。

1. 物理杀虫法

物理杀虫法是指机械性的拍打捕捉、火焰烧杀、沸水或蒸汽热杀的杀虫方法，也可选用电子灭蚊、灭蝇灯具杀虫。

2. 药物杀虫法

药物杀虫法是指用化学杀虫剂杀灭害虫的方法。主要是胃毒药剂、接触毒药剂、熏蒸毒药剂和内吸毒药剂等。常见的杀虫剂包括有机磷杀虫剂如敌敌畏、倍硫磷、马拉硫磷等；除虫菊酯类杀虫剂如胺菊酯等；硫酸烟碱类以及多种驱避剂如邻苯二甲酸二甲酯、避蚊胺等。

3. 生物杀虫法

生物杀虫法主要是通过改善饲养环境，阻止有害昆虫的滋生来达到减少害虫的目的。通过加强环境卫生管理，及时清除地面上的饲料残屑和垃圾及排粪沟中的积粪，强化粪污管理和无害化处理，填埋积水坑洼，疏通排水及排污系统等措施来减少或消除昆虫的滋生和生存条件。条件许可时，可通过昆虫的天敌或病菌及雄虫绝育技术等方法杀灭昆虫，如养柳条鱼灭蚊。用辐射使雄性昆虫绝育，或使用过量的激素，抑制昆虫的变态和蜕皮，或利用病原微生物感染昆虫使其死亡。这些方法具有无公害、不产生抗药性的优点，已日益受到重视。

(二)灭鼠

鼠类是许多人畜共患病的传播媒介和传染源，因此灭鼠对畜禽防疫和公共卫生都具有重要的现实意义。

感染了新城疫病毒的鼠，排毒可达 5 d 之久。鼠还能携带沙门菌等病原体，危害禽群健康。因此，要采取措施消灭鼠类，方法大体上可分为以下两类：

1. 器械灭鼠

用各种工具以不同方式扑杀鼠类，如关、夹、压、扣、套、翻、堵、挖、灌等。

2. 药物灭鼠

根据毒物进入途径又分为消化道药物和熏蒸药物两类。消化道药物主要有磷化锌、杀鼠灵、敌鼠钠盐和氟乙酸钠。熏蒸药物包括氯化苦（三氯硝基甲烷）和灭鼠烟剂。

（三）控制飞鸟

飞鸟传播禽病的可能性比鼠类更大，这是因为许多飞鸟对多种家禽的传染病和外寄生虫病易感。因此，往往成为这些疾病的传染源或传染媒介。所以采取各种有效措施，防止飞鸟进入禽舍，是做好防疫工作不可缺少的重要环节。

为了防止飞鸟的进入，一般采用密闭式的禽舍。如果是开放式的禽舍，则要在禽舍上空设置纱窗网或铁丝网防护。另外，要用人工驱赶或捕捉等办法，赶走在禽舍等建筑物上筑巢的飞鸟。

九、传染病的扑灭措施

对家禽重大传染病的控制，《中华人民共和国动物防疫法》（2021 年修订）及畜牧兽医行政管理部门等均已有了明确的规定，应严格执行，以预防这些疫病的发生。一旦发生时则要尽快将其扑灭于萌芽之中，确保养禽业的健康发展。下面介绍一些有关对重大传染病控制的主要措施。

（一）家禽疫病的分类

《中华人民共和国动物防疫法》第二章第十条以及中华人民共和国农业部公告第 1125 号对禽病做了以下的分类：

1. 一类疫病

一类疫病是指对人畜危害严重，需要采取紧急、严厉的强制预防、控制、扑灭措施的禽病，其中包括高致病性禽流感和新城疫。

2. 二类疫病

二类疫病是指可造成重大经济损失，需采取严格控制、扑灭措施以防止扩散的禽病，其中包括鸡传染性喉气管炎、鸡传染性支气管炎、传染性法氏囊病、马立克病、产蛋下降综合征、禽白血病、禽痘、鸭瘟、鸭病毒性肝炎、鸭浆膜炎、小鹅瘟、禽霍乱、鸡白痢、禽伤寒、鸡败血支原体感染、鸡球虫病、低致病性禽流感、禽网状内皮组织增殖症，共 18 种。

3. 三类疫病

三类疫病是指常见多发，可能造成重大经济损失而需要控制和净化的禽病，其中包括鸡病毒性关节炎、禽传染性脑脊髓炎、传染性鼻炎、禽结核病，共 4 种。

(二)及时上报疫情和确诊

任何单位或者个人发现患有疫病或者类似疫病的动物，都应及时向当地动物防疫监督机构报告，动物防疫监督机构应尽快确诊并迅速采取措施，按国家有关规定上报。

(三)隔离

对患病和可疑感染的家禽进行隔离是防制传染病的重要措施之一。其目的是为了控制传染源，防止病禽继续扩散感染，以便将疫情控制在最小的范围内加以就地扑灭。因此，在发生传染病时，应首先查明病禽蔓延程度，逐只检查临床病状，必要时进行血清学和变态反应检查。

将发病禽分为患病群、可疑感染群和假定健康群等，分别进行隔离处理。

1. 患病家禽

患病家禽是指从发病群中隔离出来的，有典型症状或类似症状，或其他检查为阳性者，是最主要的传染源，应选择不易散播病原体、消毒处理方便的场所，将病禽和健康禽进行隔离，不让它们有任何接触，如果病禽较多，应集中在原来的舍内，特别注意严格消毒，加强卫生和护理，以防健康禽受到感染，并指派专人饲养管理。隔离场所禁止人畜出入和接近，工作人员应遵守消毒制度。隔离区内的用具、饲料、粪便等，未经彻底消毒不得运出。病死禽尸体要焚烧或深埋，不得随意抛弃。在隔离的同时，要尽快诊断，以便采取有效的防治措施。经诊断，属于烈性传染病时，要报告当地政府和兽医防疫部门，以便采取封锁措施。

2. 可疑感染家禽

可疑感染家禽是指发病前与病禽有过明显接触的家禽，如同群、同舍，使用共同的水源等。这类家禽有可能处在潜伏期，并有排菌(毒)的危险，应在消毒后另选地方将其单独饲养隔离、限制其活动，详细观察，出现病状者则按患病禽处理。有条件时应立即进行紧急免疫接种或预防性治疗。隔离观察时间的长短，根据该病潜伏期的长短而定，经一定时间不发病者，可取消其限制。

3. 假定健康家禽

假定健康家禽是指疫区内其他易感禽。应与上述两类严格隔离饲养，加强防疫消毒和相应的保护措施，立即进行紧急免疫接种，必要时可根据实际情况分散喂养或转移至偏僻区域。

对已隔离的病禽，要及时进行药物治疗。根据发生的疫情，对健康禽和可疑感染禽，要进行疫苗紧急接种或用药物进行预防性治疗。对于细菌性传染病则早做药敏试验，避免盲目用药。

(四)消毒

在隔离的同时，要立即采取严格的消毒。包括禽场门口、禽舍门口、道路及所有器具；垫料和粪便要彻底清扫，严格消毒。病死禽要深埋或无害化处理，在最后一只病禽治愈或处理 2 周后，再进行一次全面的大消毒，方能解除隔离或封锁。

(五)封锁

当发生某些重要传染病时,对疫源地进行封闭,防止疫病向安全区散播和健康禽误入疫区而被感染,以达到保护其他地区家禽的安全和人身健康,迅速控制疫情和集中力量就地扑灭的目的。

根据2021年《中华人民共和国动物防疫法》第三十八条的规定,发生一类动物疫病时,应当采取下列控制措施:①所在地县级以上地方人民政府农业农村主管部门应当立即派人到现场,划定疫点、疫区、受威胁区,调查疫源,及时报请本级人民政府对疫区实行封锁。疫区范围涉及两个以上行政区域的,由有关行政区域共同的上一级人民政府对疫区实行封锁,或者由各有关行政区域的上一级人民政府共同对疫区实行封锁。必要时,上级人民政府可以责成下级人民政府对疫区实行封锁;②县级以上地方人民政府应当立即组织有关部门和单位采取封锁、隔离、扑杀、销毁、消毒、无害化处理、紧急免疫接种等强制性措施;③在封锁期间,禁止染疫、疑似染疫和易感染的动物、动物产品流出疫区,禁止非疫区的易感染动物进入疫区,并根据需要对出入疫区的人员、运输工具及有关物品采取消毒和其他限制性措施。

执行封锁时掌握"早、快、严、小"的原则,即发现疫情时报告和执行封锁要早,行动要快,封锁要严,范围要小。

疫区内病禽已经全部痊愈或全部处理完毕,经过该病一个潜伏期以上的监测、观察,未出现患病时,经严格彻底消毒后,由县级以上畜牧兽医行政管理部门检查合格后,经原发布封锁令的政府发布解除封锁,并通报毗邻地区和有关部门。

(六)紧急免疫接种

紧急免疫接种是指在发生传染病时为了迅速控制和扑灭传染病的流行,而对疫区和受威胁区尚未发病的家禽进行的应急性接种。对病禽和可能受感染的潜伏期病禽,必须在严格消毒下立即隔离,不能再接种疫苗,由于在外表正常的禽群中可能混有一部分潜伏期病禽,这些禽群在接种后不但不能获得保护,反而促使其更快发病,因此在紧急接种后一段时间内,禽群中发病数有增多的可能,但由于急性传染病的潜伏期短,而疫苗接种后又很快产生抵抗力,因此发病不久可使发病率下降,使流行停止。由此可见,使用疫苗产生免疫力的时间比潜伏期短时,才能使紧急接种产生较好的效果。理论上,以使用免疫血清较为安全有效,但因血清用量大,价格高,免疫期短,大批禽群使用不大可能,所以不能满足需要。实践证明,使用疫苗进行紧急免疫接种是可行的,但仅能对正常无病的家禽实施,对病禽和可能受到感染的潜伏期病禽,必须在严格的消毒下立即隔离,不能再接种疫苗。对于受威胁区的紧急免疫接种,其目的是建立"免疫带"包围疫区,以防蔓延,以便就地扑灭疫情。但这一措施必须与疫区的封锁、隔离、消毒等综合措施相配合才能取得较好的效果。

(七)紧急药物治疗

对病禽和可疑感染病禽进行治疗,挽救病禽,减少损失,消除传染源,这是综合性防制措施的一个组成部分。同时对假定健康禽的预防性治疗也不能放松。治疗应在确诊的基础上尽早实施，这对控制疫病的蔓延和防止继发感染起着十分重要的作用。目前治疗方法不断改进，治疗效果也不断提高，但仍有一些传染病尚无有效的疗法。当判断病禽无法治愈，治愈后不能发挥其生产性能，或病禽对周围有严重传染威胁时，为防止疫病蔓延扩散，在严密的消毒下将对家禽进行淘汰宰杀。

1. 高免卵黄抗体或抗血清

高免卵黄抗体或抗血清对某些病毒性疾病早期应用有较好的治疗效果。应用针对某种传染病的高免血清、痊愈血清（或全血）、高免卵黄抗体等特异性生物制品进行治疗，因为这些制品只对某种特定的传染病有疗效，对其他病无效。血清治疗时如果使用异种动物的血清，应特别注意防止过敏反应。目前已应用于生产的有鸡传染性法氏囊病卵黄抗体、鸡传染性法氏囊病-新城疫二联高免卵黄抗体或血清等。高免血清成本高，疗效好，但生产量少，因此在生产实践中的应用远不如抗生素或磺胺药物广泛。

2. 干扰素

干扰素可用来防治禽的各类病毒性疾病，具有效果明显、无停药期和无残留的特点。当家禽发生病毒性疾病而不能在短时间内确诊时，立即使用干扰素，可在短时间内控制疫病的流行，有效降低死亡率。

3. 抗生素疗法

抗生素为细菌性急性传染病的主要治疗药物，但要注意合理使用，不能滥用，否则，往往会引起各种不良后果。一方面可能使敏感病原体对药物产生耐药性；另一方面可能使机体产生不良反应，如蓄积、残留甚至中毒。

4. 化学疗法

化学疗法主要是应用磺胺类及甲氧苄啶等药物。抗病毒感染的药物在临床上很少应用。

5. 中草药疗法

目前的研究成果表明，某些中草药能够增强机体的免疫功能，具有抗应激、抗菌、抗病毒、促生长和改善家禽产品质量及风味等多重作用。由于中草药具有天然性、多能性、毒副作用小、无抗药性，在产品中不出现残留、使用简单、效果持久等优点，在一些疫病的治疗过程中有明显的效果。因此，应加强中草药的研究和开发，以便在临床实践中发挥更大的作用。

6. 对症治疗

在传染病治疗中，为了减缓或消除某些严重的症状，调节和恢复机体的生理机能而按病症选用药物的疗法。如退热、止痛、镇静、兴奋、利尿、止泻、防治酸中毒和碱中毒、调节电解质平衡等。

（八）扑灭

扑灭政策是指在兽医行政部门的授权下，宰杀感染特定疫病的动物及同群可疑感染动物，并在必要时宰杀直接接触动物或可能传播疫病病原体的间接接触动物的一种强制性措施。当某地暴发法定一类疫病时，如禽流感、新城疫等，应按照防疫要求一律宰杀，家禽的尸体通过焚烧或深埋销毁。扑灭政策通常和封锁、消毒措施结合使用。

任务3　免疫接种方法

在禽的疾病中，对生产威胁最大的是病毒、细菌等病原微生物引起的传染病。为了预防和控制禽的传染病，除了搞好饲养管理、卫生消毒及药物防治等工作外，还有一个最主要的工作就是免疫接种。

免疫接种是指用人工的方法给禽群接种疫苗，从而激发禽群产生对某种病原微生物的特异性抵抗力，防止发生传染病，使易感动物转化为不易感动物的一种手段。免疫接种产生的免疫力具有高度的特异性，也就是说，接种某一种疫苗，仅能预防该病的发生，而对其他疫病无效。在平时常发生某种传染病的地区，或有某些传染病潜在危险的地区，有计划地对健康禽群进行免疫接种，这是预防和控制禽传染病发生的十分有效而经济的重要措施之一，特别是在对于某些重点疫病，如禽流感、新城疫等的防制措施中，免疫接种起着关键性作用。但由于免疫接种的方法不当造成免疫失败的情况时有发生，下面重点介绍禽的免疫接种方法和应注意的事项。

根据免疫接种的时机不同，可将免疫接种分为预防接种和紧急接种两大类。

预防接种指在经常发生某些传染病的地区，或有某些传染病潜在风险的地区，或受到邻近地区某些传染病威胁的地区，为了防患于未然，在平时有计划地给健康禽群进行的免疫接种。预防接种使用的生物制剂统称为疫苗，包括菌苗、疫苗、类病毒等。

紧急接种是指在禽场发生传染病时，为了迅速控制和扑灭疫病的流行而对发病禽群进行的应急性免疫接种。实践证明，通过紧急接种，可以大大减少禽群的死亡率和缩短疫病的流行过程。紧急接种时要先接种健康禽，再接种病禽。注射时要经常更换注射器针头。紧急接种时如果有该病的高免卵黄，则首先使用高免卵黄。因为高免卵黄见效快，具有治疗作用。但是，高免卵黄消失得也快，因此，在 10 d 后应再用疫苗进行免疫接种；紧急接种时若无高免卵黄，则在正确诊断的基础之上，迅速接种疫苗，疫苗的剂量可以加倍注射。

临床上应根据疫苗的种类、劳动强度、禽品种的特性以及饲养方式和饲养量的不同，来选择相应的免疫接种方法。禽的疫苗接种，总体上可分为个体接种和群体接种两种。个体接种的优点是每只禽都能够接受足够的疫苗量，产生可靠的免疫力，缺点是捕捉需要较多的人力和时间，而且禽易发生应激反应，对其生产性能会有一定的影响（如产蛋量下降或增重减少）。群体接种的优点是省时省力，对禽的生产性能影响较小，缺点是免疫效果不均一，个别或少数禽可能接种的疫苗量不够，不能产生足够的免疫力，以致在疫病流行时，仍有一定数量的禽发病。充分了解这两种接种方法的优缺点之后，可根据人力、禽群大小、技术力量和疫病流行情况而决定采用何种接种方法。

一、预防接种前的准备

(1)根据禽的免疫接种计划，统计禽群只数，确定接种日期(应在疫病流行季节前进行接种)，准备足够的生物制剂、器材和药品，安排及组织免疫接种人员，按免疫程序有计划地工作。

(2)免疫接种前，对饲养人员进行一般的免疫接种知识教育，包括免疫接种的重要性、基本原理、接种后饲养管理及观察等，便于通力合作。

(3)免疫接种前，必须对使用的生物制剂进行仔细检查，如有不符合要求者，一律不能使用。

(4)为保证免疫接种的安全和效果，接种前应对预定接种的禽进行了解及临床观察，必要时进行体温检查。凡体质弱、体温偏高者或疑似患病的均不应接种疫苗。对这类未接种的禽单独饲养，以后视情况再补此免疫接种。

二、生物制品的保存、运送与检查

1. 生物制品的保存

一般生物制品不耐高温，特别是活苗，必须低温保存。冷冻真空干燥的疫苗，多数要求放在－15 ℃温度下保存，温度越低，保存时间越长。在－15 ℃条件下可保存1年以上，在0～8 ℃条件下只能保存6个月，若放在25 ℃左右，最多保持10 d即会失去效力。灭活苗、血清、诊断液等保存在2～11 ℃，不能过热，也不能低于0 ℃。

2. 生物制品的运送

运送时，生物制品要逐瓶包装，衬以厚纸或软草然后装箱。如果是活苗需要低温保存的，可将药品装入盛有冰块的保温瓶或保温箱内运送，携带灭活铝胶苗或油乳苗时，冬季要防止冻结。大批量运输的生物制品应放在冷藏箱内，用冷藏车以最快速度运送。

3. 生物制品的用前检查

各种生物制品用前均需仔细检查，有下列情况之一者不得使用。

(1)没有瓶签或瓶签模糊不清，没有经过合格检查者。

(2)过期失效者。

(3)生物制品的质量与说明书不符者，如色泽、沉淀、制品内有异物、发霉和有臭味者。

(4)瓶盖不紧或玻璃瓶破裂者。

(5)没有按规定方法保存者，如加氢氧化铝的菌苗经过冻结后，其免疫效力可能降低。

三、免疫接种方法(以鸡为例)

(一)群体免疫(二维码1-6)

根据用苗的方法群体免疫可分为饮水免疫和气雾免疫两种。都能够节省人力和时间，并且对禽的生产性能影响较小，一般的大型养鸡场多采用此两种方法。

二维码 1-6
群体免疫

1. 饮水免疫法

通过饮水接种疫苗仍是养鸡生产中一种主动免疫常用的方法。在鸡群数量大、劳动力少且不便于点眼、滴鼻的情况下，多采用饮水免疫法。此法的优点是不会骚扰鸡群，省时省力。正确地使用饮水接种疫苗，仍是保护鸡群免受疫病危害的一种有效技术措施。通过饮水接种获得保护的疾病主要有新城疫、传染性支气管炎、传染性喉气管炎、传染性法氏囊病及禽脑脊髓炎等。

饮水免疫时，每 1 000 羽份的疫苗剂量，给 5～15 日龄的雏鸡饮用，用 10～20 kg 水稀释；给 16～30 日龄的鸡饮用，用 20～30 kg 水稀释；给 31～60 日龄的鸡饮用，用 30～35 kg 水稀释；给 60 日龄以上的鸡饮用，用约 80 kg 水稀释。为延长疫苗的活性，每 10 kg 水中加 30 g 脱脂奶粉。疫苗应在水中开瓶倒出，用清洁的棒搅拌均匀。稀释的疫苗最好在 2 h 以内饮用。

此法虽然简便易行，但免疫效果稍差，产生免疫力的时间迟 1～2 d。采用饮水免疫应注意以下几点：

(1)停止饮水时间　为了使鸡群中每一只鸡在短时间内均能摄入足够量的疫苗，必须使鸡产生适当程度的渴感。根据实践，大多数鸡群要经过 2 h 才能使鸡产生渴感，然后再给予疫苗。但是还要根据环境因素，特别是舍温进行调整。如果舍温高(29～32.2 ℃)停止饮水 1 h 就可使鸡产生适度的渴感，如果舍温低(21.1 ℃以下)则需 4 h 或 4 h 以上。所以饮水免疫前应停止供水 2～4 h，一般夏季可停水 2 h 左右，冬季停水 4 h 左右。此外，停止饮水时间直接影响鸡饮用疫苗的速度。这对疫苗接种效果可产生明显影响。

(2)饮水器和水管状况　为了使鸡群得到较均匀的免疫效果，要准备充足的饮水器，确保所有鸡能够在最短时间内饮上水。直到所有疫苗液饮完之前，不给其他饮水。另外，饮水器具必须清洁，饮水前彻底清洗干净。在接种疫苗前，要用不含消毒剂的水清洗饮水器。最好在接种疫苗前几天用浓枸橼酸溶液通过水管 24 h，以清除附着管壁上的有机物。此外，在接种前 24 h，用炼乳或脱脂奶粉经加药器通过供水系统以中和任何残留的消毒剂。饮水器不宜用金属制品，以免降低疫苗效价。

(3)饮水质量　饮水质量可以直接影响疫苗病毒的稳定性和活力。因而可以影响接种疫苗鸡群达到的保护水平。接种前 24 h 开始，在饮水中不能添加任何治疗药物或消毒剂。稀释疫苗的饮水应不含有任何杀灭病毒和细菌的物质，例如氯、锌、铜等离子，最好采用蒸馏水或去离子水。如担心有其他残留，可向水中加脱脂奶粉或用蒸馏水稀释疫苗。饮活菌苗或弱毒菌后 2～3 d 暂停使用抗菌或抗病毒药物。

(4)接种时间及鸡群状态　从理论上讲，应当在清晨给鸡接种疫苗，并且应当在 2 h 内使鸡将疫苗全部饮完。不足 1 h，会使有些鸡未能饮到足够剂量的疫苗；如超过 2 h，则可能损害疫苗病毒的活力。而且在一般情况下，只给健康鸡接种疫苗。因为鸡在患病时已经受到应激，由活疫苗病毒另外造成的应激只能使病情加重。此外，不能给处于应激状态的鸡群接种疫苗，因为应激本身是一种免疫抑制并且可以干扰主动免疫，此时接种很可能使疫苗反应加大。而且接种后要保持鸡的环境舒适。

(5)剂量一般为注射剂量的 2～3 倍。

2. 喷雾免疫法

疫苗稀释后，用喷雾器在鸡群上部进行喷雾，鸡在雾化环境中停留一段时间而获得免疫。这种免疫方法省工省时，简便有效，并比其他方法免疫产生免疫力要快 24 h 以上。尤其是对呼吸道有亲嗜性的疫苗效果更佳，可用于大鸡群的免疫。此法适用于鸡新城疫Ⅲ系、Ⅳ系弱毒苗，传染性支气管炎弱毒苗等。

但喷雾技术要求较严格，操作不当会发生一些问题，容易引起鸡群的应激，尤其容易激发慢性呼吸道病。免疫时应注意：

(1)稀释疫苗应用去离子水或蒸馏水，不得用生理盐水、自来水、开水或井水，最好再加 0.1%脱脂奶粉或 3%～5%甘油，保护疫苗，防止喷出的雾滴迅速蒸发。

(2)用疫苗接种专用的喷雾器或用能够迅速而均匀地喷射小雾滴的雾化器，将疫苗均匀地喷向相应数量的鸡只，使整个鸡舍的雾滴均匀分布。要严格控制雾滴大小，雏鸡的雾滴应大些，直径为 30～100 μm，成鸡为 5～30 μm。

(3)喷雾期间应关闭鸡舍所有门窗和通风设备，在停止喷雾后 20～30 min，方可开启门窗启动风扇(视室温而定)。为了达到最佳的免疫效果，宜将鸡群围圈在灯光幽暗的鸡舍某一部分，或在夜间进行免疫。

(4)喷雾时鸡舍内温度、湿度应适宜，温度太低或太高均不适宜进行喷雾免疫，最适宜的温度是 15～20 ℃，温度再低些也可以，但高于 25 ℃以上则效果不好。夏季气温较高，可在晚上较凉爽时进行。鸡舍内的相对湿度一般要求在 70%左右为宜。

(5)实施喷雾时，喷雾机喷头在鸡群上空 50～80 cm 处，对准鸡头来回移动喷雾，使气雾全面覆盖鸡群，使鸡群在气雾后头背部羽毛略有潮湿感觉为宜。

(6)为了避免因喷雾免疫而加重鸡由霉形体病和大肠杆菌病引起的气囊炎等慢性呼吸道疾病，最好在免疫前后在饲料和饮水中加入抗菌药物，如罗红霉素、恩诺沙星等。

(7)注意人员的防护，喷雾时最好戴防护面具。

(二)个体免疫(二维码 1-7)

二维码 1-7
个体免疫

1. 滴鼻、点眼法

这是使疫苗从呼吸道进入体内的接种方法，这种免疫接种方法如果操作得当，效果确实可靠，尤其是对一些预防呼吸道疾病的疫苗，如鸡新城疫Ⅱ、Ⅲ、Ⅳ系疫苗，传染性支气管炎疫苗及传染性喉气管炎弱毒疫苗，经滴鼻点眼免疫效果较好。一般认为它们是弱毒疫苗的最佳接种方法。

但如果鸡群数量过大，就需要消耗大量的劳动力和时间，也会造成一定的应激，如操作上稍有马虎，则往往达不到预期的目的。所以采用这种方法时应注意以下几点：

(1)疫苗稀释液一般用生理盐水、蒸馏水或者凉开水，不要随便加入抗生素或其他化学药物。

(2)稀释液的用量要准确，最好根据实际所用的滴管或针头事先滴试，确定每毫升多少滴，然后再计算疫苗稀释液的实际用量。一般每 1 000 羽份的疫苗用 100 mL 稀释液。

(3)免疫前，首先用吸管吸取少量稀释液移入疫苗瓶中，待疫苗完全溶解后，再倒入稀释液中混匀，即可使用。

(4)为使操作准确无误，一手一次只能抓一只鸡，不能一手同时抓几只鸡，在滴入疫苗之前，应把鸡的头颈摆成水平的位置(一侧眼鼻朝天，另一侧眼鼻朝地)，并用一只手指按住向地面的一则鼻孔。接种时，用清洁的吸管在每只鸡的一侧眼睛和鼻孔内分别滴 1 滴稀释的疫苗液，稍停片刻，当滴入眼结膜和鼻孔的疫苗吸入后再将鸡轻轻放开。

(5)应注意做好已接种和未接种鸡之间的隔离，防止漏免。稀释的疫苗要在 1～2 h 内用完。为了减少应激，最好在晚上弱光环境下接种，也可在白天适当关闭门窗后，在稍暗的光线下接种。

2. 皮下注射法和肌内注射法

这两种方法作用迅速，剂量准确，效果确实，对于小群而又需要加强免疫力的鸡，最好采用此法。皮下注射法和肌内注射法一般使用连续注射器。使用前首先调整好剂量，调好后再进行注射免疫。注射时应注意以下几点：

(1)操作时稀释液应经消毒而无菌，不要随便加入抗菌药物；疫苗的稀释和注射量应适当，量太小则操作时误差较大，量太大则操作麻烦，一般以每只 0.2～0.5 mL 为宜。

(2)注射器及针头用前均应消毒；煮沸 20 min 以上，干燥备用。使用连续注射器注射时，应经常核对注射器刻度容量和实际容量之间的误差，使用油乳剂疫苗时更应注意，可适当调大刻度，放慢注射速度，以免实际注射量偏差太大。

(3)皮下注射的部位一般选在颈部背侧，肌内注射部位一般选在胸肌或肩关节附近的肌肉丰满处，针头插入的方向和深度也应适当。在颈部皮下注射时，针头方向应向后向下，与颈部纵轴平行。注射时用食指和拇指将雏鸡的颈背部皮肤捏起呈三角形，沿着该三角形的下部刺入针头注射。胸部肌内注射时，针头方向应与胸腔平行，切忌垂直刺入胸肌，以免穿破胸腔损伤内脏；腿部肌内注射时，针头应朝鸡体方向在外侧腿肌刺入，应避免刺伤腿部的血管、神经、骨骼；翅膀肌内注射时，用手提起鸡的翅膀，针头应朝鸡体的方向刺入翅膀内的肌肉。对雏鸡的插入深度为 0.5～1 cm，日龄较大的鸡可为 1～2 cm。在将疫苗液推入后，针头应慢慢拔出，以防疫苗液漏出。

(4)在注射过程中，应边注射边摇动疫苗瓶，力求疫苗的均匀；应先接种健康群，再接种假定健康群，最后接种有病的鸡群；吸取疫苗的针头和注射鸡的针头应绝对分开，确保卫生，以防止因免疫注射而引起传染病的扩散或引起接种部位的局部感染。而且针头的数量要充足(水剂疫苗使用 5～6 号针头，油乳剂疫苗使用 8～9 号针头)。

3. 刺种免疫法

此法主要用于鸡痘疫苗的接种。操作时，将 1 000 羽份的鸡痘疫苗用 2 mL 灭菌生理盐水稀释，混匀后用清洁的蘸笔尖或接种针蘸取疫苗稀释液，将针尖刺进鸡翅膀内侧无血管的三角区处。一般雏鸡刺 1 针，较大的鸡刺 2 针。此法的优点是接种后一周左右检查刺种部位，若见刺种部位的皮肤上产生绿豆大小的小疱，以后干燥结痂，说明接种成功，否则需要重新刺种。做刺种免疫时，一定要注意，确定接种针已蘸取了疫苗稀释液，使每一只被接种鸡接种到足量的疫苗。

4. 滴肛或擦肛

滴肛或擦肛免疫目前只用于强毒型传染性喉气管炎疫苗。在对发病鸡群进行紧急预防接种时，可将 1 000 羽份的疫苗稀释于 25～30 mL 生理盐水中(或按产品说明书稀释)，可将鸡抓起，头向下肛门向上，翻出黏膜，滴 1 滴疫苗，或用接种刷(小毛笔或棉拭子)蘸取疫苗在肛门黏膜上刷动 3～4 次。接种 3～5 d 应检查有无反应(反应是指泄殖腔外唇呈炎性肿胀)。如无反应应立即重新接种。接种后第 9 天即可产生坚强免疫力。采用此法接种时应注意：

(1)只能将疫苗稀释液擦在肛门上，不能让疫苗稀释液碰到鸡的皮肤、羽毛或落到地面上，接种后所用的器具包括棉签、疫苗瓶、注射器等，都要严格消毒处理，以防造成环境污染和疾病的扩散。

(2)从未发生过该病的鸡场，不宜使用这种强毒疫苗接种。

5. 浸头闷鼻法

按每只鸡 0.5～1 mL 的生理盐水稀释疫苗(幼雏 0.5 mL，1 月龄以上用 1 mL)盛在茶碗内，将鸡腿和翅膀捉住，由助手按住鸡头浸入疫苗中(要没过眼部)2 s，迅速拿出，使鸡的眼鼻口中都沾上疫苗。此法适合鸡瘟Ⅱ、Ⅳ系或法氏囊等弱毒苗的接种，经抗体监测，防疫效果比单独滴鼻、饮水、注射都好，很多养鸡户也反映操作容易、速度快。

6. 毛囊涂擦法

适用于鸡瘟疫苗接种。将 1 000 羽份的疫苗用 30 mL 生理盐水稀释摇匀，把鸡腿部羽毛拔出几根，用棉球蘸取疫苗，逆羽毛生长方向涂擦，3 d 后可使毛囊红肿，即表明有效。

四、制定免疫程序的依据(以鸡为例)

免疫程序即根据疫病、疫苗和鸡群的特点，以及鸡场(舍)条件所制定的具体的计划免疫实施程序。制定最佳免疫程序的目的在于用最少的人力、物力，收到最理想的免疫效果，以全面提高鸡群的抗体水平，从而控制和消灭传染病。

一个好的免疫程序不仅要具有严密的科学性，而且还要考虑在生产实践中实施的可行性。因此，必须充分考虑下列因素作为制定免疫程序的依据。

(1)本地区近年来曾发生过哪些疫病，发病季节、发病鸡的日龄、流行的强度等。

(2)所养鸡的品种、代次、来源、用途、饲养方式及雏鸡的母源抗体水平。

(3)拟采用的生物制品(疫苗)的种类,其免疫原性、免疫持久性、免疫反应、免疫途径,以及过去在本地区使用的效果。

(4)可用于兽医防疫工作的人力、物力及血清学检测等实际条件。

我国幅员辽阔,情况千差万别,不可能有一个可以适合全国不同地区、不同类型鸡场(舍)的统一的免疫程序。有条件的地区可根据上述原则充分衡量利弊,制定适合本地各类鸡群的最佳免疫程序,也可以选择与本地(鸡群)情况近似的免疫程序试用,在实施中进行免疫监测并考查其综合效益,总结经验,不断调整完善,以选择出适宜的、合理的免疫程序(表1-2、表1-3)。

表 1-2　商品蛋鸡参考免疫程序

日龄	疫苗及免疫方法
1 日龄	马立克 CVI988 液氮疫苗、法氏囊 S706 疫苗皮下注射
5 日龄	新支灵(新城疫-传支二联苗)点眼
10 日龄	新威灵(新城疫弱毒疫苗)点眼、禽流感-副黏病毒灭活苗注射
18 日龄	百倍灵(法氏囊中毒疫苗)饮水
30 日龄	鸡痘-脑脊髓炎二联苗刺种(随季节不同适当调整)
45 日龄	喉倍灵(喉气管炎疫苗)点眼、副黏病毒-传支-类减蛋(禽流感)灭活苗注射
100 日龄	禽出败菌苗注射
120 日龄	副黏病毒-类减蛋(禽流感)灭活苗注射、传支 491 点眼
130 日龄	大肠杆菌多价菌苗

表 1-3　商品肉鸡的参考免疫程序

日龄	疫苗及免疫方法
1 日龄	马立克病疫苗　肌内或皮下注射
7 日龄	新支灵(新城疫-传支二联苗)点眼、滴鼻、饮水
12 日龄	法氏囊疫苗　点眼、饮水
21 日龄	新城疫疫苗　点眼、滴鼻、饮水
28 日龄	法氏囊疫苗　点眼、滴鼻、饮水

五、免疫失败的原因(以鸡为例)

近年来随着养鸡业的发展,饲养管理水平、免疫技术有了较大的提高,特别是对于一些严重的病毒性传染病的防制取得了较好的效果。但是,各种非典型病例也经常发生。免疫失败的原因是复杂的,涉及方方面面,归纳起来主要有以下几个方面:

(一)鸡体以外的原因

1. 鸡的饲养环境差

尘土飞扬、污水四溢、消毒不严、鸡舍通风不良、持续噪声、严寒酷暑等,都可能影响免疫效果。

2. 免疫方面的原因

(1)疫苗选择不当　疾病诊断不准确,接种的疫苗与发生的疾病或血清型不对应。应根据当地传染病流行的严重程度和鸡的种类选择不同的疫苗。

(2)疫苗质量差　疫苗本身质量差,如病毒或细菌的含量不足、冻干或密封不佳、油乳剂疫苗水分层、氢氧化铝佐剂颗粒过粗等,或疫苗在运输过程中保管不当,都会影响免疫效果。

(3)疫苗之间相互干扰　不同的疫苗接种时间相差过短,或同时使用,会出现不同程度的干扰。如传染性支气管炎疫苗病毒对鸡新城疫疫苗病毒的干扰作用,使鸡新城疫疫苗的免疫效果受到影响。

(4)疫苗接种时操作不当　例如,饮水免疫时水量不足,水质不好,饮水器分布、饮水器卫生不符合标准。喷雾免疫时气雾的雾滴大小、喷雾的高度或速度不恰当,以及环境、气流不符合标准等。滴鼻、点眼时有时在疫苗尚未进入眼内或鼻内就将鸡放回原地。疫苗用量和稀释液用量计算失误。接种时计量不准确。疫苗稀释后使用时间过长,注射部位不当或针头太粗,当针头拔出后疫苗液即倒流出来。将疫苗液注入胸腔、腹腔内。工作人员态度不认真等。以上操作都会影响免疫效果。

(5)接种途径选择不当　每一种疫苗均有其最佳的接种途径,如随便改变可能会影响免疫效果。如新城疫Ⅰ系疫苗以肌内注射为好,传染性法氏囊病冻干疫苗以滴鼻和饮水为好,鸡痘疫苗以翅膀下刺种为好,马立克病疫苗以颈部皮下注射为好,病毒性关节炎弱毒苗以肌内注射为好,所有的油乳剂灭活苗以颈部皮下注射为好,其次是胸部肌内注射,一般不采用腿部肌内注射,因为腿部肌肉容纳疫苗的体积小,不易吸收,而且影响鸡只活动和采食,不利于鸡的正常活动。如当鸡新城疫Ⅰ系疫苗用饮水免疫、传染性支气管炎疫苗用饮水或肌内注射免疫时,效果都差。

3. 免疫程序的原因

制定一个科学合理的免疫程序并非易事,它必须综合考虑,如了解当地流行疫病情况、鸡的种类、不同疫苗的特点等,还要结合母源抗体监测。因此,制定免疫程序时,不能完全照搬别人的免疫程序。注意首免与加强免疫的间隔时间,不能过长或过短,既要重视全身体液免疫,又要重视局部的细胞免疫。如鸡马立克病疫苗必须在1～3日龄的雏鸡上接种,若错过了这一免疫时机,免疫效果会更差。鸡接种了传染性法氏囊疫苗后,鸡的免疫机能在随后几天内受到一定的影响,所以在接种该疫苗后1周内不宜接种其他疫苗。

(二)鸡自身的原因

鸡自身的原因主要是指鸡自身免疫系统的功能缺损。影响免疫系统功能的因素很多,概括起来主要包括以下几点:

1. 鸡的营养状况

饲料营养不全面,某些必需的营养物质,如氨基酸、维生素A、维生素D、维生素E、锌、硒等微量元素的缺乏或不足,导致鸡体营养不良,从而此引起鸡体免疫抑制。

2. 各种应激因素

应激反应是机体对不同刺激的非特异性反应的总和，是处于健康与疾病之间的一种过渡状态。如果任其发展，则会造成疾病，鸡体免疫功能受到影响。如果及时消除，则鸡群可恢复健康。所以，应重视消除各种应激因素，如夏季注意防暑降温，冬季注意防寒保暖，运输、抓鸡前增加维生素的用量。鸡舍注意通风，防止氨气浓度过高和煤气中毒。换料时要逐渐过渡等。

3. 霉菌毒素的化学物质

饲料中若含有黄曲霉毒素、铅、汞、镉、砷等都会造成严重的免疫抑制，进而引起免疫失败。

4. 某些传染病的影响

目前已发现有些传染病可引起鸡免疫系统的损害。这些传染病主要有马立克病、传染性法氏囊病、淋巴性白血病、传染性贫血病、球虫病等。这些传染病的病原体主要损害鸡的免疫器官，如法氏囊、胸腺、盲肠、扁桃体等。如果鸡早期感染了马立克病或法氏囊病，它会损害免疫器官的发育和成熟，引起终身免疫抑制，所以对鸡马立克病和法氏囊病的预防和控制尤其重要。

5. 免疫麻痹

在一定限度内，抗体的产生随抗原用量的增加而增加，但抗原量过多，超过一定限度时，抗体的形成则反而受到抑制，这种现象称为"免疫麻痹"。有些养鸡场超剂量多次注射免疫，这样可能引起机体的免疫麻痹，往往达不到预期的效果。

6. 抗原的变异、超强毒株或血清型的出现等。

如由于超强毒力型的鸡传染性法氏囊病病毒和马立克病病毒的出现，鸡群接种一些常规疫苗后，往往未能有效抵抗超强毒株的感染。

7. 免疫缺陷

鸡群内某些个体的球蛋白、免疫球蛋白 A 缺乏等免疫缺陷，对抗原的刺激不能产生正常的免疫应答，影响免疫效果。

六、提高免疫程序的措施

1. 正确选择疫苗

应选用正规生物制品厂或技术力量雄厚的大专院校和科研单位生产的疫苗。不购买以下疫苗：瓶上无标签或字迹不清，没有说明书的疫苗；没有常规疫苗保存设施的单位出售的疫苗；过期、瓶塞破损和变质的疫苗；有残渣、异物的疫苗。

2. 按正确剂量使用

疫苗的使用剂量非常严格，不得随意改动。

3. 正确稀释疫苗

稀释疫苗和接种疫苗的器械不要和消毒药品接触。稀释疫苗时，除马立克病疫苗专用稀释液和禽霍乱及其联苗用铝胶水稀释外，其他活苗用灭菌生理盐水或蒸馏水稀释。稀释用水不得含有消毒剂、金属离子及抗生素等，以防微生物抗原被破坏。疫苗要现用现配，稀释的疫苗应放在阴凉处，最好在 2 h 内用完。自来水、凉开水、井水均不得用于稀释疫苗。

4. 严格技术操作

接种疫苗要树立无菌操作意识，对所有接种工具按规定进行无菌消毒，注射部位要用碘酒消毒。注射前应将液体疫苗或稀释好的疫苗充分振荡均匀。用过的空瓶进行无害化处理或深埋。

5. 注意联苗的使用

一般联合使用的疫苗，生产厂家已将其配合在一起制成联苗，如新支二联苗等。免疫人员不能随意把多种疫苗混合使用，以免疫苗间产生拮抗作用，致使免疫效果不佳。

6. 选择合适的免疫时间

使用疫苗要选择合适的时间，一方面尽可能在疫病发生之前的一段时间使用。如新城疫疫苗、法氏囊疫苗、传染性支气管炎疫苗等；另一方面要在机体免疫的最佳时间，如马立克病疫苗在 1 日龄使用，法氏囊疫苗在 15 日龄使用。同时还要考虑母源抗体的影响，根据家禽抗体水平测定来确定免疫的最佳时间。

7. 正确掌握接种方法

疫苗的接种方法很多，有点眼、滴鼻、口服、涂肛、刺种、气雾、饮水和注射等多种方法。如滴鼻，要等家禽将疫苗吸入后才可放开；鸡痘刺种不可将翅膀刺透，要选择肌肉丰满处；接种马立克病疫苗要刺入皮下；用饮水法前要先用清水洗净水槽，然后稀释，且接种前应停止饮水 2～4 h。

8. 防接种时造成应激

用点眼、滴鼻等免疫方法时，应在免疫前 4～5 h 时投给抗应激药物，避免捕捉应激造成家禽死亡。产蛋高峰期的鸡最好不采用抓鸡的方法进行免疫。在接种禽霍乱活菌苗的前后各 5 d 内停止使用抗生素；接种病毒性疫苗时，在 2 d 前和 3 d 后在饲料中添加抗生素，以防免疫接种应激引起其他强细菌感染；各类疫(菌)苗接种后应喂给多种维生素，以增强体质。

9. 经饮水接种的疫苗

此类疫苗应在所要混入的水中打开瓶口，因瓶内常被封成真空，当在空气中开封时，会使污染的空气进入瓶内。饮水接种的家禽应提前断水 2～4 h，稀释好的疫苗最好在 2 h 内饮完，稀释疫苗时在水中添加 0.2%的脱脂奶粉，以增强免疫效果。

10. 病禽不接种疫苗

患传染性法氏囊病、马立克病、球虫病等疾病的家禽免疫系统功能较虚弱，接种疫苗后不能承受疫苗的攻击，所以应等病禽康复后再接种疫苗。

11. 气温太高时不要接种疫苗

预防接种应在一天内较凉爽的时间进行，除天气太冷外，应暂时关掉孵化室内的热源。

12. 接种后要加强饲养管理

接种疫苗的前后 2～3 d 不要投喂抗生素，可在饲料中添加复合维生素，连用 1 周。同时搞好环境卫生，供给优质饲料，饮水要充足。

13. 抓好紧急接种

对于毒性较低、抗体产生迅速的疫苗，如新城疫疫苗等，可用于紧急接种，适用于发病的初期，控制大群的发病率和死亡率。疫苗毒性低，紧急接种会造成一部分发病家禽的病情加重或促进死亡，但有利于及时淘汰病禽，控制传染病的蔓延。

14. 制定合理防疫接种程序

应根据当地疾病流行情况、免疫状况和鸡的品种、年龄等，因地制宜结合饲养场具体情况和实践经验制定一个完善、经济、有效的防疫接种程序，这是防疫接种成功的保证。

15. 加强疫苗的保存运输

各种疫苗必须按照其说明书上的要求及规定进行保存。保存温度要相对稳定。在运输过程中尽量减少运输距离，减少途中时间，减少疫苗周转次数。领苗时要用保温瓶，将每一种疫苗的编号、类型、规格、生产厂名和有效期、接种日期登记在记录本上，并标明参加接种人员的姓名。

[技能训练]

技能 1　禽舍消毒

(一)技能目标

禽舍消毒(二维码 1-8)是养禽场卫生防疫工作的重要组成，通过实践，要求学生学会禽舍消毒的程序和方法，具备禽舍消毒的基本技能。

二维码 1-8
禽舍消毒

(二)教学资源准备

1. 仪器设备

火焰喷灯 2 个、电炉 4 台、高压水枪 1 个。

2. 材料与工具

消毒剂：百毒杀 2 瓶；3%～5%火碱溶液 200 kg；0.5%过氧乙酸溶液 100 kg；适量的甲醛溶液和高锰酸钾晶体。

用具：瓷盆4个；温湿度表1支；塑料薄膜、板条和1寸钉子若干。

(三)操作方法

禽舍的消毒对消灭传染源、切断传播途径、预防疾病发生起到重要作用。在禽舍清洁的情况下实施药物消毒才会有效，因此消毒程序第一步是清洁禽舍；第二步冲洗消毒，程序是交替使用碱性消毒剂和酸性消毒剂，目的是能够将耐碱性病原菌和耐酸性病原菌都能有效地杀灭；第三步粉刷消毒的目的是对墙体、天棚上表面及孔隙中的病原菌进行封锁；第四步火焰消毒的目的是对笼具、地面和距地面较近的墙体上的病原菌进行高温(1 000 ℃左右)消毒；第五步熏蒸消毒的目的是将空气、设备及外围结构内表面仍存活的病原菌进行杀灭。

1. 清洁禽舍

清洁禽舍就是将禽舍的天棚、墙壁、窗户上的灰尘、笼具上的粪渣、地面上的污垢、饮水器和料槽上的污渍进行彻底清除过程。其做法是：

(1)去尘　将高压水枪调到最大压力用清水冲洗天棚、墙体、门窗、笼具、饮水器和料槽，一直到灰尘被冲掉，笼具粪渣变软，饮水器和料槽浮尘除掉为止。每栋禽舍1人大约20 min时间即可完成。

(2)除污　用洁净未污染的饲料袋做成丝状球刷洗水槽和料槽内外面的污渍，然后用笤帚和板铲清除笼具及地面上粪便和残渣。这项工作每栋禽舍大约4人5 h内完成。

(3)冲洗　用高压水枪按地面排水的方向全面冲洗整栋禽舍。每栋禽舍1人大约10 min内完成。

(4)去渍　将冲洗不掉的污垢和污渍彻底地清除，每栋禽舍4人在30 min左右即可完成。

(5)冲洗　用高压水枪按地面排水的方向全面冲洗整栋禽舍。每栋禽舍1人需要5 min即可完成。

2. 冲洗消毒

做完清洁禽舍工作后接着进行冲洗消毒，一般情况下需冲洗3次，每次冲洗5 min，间隔20 min进行一次。第1次用3%的工业火碱热溶液冲洗消毒，第2次用清水冲洗干净，第3次用0.5%的过氧乙酸冲洗消毒。冲洗消毒后，排出舍内残留的积水，若有采暖设备此时需启动升温，并将舍内门窗打开进行通风换气，力争第二天早上禽舍处于干燥状态。

3. 粉刷消毒

当墙体与门窗不平滑时，首先用混凝土将缝隙堵塞抹平。然后用刷墙喷射器具将天棚、墙体用石灰乳进行粉刷。要求2人操作尽快完成。

4. 火焰消毒

用火焰喷枪或火焰喷灯对笼具和地面及距地较近的墙体进行火焰扫射，每一处扫射时间在3 s以上。要求工作认真细致，宁可重复消毒也不让其有遗漏之处。要求多人操作，天黑前完成。

5. 熏蒸消毒

(1)消毒用药及剂量　消毒用药为甲醛溶液和高锰酸钾晶体,配合比例为 2∶1,具体剂量因禽舍状况而定,可参考(表 1-4)。

表 1-4　禽舍熏蒸消毒用药剂量(每立方米容积)

禽舍状况	甲醛用量/mL	高锰酸钾用量/g
未使用过的禽舍	14	7
未发疫病禽舍	28	14
已发疫病禽舍	42	21

(2)消毒方法及要求　消毒前先将禽舍的窗户用塑料布、板条及钉子密封,将舍门用塑料布钉好待封。用电炉将禽舍温度提高到 26 ℃,同时向舍内地面洒 40 ℃热水至地面全部淋湿为止,然后将甲醛分别放入几个消毒容器(瓷盆)中,置于禽舍不同的过道上,配置与消毒容器数量相等的工作人员,站在消毒容器旁等待操作。准备就绪后,由距离门最远的工作人员开始操作,依次向容器内放入用纸兜好的定量的高锰酸钾,放入后迅速撤离,待最后一位工作人员将高锰酸钾放入消毒容器时所有的工作人员都已撤离到门口,待工作人员全部撤出后,将舍门关严并封好塑料布。密封 3～7 d 即可。

(3)熏蒸消毒的注意事项

①使用碱性消毒剂、酸性消毒剂及熏蒸消毒时要注意操作者的安全与卫生防护。

②在熏蒸消毒之前可将饲养员的工作服、饲养管理过程中需要的用具同时放入舍内进行熏蒸消毒。

③使用电炉升温禽舍和用高压水枪冲洗禽舍时要在电源闭合开关处连接漏电显示器,保证用电安全。

④禽舍使用前升温排掉余烟后方可使用。

(四)思考题

(1)禽舍的五步消毒法是指什么?

(2)熏蒸消毒所用药品的剂量是如何计算的?

(3)禽舍消毒的注意事项是什么?

技能 2　家禽剖检诊断技术

(一)技能目标

按正确程序进行剖检,并根据观察到的病变对可能发生的病给予初步诊断,培养认真细致的工作态度。

(二)教学资源准备

3%来苏儿或 1%石炭酸等消毒药、甲醛溶液、剪子、镊子、骨剪、手术刀、解剖盘、橡胶手套等;病禽、病死禽若干只。

(三)操作方法

1. 病禽处死

(1)脱颈法　对青年鸡、成年鸡可一只手握住双翅,另一只手用拇指和中、食指固定头与颈结合部,并以中指为支点,将头向背侧折并用力牵拉,使头颈分离。雏禽可将头颈结合部置剖检台锐缘或桌边缘,用拇指用力摁压,使头颈分离。无论采取哪个方法,都要保证头颈分离但皮肤不破,血液积聚在皮下,防止带有病原的血液污染周围环境。

(2)脑内或静脉内注气法　用注射器吸取空气,沿头颈结合处向脑内进针并注入空气,或翅静脉注入空气,病禽很快死亡。

2. 外部检查

病死禽在剖开体腔前应先检查尸体的外部变化。重点检查尸体的肥瘦、面部、冠、肉髯的色泽和有无肿胀,眼、鼻、口腔有无分泌物及分泌物的性状。味囊充盈与否。有无肿瘤、外寄生虫等。

3. 体腔的剖开

先用消毒水浸湿尸体,以防羽毛飞扬和粘手,影响操作,然后将大腿与腹部之间皮肤剪开,并将大腿向两侧用力压至将股骨头露出,使尸体平衡仰卧放置。将腹壁皮肤横剪一切口,向头侧掀剥皮肤,暴露胸腹肌肉。注意皮下、肌肉有无出血、坏死、变色。在后腹部龙骨末端横剪一切口,沿切口从两侧分别向前剪断肋骨,直至锁骨。然后用力将胸骨掀开,这时胸腔和腹腔器官就可露出。注意有无积水、渗出物或血液,同时观察各器官位置有无异常。

4. 器官检查

(1)内脏检查

①在腺胃与食管之间剪断食管,再按顺序将腺胃、肌胃、肠管以及肝、脾、胰一并取出。

②剪开腺胃,注意有无寄生虫,腺胃黏膜分泌物的多少、颜色、状态;腺胃乳头、乳头周围、腺胃与食管、腺胃与肌胃交界处有无出血、溃烂。再剖开肌胃,剥离角质膜,注意有无寄生虫等。然后将肠道纵行剪开。检查内容物及黏膜状态,有无寄生虫和出血、溃烂,肠壁上有无肿瘤、结节。注意盲肠、肠道后端向前的两个盲管是否肿大及盲肠硬度、黏膜状态与内容物的性状。注意泄殖腔有无变化。

③脾脏位于肌胃左内侧面,呈圆形,注意其色泽、大小、硬度、有无出血等。

④肝脏分左右两叶,注意肝脏色泽、大小、质地,有无肿瘤、出血、坏死灶;注意胆囊的大小、色泽。

⑤肾脏贴附在腰椎两侧肾窝内,质脆不易采出,可在原位检查。重点检查肾脏体积、颜色,有无出血、坏死,切面有无血液流出,有无白色尿酸盐沉积。卵巢位于左侧,注意其体积大小、卵泡状态。输卵管可在原位剖检。

⑥心、肺可在原位检查。心脏重点检查心冠、心内外膜,心肌有无出血点,心包内容物的

多少、状态，心腔有无积血及积血颜色、黏稠度。肺脏注意检查肺的大小、色泽，有无坏死、结节及切面状态等。

(2)颈部器官检查　将头朝向剖检者，剪开喙角打开口腔，将舌、食管、嗉囊剪开，注意嗉囊内容物的颜色、状态、气味，食管黏膜性状。然后剪开喉头、气管、支气管，注意气管内有无渗出物及渗出物的多少、颜色、状态等。

(3)周围神经检查　重点检查坐骨神经，在两大腿后部将该处肌肉剥离分离出坐骨神经，呈白色带状或线状。鸡在患神经型马立克病时，常发生单侧性坐骨神经肿大。

(四)剖检结果的描述、记录

对在剖检时看到的病理变化，要进行客观的描述并及时准确地记录下来，为兽医做出诊断提供可靠的材料。

(五)结果与分析

在描述病变时常采用如下的方法：

(1)用尺测量病变器官的长度、宽度和厚度，以 cm 为计量单位。

(2)用实物形容病变的大小和形状，但不要悬殊太大，并采用当地都熟悉的实物。例如，表示圆形体积时可用小米粒大、豌豆大、核桃大等；表示椭圆时，可用黄豆大、鸽蛋大等；表示面积时，可用一分、五分硬币大等；表示形状时，可用圆形、椭圆形、线状、条状、点状、斑状等。

(3)描述病变色泽时，若为混合色，应次色在前、主色在后，如鲜红色、紫红色、灰白色等；也可用实物形容色泽。如青石板色、红葡萄酒色及大理石状、斑驳状等。

(4)描述硬度时，常用坚硬、坚实、脆弱、柔软来形容，也可用疏松、致密来描述。

(5)描述弹性时，常用橡皮样、面团样、胶冻样来表示。

此外，在剖检记录中还应写明病禽品种、日龄、饲喂何种饲料，疫苗、兽药的使用情况及病禽临床症状等；剖检工作完成后，要注意把尸体、羽毛、血液等无害化处理；剖检工具、剖检人员的外露皮肤用消毒液进行消毒；剖检人员的衣服、鞋子也要换洗，以防病原扩散，同时搞好个人防护。

技能3　预防接种技术

(一)技能目标

正确操作从疫苗的检查到接种完毕的全过程，培养扎实认真的工作作风。

(二)教学资源准备

气雾器、镊子、体温计、脸盆、毛巾、脱脂棉、搪瓷盘、一次性无菌注射器、连续注射器、滴瓶、5%碘酒、70%酒精、灭菌生理盐水、灭菌蒸馏水、脱脂奶粉、3%来苏儿或0.1%新洁尔灭、工作服、登记卡片、疫苗、免疫血清等。待免疫禽若干只。

（三）操作方法

1. 免疫接种前的准备

(1)根据动物疫病免疫接种计划，统计接种对象及数目，确定接种日期，准备足够的生物制剂、器材和药品，免疫登记表，安排及组织接种和保定动物的人员，按免疫程序有计划地进行免疫接种。

(2)免疫接种前，对所使用的生物制剂进行仔细检查，对没有瓶签或瓶签模糊不清、瓶盖松动、疫苗瓶裂损、破乳、超过保存期、色泽与说明不符、瓶内有异物、发霉的疫苗，不得使用。

(3)接种前对预定接种的动物进行了解及临床观察，必要时进行体温检查。对完全健康的禽进行疫苗接种，凡体质过于瘦弱的禽、体温升高或疑似患病禽不接种，并做好记录，以便及时补种。

(4)将所用器械用纱布包裹，经 121 ℃高压蒸汽灭菌 20～30 min，或煮沸消毒 30 min 后冷却，以无菌纱布包裹备用。

2. 免疫接种的方法

根据不同生物制剂的使用要求采用相应的接种方法。首先对注射部位剪毛，用碘酊或75％酒精棉擦拭消毒，然后进行注射。

(1)皮下注射法　禽类主要在颈部进行皮下注射，术者以左手拇指与食指捏起皮肤成皱褶，右手持注射器使针头在皱褶底部稍倾斜快速刺入皮肤与肌肉间，注入药液，拔针后立即用挤干的酒精棉揉擦，使药液散开。

(2)皮内注射法　在禽的肉髯部注射，术者以左手拇指与食指捏起皮肤成皱褶，右手持注射器使针头几乎与皮肤面平行刺入真皮内，注入药液。如感到注入困难，同时有一小包，证明注射正确，然后用酒精棉球消毒针孔及其周围。

(3)肌内接种法　部位常选在禽的胸肌和大腿肌。胸肌内注射时，左手固定注射部位，右手持注射器，以 8～9 号针头与胸肌呈 45°角（避免疫苗流出）刺入肌肉内，避免垂直刺入，且进针不宜过深，雏禽的刺入深度为 0.5～1cm，日龄较大的为 1～2 cm，以防误伤肝或心脏。

(4)皮肤刺种法　在禽的翅内侧无血管处，用刺种针或钢笔尖蘸取疫苗刺入皮下。

(5)经口免疫法　是将可供口服的疫苗混入饮水或饲料中，禽通过饮水或摄食而获得免疫的方法。疫苗经口免疫时，应按禽只数和禽平均饮水量或吃食量，准确计算需用的疫(菌)苗剂量。免疫前，应停水或停料半天（夏季停水或停料时间可以缩短），以保证饮喂疫(菌)苗时，每只禽都能饮入一定量的水或吃入一定量的料。本法具有省时、省力、应激小的优点，适用于规模化养禽场的免疫。缺点是禽的饮水量或吃食量有多有少，因此进入每只禽体内的疫(菌)苗量不同，会出现免疫后抗体水平不均匀的情况，不能像其他免疫法那样获得准确一致的免疫效果。而且很多疫苗易被消化道内的酶和其他物质降解，因此，口服免疫往往疫苗用量大、免疫效力不太高，免疫持续期短。

(6)气雾免疫法　是将稀释的疫苗通过雾化发生器喷射出去，使疫苗形成 5～10 μm 的雾化粒子，均匀地浮游在空气中，禽吸入体内达到免疫目的。此法适用于大群免疫。进行气雾免疫的工作人员，应注意做好个人防护，如出现临床症状应及时就医。

(7)滴鼻(眼)免疫法　用胶头滴管吸取疫苗滴于鼻孔或眼内1～2滴。

3. 免疫接种用生物制剂的保存、运送

(1)生物制剂的保存　各种生物制品均须低温保存。通常免疫血清及灭活苗保存在2～15 ℃，防止冻结；冻干活疫苗多要求在－15 ℃保存，温度越低，保存时间越长；冻结苗应在－70 ℃以下的低温条件下保存。在不同温度下保存，不得超过所规定的期限。

(2)生物制品的运送　要求包装完善，防止碰碎瓶子及散播病原。运送途中避免高温和阳光直射，并尽快送到保存地点或预防接种场所。北方地区要防止气温低而造成的冻结及温度高低不定引起的冻融。切忌于衣袋内运送疫苗。弱毒苗应在低温条件下运送，大量时应用冷藏车，少量可用带冰块的保温瓶运送。

(四)注意事项

1. 免疫接种的注意事项

(1)工作人员穿工作服及胶鞋，必要时戴口罩。工作前后洗手消毒，工作中不应吸烟和吃食物。

(2)注射剂量按疫苗使用说明进行。须经稀释后才能使用的疫苗，应按说明书的要求进行稀释。

(3)在疫苗瓶盖上固定一个消毒针头专供吸取疫苗液用，每次吸后用酒精棉将针头包好。吸出的疫苗液不可再回注于瓶内。给禽注射用过的针头不能吸液，以免污染疫苗。

(4)疫苗使用前必须充分振荡，使其均匀混合后应用。免疫血清则不应振荡，沉淀不应吸取，并随吸随注射。

(5)针筒排气溢出的疫苗液，应吸积于酒精棉上，并将其收集于专用瓶内。用过的酒精棉花、碘酒棉花和吸入注射器内未用完的疫苗液都放入专用瓶内，集中烧毁。

2. 免疫接种后的护理和观察

接种后的禽可发生暂时性的抵抗力降低现象，应对其进行较好的护理与管理，有时还可发生疫苗反应，须仔细观察，期限一般为7～10 d。对有反应者予以适当治疗，极为严重的可屠宰。

[项目小结]

- 禽场传染病的流行和防控
  - 禽病的发生与传播
    - 传染的概念及分类
    - 传染病的概念及分类
    - 禽病发生的原因
    - 禽病发生的特征
    - 禽病的传播
  - 禽场疾病预防与控制
    - 建立兽医卫生防疫制度
    - 防止疾病传播
    - 建立科学的饲养管理制度
    - 免疫接种
    - 药物预防
    - 消毒
    - 检疫和净化
    - 杀虫、灭鼠和控制飞鸟
    - 传染病的扑灭措施
  - 免疫接种方法
    - 群体免疫
    - 个体免疫
    - 免疫失败的原因

[项目测试]

一、填空题

1. 鸡的疫苗接种总体上可分为(　　　)和(　　　)。
2. 鸡群的个体免疫可分为(　　　)、点眼、(　　　)肌内注射、(　　　)、滴肛或擦肛。
3. 饮水免疫前应停水(　　　)h。最好让鸡在(　　　)h 内饮完。

4. 预防接种是指在经常发生(　　　)的地区,或有(　　　)潜在风险的地区,或受到邻近地区(　　　)威胁的地区,为了防患于未然,在平时有计划地给健康鸡群进行的(　　　)。

5. 紧急接种是指在鸡场发生传染病时,为了迅速(　　　)和(　　　)疫病的流行而对发病鸡群进行的(　　　)。

6. 喷雾免疫时最好在稀释中加入(　　　)或(　　　),保护疫苗,防止喷出的雾滴迅速蒸发。

7. 喷雾期间应关闭鸡舍所有(　　　)和(　　　)。

8. 鸡肌内注射免疫时,常选在(　　　)和(　　　)进行注射。

二、判断题

1. 喷雾免疫时,为了使免疫效果确实可靠,喷雾机喷头应离鸡头越近越好。　(　　)
2. 饮水免疫时,剂量可为一般注射剂量的两倍。　(　　)
3. 接种传染性法氏囊疫苗后一周内不宜接种其他疫苗。　(　　)

三、选择题

1. 饮水免疫前,停止饮水的时间最好是(　　)。

A. 2 h　　B. 4 h　　C. 视舍温而定

2. 滴鼻、点眼免疫时,最好是在(　　)。

A. 清晨光线足时　　B. 晚上弱光时　　C. 晚上强光时

3. 传染性法氏囊冻干疫苗最佳的接种途径为(　　)。

A. 滴鼻或饮水　　B. 肌内注射　　C. 皮下注射

四、简答题

1. 鸡饮水免疫的注意事项有哪些?
2. 饮水免疫,滴鼻、点眼免疫的优缺点各有哪些?
3. 喷雾免疫时的注意事项有哪些?
4. 当前鸡病的流行特点有哪些?

项目二
禽场传染病的诊断与防控

项目描述

本项目是根据《国家职业技能标准——动物疫病防治员(2020年版)》《国家职业技能标准——动物检疫检验员(2020版)》工作要求和执业兽医师资格考试大纲要求分析，通过对禽场传染病的诊治与防控的学习，使学生能够掌握禽场传染病的诊断和综合防制措施。

知识目标

通过本项目的学习后，能够掌握常见禽场传染病的病原、流行病学特点、发病机理、临床症状、病理变化、实验室诊断、防制与公共卫生等知识。重点掌握的疾病有鸡新城疫、禽流行性感冒、传染性支气管炎、传染性喉气管炎、马立克病、传染性法氏囊病等。学会免疫程序制定的原则和方法。熟悉引起禽常见寄生虫病虫体的特点和流行病学特点；掌握常见寄生虫病的临床症状、病理变化和诊断方法；充分理解加强饲养管理和消毒的重要性，能制定预防疾病的综合防制措施。

技能目标

通过本项目的学习后，能独立剖检病禽，并正确识别各种传染病在各系统的病变表现；能准确地描述家禽的临床诊断依据；能独立完成病理剖检和实验室诊断，掌握药敏实验的方法；能鉴别诊断病理变化相近的传染性疾病；能根据抗体监测结果制定不同禽种的免疫程序；能根据寄生虫病鸡的临床症状、粪便特点和实验室检测结果，准确地诊断寄生虫病并能提出科学的治疗方法。

案例导入

某鸡场饲养的肉鸡6 000只，在5日龄时发病，每天死亡20～30只，且每天的死亡量还在增加；大群不断出现腹水、张口伸颈呼吸、喘鸣；脐带发炎(看似血凝物)；但鸡舍的通风没问题。该批鸡开始时用了乳酸环丙沙星，目前正在饮水中添加硫酸安普霉素和阿莫西林的复方制剂，用药 2 d 后死亡有所减少。作为执业兽医，你如何进行下一步诊断和治疗。现请您来确诊并提出处理方案。

任务1　禽常见病毒性传染病的诊断与防控

一、新城疫的诊断与防控(二维码 2-1)

二维码 2-1
新城疫的诊断与防控

新城疫(Newcastle disease，ND)，又称亚洲鸡瘟、伪鸡瘟，俗称“鸡瘟”。是一种急性、热性、败血性和高度接触性传染病。其特征是:发热、体温升高，呼吸困难，严重下痢，神经机能紊乱，黏膜或浆膜出血。典型新城疫病例常有发病急，呼吸困难，头冠紫黑，下痢，泄殖腔出血、坏死，腺胃乳头、腺胃黏膜和肌胃交界处以及十二指肠出血，黏膜和浆膜出血为特征;慢性新城疫病例常有呼吸道症状或神经症状。传播快，具有很高的发病率和病死率，是危害养禽业的一种主要传染病。给养殖业造成了很大的经济损失。

(一)病原

新城疫病毒(*Newcastle disease virus*，NDV)属副黏病毒科，副黏病毒亚科，腮腺炎病毒属的禽副黏病毒。该病毒一般呈球形，直径 100～500 nm，核衣壳呈螺旋对称，有囊膜，基因组为单分子负链单股 RNA，大小为 15～16 kb，病毒表面有纤突，内含神经氨酸酶(N)、血凝素(H)和融合蛋白(F)。

自然界中不同毒株间毒力差异很大，根据对鸡(鸡胚或雏鸡)致病力的不同，新城疫病毒的毒力大小可分为 3 大类:低毒力株(弱毒株)、中等毒力株、强毒力株，据此将新城疫病毒分为速发型(又分嗜内脏型和嗜神经型)、中发型、缓发型和无症状型。感染强毒株新城疫时，可导致典型新城疫的发生，而且死亡率很高。

(1)速发型(强毒力株)　致病力最强，鸡群中一旦受该型病毒侵害常造成大量发病和死亡。

(2)中发型(中等毒力株)　致病力较低，通常只引起较轻的疾病(我国一系疫苗)。

(3)缓发型(低毒力株)　对鸡致病较微，有些缓发型毒株如 B1 和 LOSOTA 毒株还用于制造疫苗(二系疫苗)。

新城疫病毒具有血凝素可与许多动物的红细胞表面受体结合，引起红细胞凝集(HA)，这种血凝特性能被抗血清中的抗体特异性抑制(HI)，能凝集鸡的红细胞，并可被其抗体特异性地抑制，故常用血凝抑制试验（HI）来诊断疾病并进行鸡抗体水平检测。

该病毒对外界物理因素抵抗力很强，在未经消毒的密闭鸡舍内，秋、冬、春三季连续 8 个月，仍然有传染作用。在鸡粪中日光照射 72 h 才能杀死。不耐热，在 60 ℃ 30 min 即被杀死。但对低温有很强的抵抗力，所以干燥和冷冻都有利于病毒的保存。但对消毒药的抵抗力较弱，1%来苏儿、5%漂白粉、2%苛性钠都可杀死该病毒。该病毒存在于病鸡的血液、内脏器官、分泌物、排泄物中，其中以肺、脑、脾含毒最多。

（二）流行病学

鸡、火鸡、鸽、鹌鹑、鹅、鸟类等均易感，其中鸡的易感性最高，各种年龄鸡均可感染，但雏鸡比成年鸡更高，其次是野鸡。鸭鹅也可感染，但很少或不表现症状。有的品系毒株可引起野鸟和鸽严重发病，多呈神经型。但近年来常见成鸡发病，30 日龄以内雏鸡不发病，这主要因为雏鸡体内有较高浓度母源抗体的缘故，幼鸡或中鸡的易感性高，2 岁以上的老鸡易感性较低。

病鸡、带毒鸡及其他带毒禽是本病的传染源。有临床症状和隐性感染的易感动物均可作为传染源(病鸡和带毒鸡)。病毒长期存在于具有较高的血凝抑制剂的鸡体内，与抗体结合，呈无毒力状态，引起所谓“免疫麻痹”，在外界一定“应激”因素作用下病毒被释放出来，繁殖，通过鼻腔的分泌物和粪便排出，使鸡群发生本病。另外，其他鸟类(如鹦鹉、鸽、麻雀等)也是传染源。历史上曾有好几个国家因进口观赏鸟类而导致本病流行。

该病毒主要通过空气传播，呼吸道和消化道是主要的传播方式，健康鸡吸入病鸡随咳嗽而排入空气中的带毒飞沫即可感染。其次是消化道，鸡吃了被病毒污染的饲料或饮了含有病毒的饮水也可感染发病。也可经受伤皮肤、结膜、交配、种蛋等途径传染。另外，污染了的器具、衣、鞋或人员也能把病毒由发病鸡带到另外的鸡舍。

各种年龄的鸡都可以发生该病，发病不受季节的影响，一年四季均可发生，但以冬、春两季多发。易感鸡群感染速发型病毒(特别是嗜内脏型)后，一般呈流行性，发病率和致死率均高达 90%以上；但近年来典型的新城疫已不多见，其发病率占 10%～30%，临床症状不明显，病理变化不典型，死亡率 15%～45%，伴有呼吸症状为特征的非典型新城疫发病较多。

（三）临床症状

本病的潜伏期一般 3～5 d，有的达到 15 d 左右。根据病程长短和病势缓急将其分为最急性型、急性型、慢性型和非典型性 4 种。临床上可将新城疫分为典型和非典型两种。

1. 典型新城疫

(1)最急性型　此型多见于雏鸡和流行初期只见病鸡精神稍显委顿。常突然发病，无特征性症状而迅速死亡。

(2)急性型　是易感鸡群发生新城疫最多见的病型，在突然死亡病例出现后几天，鸡群内病鸡明显增加，主要表现为呼吸道、消化道、生殖系统、神经系统异常。往往以呼吸道症状开始，继而下痢。主要症状如下：

①病鸡体温升高达 43～44 ℃，精神委顿，病鸡眼半闭或全闭，呈昏睡状，驱赶或惊吓不愿走动，头颈蜷缩、尾翼下垂，食欲减少或丧失，饮水增加，但随着病情加重饮水量也逐渐减少，鸡冠和肉髯呈暗红或紫黑色(发绀)。

②产蛋鸡产蛋减少或停止，蛋的品质变差，蛋壳颜色变淡，软皮蛋、褪色蛋、沙壳蛋、畸形蛋增多，种蛋受精率和孵化率明显下降。

③呼吸系统表现为咳嗽，呼吸困难，口腔和鼻腔内分泌物增多，为了排出口内液体，病鸡常有甩头动作，伸颈张口呼吸，喉部常发出"咯咯"的喘鸣声或突然出现怪叫声。

④嗉囊内充满液体或气体，倒提时有大量酸臭液从口中流出。

⑤发病鸡有下痢表现，排出黄白色或黄绿色恶臭稀粪，混有多量黏液，胃肠黏膜出血严重时粪便中混有血液。

⑥部分病鸡在后期出现神经症状，如翅、腿麻痹，站立不稳等神经症状，最后体温下降，在昏迷中死亡，病程 3～5 d，雏鸡 1～2 d，死亡率达 90%以上。

(3)亚急性型或慢性型　多见于流行后期，耐过急性型的病鸡。病初和急性型大致相同，但症状较轻，鸡群中陆续出现神经症状，表现为盲目前冲、后退、转圈，啄食不准确，腿或翅膀麻痹、运动失调、跛行或站立不稳，常伏地旋转。有时头颈向后仰或向一侧扭转等症状，反复发作。最后可变为瘫痪或半瘫痪，一般经 10～20 d，逐渐消瘦死亡，但病死率较低。也有个别鸡可以"痊愈"，但部分鸡留有神经后遗症，未受刺激时较正常，一旦受到惊吓便出现头颈扭曲，平衡失调，倒地挣扎或呈观星姿势，有时可见神经麻痹、瘫痪。病程可达到 1～2 个月，绝大多数最终死亡。少数耐过病鸡其神经症状可达数月之久。

2. 非典型新城疫

近年来，在一些接种过新城疫疫苗的鸡群内，由于多种原因造成了一部分鸡免疫力不足、不能完全抵抗强病毒的自然感染，发病后症状、病变较轻，死亡率也低，称之为非典型新城疫。多发生在用疫苗免疫过的鸡，以二免前后发生较多。雏鸡和成鸡的发病率和死亡率都不高，以 30～40 日龄雏鸡发病较多。非典型新城疫容易成为持久性感染，鸡群中由于陆续出现病鸡，长期不断排出病毒，干扰疫苗免疫效果，造成疾病的连续传播，在鸡群中延绵不断。特别是大群舍养鸡中更是这样。症状不典型，表现为呼吸道和神经症状，产蛋率出现不同程度的下降，蛋的品质下降，种蛋受精率和孵化率下降。有轻微的呼吸道症状或神经症状，死亡率较低。

(1)雏鸡　呼吸道症状明显。张口伸颈，气喘咳嗽，气管中发出"呼噜"声。口中有较多黏液，有摇头或吞咽动作，并出现零星死亡。1 周左右，大部分鸡趋向好转，而少数出现神经症状，歪头、扭颈或头向后仰呈观星状，翅下垂或腿麻痹，安静时恢复常态，但稍遇刺激或惊扰，神经症状又重复发作。

(2)中鸡　常见于二次弱毒(Ⅱ系)或(L 系)疫苗接种之后。临床上排黄色稀便或绿色稀便，呼吸困难，10%左右鸡出现神经症状。

(3)成鸡　很少出现神经症状。主要表现产蛋急剧下降，幅度在 10%～30%。同时软壳蛋或小蛋增多，褐壳蛋颜色变淡，排黄白或黄绿色粪便，有时伴有呼吸道症状，不易见到神经症状。

(四)病理变化

1. 典型鸡新城疫

典型鸡新城疫病死鸡尸僵发生较早，头常向后呈“S”状弯曲，死于急性的病鸡，营养状况良好。本病的主要病理变化是全身黏膜和浆膜出血，以消化道和呼吸道最为严重。

(1)死于急性和典型新城疫的病鸡，鸡冠和肉髯紫黑。

(2)全身浆膜、黏膜有不同程度的出血。

(3)呼吸道见鼻腔、喉、气管黏膜充血、出血，肺可见瘀血或水肿。鼻腔、喉、气管、支气管中有浆液性或卡他性渗出物。

(4)嗉囊内充满带气泡的米泔水样酸臭的液体。

(5)腺胃黏膜水肿潮红，腺胃乳头顶端或乳头间肿大、出血。腺胃与肌胃交界处及腺胃与食道交界处呈带状出血，肌胃角质膜下有出血斑点，严重时溃疡。

(6)小肠黏膜出血或溃疡，肠淋巴滤泡呈岛屿状或枣核状隆起、溃疡(主要表现在卵黄带上下 10 cm 左右及回肠黏膜表面)，表面有黄色或灰绿色纤维素膜覆盖。肠黏膜有大小不等的出血点和纤维素性坏死。

(7)盲肠扁桃体肿大、出血和坏死。

(8)泄殖腔充血、出血。

(9)心冠脂肪出血。

(10)输卵管充血、水肿。

2. 非典型新城疫

非典型新城疫病变不典型，大多数病例可见到喉头和气管黏膜不同程度的充血、出血，有多量液体，输卵管充血、水肿，剖检数只病禽可见腺胃乳头出血，盲肠扁桃体出血，其他系统病变不典型。

(五)诊断要点

1. 流行性诊断

可根据流行病学、典型临床症状和病理变化做出初步诊断，确诊需进一步做实验室诊断。

2. 鉴别诊断

鸡非典型新城疫发生较普遍，因此应加强鉴别、诊断与防控工作。非典型新城疫常有呼吸道症状，应与传染性支气管炎、传染性喉气管炎和慢性呼吸道疾病等呼吸道疾病相区别，其鉴别要点是非典型新城疫出现神经症状，而其他呼吸道疾病无神经症状；非典型新城疫的神经症状与马立克病、鸡脑脊髓炎、维生素缺乏症、锰和钙缺乏症等有神经症状及其他相似疾病的症状有所不同，鉴别要点是非典型新城疫有呼吸道症状和呼吸道病变，而上述其他疾病则没有。

3. 病原学诊断

(1)病毒分离鉴定　采集病、死鸡的气管、支气管、肺、脾等病料作为分离病毒的样品，将病料研磨成乳剂，按 1∶5 加入生理盐水稀释成悬液，过滤，加庆大霉素等抗生素除菌。将病毒接种 9～10 日龄 SPF 鸡胚尿囊腔，在 37 ℃恒温箱中进行培养。鸡胚在接种后 72 h 内全身出血死亡，尿囊液 HA(血凝素，又称红细胞凝集素)呈阳性，有可能为强毒感染；如果鸡胚胚体轻度出血或无出血，死亡较少，HA 呈阳性，这种情况有可能是弱毒；鸡胚不死亡，HA 呈阴性，病料中可能无病毒或病毒的含量很低，可将鸡胚尿囊液再盲传 1 代。

因禽流感、产蛋下降综合征等其他一些病毒也具有凝集鸡红细胞的活性，所以在 HA 呈阳性后，还必须用新城疫抗血清对分离的病毒进行红细胞凝集抑制试验(HI 试验)，如果新城疫抗血清能抑制被分离物的 HA 活性，则被分离的病毒为新城疫病毒。在确定为新城疫病毒后，还必须进行病毒的毒力测定，以确定被分离的病毒是野外强毒还是疫苗株病毒。

(2)分子生物学诊断　传统的新城疫诊断技术主要有酶联免疫吸附试验(ELISA)、血凝和血凝抑制试验(HA 和 HI)、电镜技术、荧光抗体技术、免疫组化技术。随着新城疫病毒(NDV)分子结构与致病性关系、强弱毒株分子结构差异等研究的深入，为新城疫(ND)分子水平上的特异性诊断技术，特别是为从病原体检测角度建立特异性诊断技术奠定了基础。其中，发展比较快的有单克隆抗体技术、RNA 指纹图谱技术、核酸探针技术和基因片段的体外扩增技术等。这些技术不仅用于新城疫病毒的检测、鉴定、特性研究及致病型的确定等，还可以据此追踪病毒的来源及流行情况。

(3)血清学试验　主要有红细胞凝集抑制试验(HI)、免疫荧光抗体、血清中和试验、酶联免疫吸附试验(ELISA)、单克隆抗体技术等，其中，HI 主要用于鸡群新城疫免疫状态监测，当鸡群发生新城疫时，抗体滴度会显著升高，并且离散度增大。

(六)防制

免疫接种是预防新城疫的有效手段，目前生产上常用的疫苗有弱毒疫苗和油佐剂灭活疫苗两类。

1. 日常的预防措施

做好合理免疫接种　免疫接种是预防新城疫常用的有效方法，但免疫接种只能防止发病，不能阻止病毒进入鸡群，病毒在鸡体内仍然可能增殖并排毒。因此，免疫接种不能替代良好的饲养管理，生物安全和卫生措施。

新城疫活疫苗主要包括中等毒力苗和弱毒苗两类，灭活疫苗目前使用的主要是油乳剂灭活苗。中等毒力苗主要是Ⅰ系；弱毒苗主要有Ⅱ系(B 系)、Ⅲ系(F 系)、Clone30(克隆 30)株和Ⅳ系(Lasota 系)。中等毒力苗免疫力较强，但有一定毒力，一般不用于 2 月龄以下雏鸡的首免；弱毒苗毒力较弱，大雏鸡均可接种，但免疫力较弱。

免疫接种的效果受鸡母源抗体、疫苗种类、接种方法、接种时间等多种因素的影响。为取得最佳的免疫效果，应在对鸡群进行免疫监测的前提下，按照合理的免疫程序进行免疫接种。

①免疫程序　免疫程序应根据疫病的流行情况、鸡场规模、饲养方式、疫苗种类、母源抗体水平、机体的健康状况和环境卫生条件等因素因地制宜地确定，不同地区甚至同一鸡场的免疫程序都不是一成不变的。

②认真做好预防接种工作，增强鸡群对新城疫的免疫力　我国使用的新城疫弱毒疫苗株有 4 种，即Ⅰ系、Ⅱ系、Ⅲ系、Ⅳ系。Ⅰ系为中发型毒株，用其制成的疫苗接种 2 月龄以下的雏鸡后引起轻度接种反应，甚至发病。接种产蛋母鸡，可能使鸡群在接种后的几天内产软壳蛋或短期的产蛋下降。但本苗免疫力坚强，而且注苗后 3～4 d 即可产免疫力，故用于 2 月龄以上鸡的免疫注射和鸡群发病后的紧急预防接种。Ⅱ系为缓发型毒株，用其制造的疫苗可用于各种年龄鸡的预防接种，但缺点是免疫力较弱。免疫期也只有 1～2 个月，多用于雏鸡的首次免疫。Ⅲ系和Ⅳ系也是缓发型毒株，毒力、免疫力和免疫期介于Ⅰ系和Ⅱ系之间。用Ⅳ系毒株制成的疫苗已广泛用于雏鸡的第 2 次免疫(20～40 日龄)，也可用于雏鸡的首次免疫以及成年鸡和蛋鸡的免疫。Ⅲ系苗现已不常使用。

目前，我国部分地区正在推广使用新城疫油佐剂灭活苗，此苗的优点是安全、不散毒、容易保存，与Ⅱ系苗(或Ⅳ系苗)联合进行雏鸡的首次免疫可减少母源抗体的干扰，提高免疫效果。用于产蛋鸡的免疫反应轻微，不影响产蛋，尤其在新城疫常发区应用效果明显。此疫苗的缺点是只能作肌内接种，而且价格比弱毒苗高。

③种鸡和蛋鸡常用的免疫程序　推荐免疫程序如下：

方案一：10 日龄Ⅳ系或克隆 30 滴鼻、点眼，同时皮下注射半羽份油乳剂苗，利用监测手段，掌握抗体水平。

规模较大的鸡场和有条件的专业户，应在免疫监测的基础上制定本场的免疫程序，以保证免疫效果。即在每次接种疫苗后 2～3 周起，定期每群采取 25～30 个血清样品做血凝抑制试验，如果多数鸡血凝抑制效价达到或低于 1∶8 时，说明鸡群的免疫水平不足以抵抗新城疫强毒的攻击，应立即接种疫苗。

若 70～90 日龄抗体偏低，用Ⅳ系或克隆 30 进行气雾免疫。17 周龄用油乳剂苗加强免疫一次。随后根据抗体水平的监测，决定是否再进行补免，当发现抗体水平参差不齐时，应立即用Ⅳ系苗气雾免疫。一般情况下，一直持续至鸡淘汰。

方案二：10 日龄Ⅳ系或克隆 30 滴鼻、点眼，25 日龄克隆 30 或Ⅳ系肌内注射同时分点注射半羽份油乳剂苗。根据监测结果掌握抗体水平。通常不必在 70～90 日龄进行气雾补免。17 周龄用油乳剂苗加强免疫，可持续到淘汰。

方案一、二适用于大中型集约化养鸡场。

方案三：7～10 日龄用弱毒苗(Ⅱ系、Ⅳ系或克隆 30)滴鼻、点眼，25～30 日龄重复上述免疫，60 日龄Ⅰ系苗注射，17 周龄Ⅰ系或油乳剂苗注射。此方案适用于没有监测条件的雏鸡场和个体户养鸡场。

2. 做好饲养管理工作。

(1)做好鸡场的卫生管理　卫生管理主要是控制病原体侵入鸡群，鸡场要严格执行卫生防疫制度和措施，防止带毒鸡（包括鸟类）和污染物品进入鸡群；饲料来源要安全；不从疫区引进种蛋和雏鸡；新购进的鸡须接种新城疫疫苗，并隔离饲养 2 周以上，确实证明无病时，才能与健康鸡合群。有条件的鸡场尽可能做到自繁自养，种鸡场、孵化厅、育雏、育成和生产鸡群须分区域饲养。要实行“全进全出”制，至少做到以舍为单位实行“全进全出”制。

（2）严格执行消毒措施　鸡场应有完善的消毒设施，鸡场进出口应设消毒池。所有人员进入饲养区必须消毒，更换工作服和鞋帽；进入场院区的车辆和用具也要消毒；肉用鸡场可实行全进全出制度，进鸡前及全群鸡出栏后进行彻底消毒，平时鸡舍周围环境也应定期进行消毒和带鸡消毒。

（3）加强饲养管理，预防其他疾病　供给全价饲料，减少各种应激，做好其他疾病的预防。

3. 发病后的控制措施

（1）做好封锁、隔离、消毒工作。及时消毒被污染的物品和场地，对病死鸡进行无害化处理。

（2）报告疫情，划定疫区，封锁发病鸡场，隔离发病鸡群。

（3）及时应用新城疫疫苗进行紧急接种，1 月龄以内的雏鸡用Ⅳ系苗，按常规量 2～4 倍滴鼻、点眼，同时注射油乳剂苗 1 羽份，对 2 月龄以上鸡用 2 倍量Ⅰ系苗肌内注射，接种顺序为：假定健康群、可疑群、病鸡群。每只鸡用一支针头，出现症状按病鸡处理。一般 1 周左右即可使疫情平静。对于早期病鸡和可疑病鸡，也可用新城疫高免血清或卵黄抗体进行注射控制本病发展，待病情稳定后再用疫苗接种。

（4）采取紧急消毒。

（5）病死鸡尸体和宰杀的内脏及排泄物应深埋或焚烧。

（6）最后一只病鸡死亡或扑杀后 2 周，待疫情完全停息经全场终末大消毒后，方可解除封锁。

二、禽流感的诊断与防控（二维码 2-2）

二维码 2-2
禽流感的诊断与防控

禽流行性感冒简称禽流感（Avian influenza，AI），曾被称为欧洲鸡瘟，真性鸡瘟或鸡瘟。本病于 1878 年在意大利首次暴发。禽流感是由 A 型流感病毒（*Avian influenza virus*，AIV）引起的家禽和野生禽类的一种从呼吸系统到全身败血症等多种症状的高度接触性烈性传染病。基于禽流感病毒在家禽种群中的毒性不同，禽流感可以分为低致病性（LPAI）和高致病性（HPAI）。低致病性禽流感可使禽类出现轻度呼吸道症状，食量减少，产蛋率、受精率及孵化率下降，出现零星死亡。高致病性禽流感最为严重，发病率和死亡率高，感染的鸡群常常全部死亡。所以禽流感的每一次暴发和流行都给养鸡业造成巨大的经济损失。美洲、欧洲、亚洲、非洲等世界上许多国家和地区都曾发生过本病。少数致病性毒株可感染人并致人死亡，世界动物卫生组织将其定为 A 类传染病。所以禽流感的预防、治疗在减少经济损失和公共卫生方面意义很大。

（一）病原

1. 禽流感的病原种类

病原为禽流感病毒，属于正黏病毒科流感病毒属的A型流感病毒。该病毒呈球形、杆状或长丝状，是单股RNA，病毒粒子直径80～120 nm。根据流感病毒血凝素（HA）和神经氨酸酶（NA）抗原性的差异，可将其分为不同的亚型。分A、B、C三个血清型，其中B、C两型仅能使人及少量的猪致病。目前已发现16种HA和10种NA。不同的HA和NA随意组合都可以形成一种新的流感病毒。因而A型流感病毒的血清亚型很多，不同亚型毒株对禽类的致病性有差异，可将其分为：

（1）高致病性毒株　高致病性禽流感最为严重，发病率和死亡率均高，感染的鸡群常常“全军覆没”。目前发现的高致病性禽流感病毒仅是H5和H7亚型中的少数毒株，这两种亚型中绝大多数毒株是非致病性的。

（2）低致病性毒株　低致病性禽流感主要流行毒株为H9N2和H9N3亚型。可使禽类出现轻度呼吸道症状，食量减少，产蛋量下降，受精率和孵化率下降，出现零星死亡。

（3）不致病性毒株　不会引起明显症状，仅使染病的禽类体内产生病毒抗体，禽鸟身上可发现所有流感病毒，但不一定发病。

2. 禽流感病毒具有血凝性

不仅能凝集鸡、鸭、鹅的红细胞，在4～20 ℃可凝集人、猴、豚鼠和禽类的红细胞，这是病毒的血凝素（HA）蛋白与红细胞表面的糖蛋白受体结合的结果。但这种凝集可被病毒的神经氨酸酶（NA）蛋白对红细胞受体的破坏而解除。由于不同禽流感病毒的HA和NA有不同的抗原性，目前已发现有16种特异的HA和10种特异的NA，分别命名为H1～H16，N1～N10，不同的HA和NA之间组合可形成200多种亚型的禽流感病毒。还可以凝集新城疫病毒不能凝集的马属动物及羊的红细胞，依此可初步区别于新城疫病毒。

3. 禽流感病毒容易发生变异

禽流感病毒突出特点之一是抗原性和致病性很容易发生变异。可在鸡胚和犬肾传代细胞系中生长，病毒存在于病禽所有组织、体液、分泌物和排泄物中。在东亚感染人的禽流感病毒H5N1是一种变异的新病毒，并非在鸡、鸭中流行几十年的H5N2禽流感病毒，因此无须谈禽流感色变，但H5N1具有高致病力，能吸收重组其他病毒的遗传物质，迅速变异。一旦变异病毒传播到人，与人类普通流感病毒结合成为一种新型流感病毒并造成大规模流行，将因人类尚不具免疫力而造成严重后果。而且家禽在感染H5N1后即使幸存也具有传染性，至少10 d内病毒都存活在家禽体内，可能由排泄物等感染其他家禽或候鸟。

4. 禽流感病毒敏感性

禽流感病毒对乙醚、氯仿、丙酮等有机溶剂均敏感。常用消毒剂容易将其灭活。禽流感病毒对热比较敏感，65 ℃加热30 min或煮沸（100 ℃）2 min以上可灭活。病毒在粪便中可存活1周，在水中可存活1个月。病毒对低温抵抗力较强，4 ℃可保存30～35 d，20 ℃可存活7 d，在有甘油保护的情况下可保持活力1年以上。病毒在直射阳光下40～48 h即可灭活，如果用紫外线直接照射，可迅速破坏其传染性。

（二）流行病学

1. 病毒来源

（1）许多种类的家禽　从鸡群和相邻的鸭群可分离出血清亚型的病毒；大鸡群和相邻的鸡群也是如此。鹌鹑，珍珠鸡和雉都有类似报道。多个证据表明，流感病毒可以一个养殖场传播到相邻的同种或异种禽群。

（2）野生鸟类　是公认的家禽感染来源，特别是迁徙的水禽。家禽极有可能同这些鸟类接触，而从禽群分离出许多亚型与之相同。外来的捕获鸟，这种传播具有潜在的可能性，因为从外来捕获鸟中分离出许多亚型的AIV。

（3）其他动物　火鸡的流感可能为猪流感病毒所致。从鸟类中分离的病毒也可感染其他动物，尤其是对哺乳动物潜在感染力。

2. 易感动物

禽流感以鸡和火鸡的易感性最高，其次野鸡、孔雀、鸭、鹅、鸽、鹧鸪也能感染。人可通过消化道、呼吸道、损伤的皮肤和黏膜等途径感染该病毒，引起发病甚至死亡。截至目前已从50多种禽类包括鸡、火鸡、珍珠鸡、野鸡、鸽、鸭、鹅和候鸟（尤其是水鸟）等分离到A型流感病毒。从鸭分离到的流感病毒比其他任何禽类都多。

3. 传播方式

禽流感的主要传播方式是水平传播，病毒可以随病禽的呼吸道、眼鼻分泌物、粪便排出病毒来感染易感禽群。同受到被病禽粪便、分泌物污染的任何物体，如饲料、禽舍、笼具、饲养管理用具、饮水、空气、运输车辆、人、昆虫等都可能传播病毒，由于粪便中大量排毒，使其污染的一切物品，如饲养管理器具、设备、授精工具、动物、饲料、饮水、衣物、运输车辆等均可成为传染媒介而发生机械传播，也可通过损伤的皮肤、黏膜和眼结膜等途径传播。此外，人员流动与消毒不严可能起着非常重要的传播作用。病禽的种蛋可以带毒，并能经卵垂直传播。

4. 发病速度减慢

本病一年四季都会发生，但以冬季和早春气温骤变的季节最常发生。过去禽流感发生速度比较快，经常1周之内全群迅速死亡，而现在发生的禽流感由于疫苗免疫的结果，传播速度减慢，甚至达1个月以上。水禽和鸟类感染禽流感后，临床上通常不表现症状，但可长期带毒并排毒，尤其是候鸟在迁徙过程中散毒范围甚广，一旦病毒是高致病性毒株，即可引起暴发性流行。

（三）临床症状

目前，禽流感发生较大变化，在疫苗的频繁免疫下已经由过去临床的典型烈性暴发转变为温和性，即非典型性发生。与经典的禽流感相比，目前的禽流感无论在临床症状和病理剖检方面都发生了较大变化，典型的高致病性禽流感往往表现为最急性和急性，具有暴发性，最急性鸡群往往不出现任何症状即大批死亡，死亡率可高达90%以上，甚至全群死亡。禽流感的潜伏期从几小时到几天不等，其长短与病毒致病性的高低、感染强度、传播途径和易感禽的种类有关。症状因为感染禽的品种(同一禽流感病毒如分别感染外来大型肉鸡和我国本地鸡，则外来大型肉鸡无论症状、病变和死亡率都比我国本地鸡严重)、年龄(开产种鸡在产蛋高峰及高峰之后期间特别敏感，老龄家禽的敏感性低于幼龄家禽)、性别、并发感染情况及所感染毒株的毒力和其他环境因素(受冷、气温的急剧变化等应激因素)不同而表现的症状很不一致。症状涉及呼吸道，消化道，生殖道及神经系统。死亡鸡常无典型症状，剖检可见全身性出血。

1. 高致病性禽流感

高致病性禽流感可引起急性暴发，病鸡没有明显症状即突然死亡，发病率和死亡率可达100%。最急性的病例在感染后十几小时内死亡，主要表现为发病鸡精神沉郁，呆立不动，发蔫，采食减少甚至废绝，临床症状也逐渐明显，病鸡头和颜面部肿胀，冠和肉髯发黑，眼分泌物增多，眼结膜潮红，水肿，羽毛蓬松无光泽，体温升高。病鸡出现下痢，粪便黄绿色并带多量的黏液或血液。有轻微呼吸道症状如咳嗽、喷嚏、呼吸困难，有啰音，张口呼吸，歪头。产蛋鸡产蛋急剧下降或几乎完全停止，蛋壳变薄、褪色，无壳蛋、畸形蛋增多，受精率和孵化率明显下降；鸡脚鳞片下呈紫红色或紫黑色。发病后期病鸡出现神经症状、共济失调、不能站立，在发病后5～7 d内的死亡率几乎达到100%。少数病程较长或耐过未死的病鸡出现神经症状，包括转圈、前冲、后退、颈部扭歪或后仰望天等。

鸽、雉、珍珠鸡、鹌鹑、鹧鸪等家禽感染高致病性禽流感后，主要表现为头肿，眼分泌物增多，分泌物呈血水样，下痢，产蛋率、孵化率下降，出现神经症状，头颈扭曲，啄食不准，后期眼角膜混浊。该病死亡率不等，成年鹅、鸭死亡不多，各类幼龄禽死亡率高。

2. 低致病性禽流感

随着鸡群强制免疫的实施，临床病例出现非典型性，危害对象主要是处于产蛋期的蛋鸡和肉种鸡，产蛋高峰期鸡群易发。鸡群总体情况尚好，但突然出现死亡，并出现打蔫的鸡，呈现明显病症，饮食明显减少，体温升高，部分病鸡发生头部和面部水肿，皮肤、冠和肉髯发绀，病鸡呼吸道症状明显，如咳嗽、啰音、流泪，下痢排黄绿便，个别鸡出现神经症状，产蛋量下降严重，可由90%下降至20%，甚至绝产。蛋壳质量下降，蛋壳粗糙，软皮蛋，褪色蛋、薄皮蛋和小蛋明显增多。死亡鸡通常在发病1周后达到高峰，死亡率通常为10%～40%，但生产性能恢复缓慢，最多可恢复至50%～60%，持续时间一般为1～2个月。

(四)病理变化

病情较轻的病例往往看不到明显的病变。表现为轻微的窦炎，窦中可见卡他性、纤维素性、黏液脓性或干酪性炎症。气管下段和支气管黏膜轻度水肿，并有浆液性或干酪性渗出物。气囊炎，表现气囊壁增厚，并有纤维素或干酪样渗出物附着。有时可见纤维素性心包炎。少数病例还可见到纤维素性腹膜炎或卵黄性腹膜炎。肠黏膜充血或轻度出血。胰腺有斑状灰黄色坏死点。产蛋鸡常见卵巢退化、出血和卵泡畸形、萎缩和破裂。输卵管黏膜充血水肿，内有白色黏稠渗出物，似蛋清样。

1. 高致病性禽流感

典型剖检病变为消化道口腔黏膜、腺胃乳头、肌胃与腺胃交接处、腺胃与食道交界处，肌胃角质膜下、十二指肠黏膜出血，腺胃有大量黏性分泌物，肌胃黏膜易剥离并有肌肉、组织器官黏膜和浆膜以及脂肪的广泛出血；盲肠扁桃体肿大及出血；呼吸道喉头、气管黏膜充血出血；生殖道病变为卵巢及输卵管充血或出血，卵巢退化，卵泡变形、萎缩、卵黄破裂流入腹腔引起卵黄性腹膜炎。急性死亡的鸡常见卵黄性腹膜炎，慢性死亡的鸡常见腹腔里有干酪样物，且腹腔内器官粘连，输卵管萎缩、质脆、易破裂，输卵管壁和输卵管周围组织常发生水肿；头部皮下胶冻样浸润；头、颈、胸部水肿；胸部肌肉、胸骨内面、心脏及腹部脂肪有散在性的小出血点；心外膜或冠状脂肪有出血点，心肌坏死，胰腺有黄白色坏死斑点或周边出血；肝、脾、肾、肺有灰黄色小坏死灶；腹腔及心包囊有纤维素性渗出物，脾脏、肝脏肿大，出血；肾脏肿大，尿酸盐沉积。

2. 低致病性禽流感

常见的剖检病变为全身出血性变化，气管、喉头有充血，肺部病变不明显，输卵管内有大量出血坏死和蛋清样分泌物，腺胃乳头出血，肠道出血，并伴有卵黄性腹膜炎。

近几年，禽流感的发病情况更为复杂，鸡群死亡率一般为10%～60%，抗体水平较好的鸡群，死亡率在10%左右。多数鸡群产蛋率下降不明显。剖检变化不典型，死亡鸡体温不高，无全身出血性变化。鸽、雉、珍珠鸡、鸵鸟、鹌鹑、鹧鸪等感染低致病性禽流感后，临床症状与鸡相似。

（五）诊断要点

1. 临床诊断

由于本病的临床症状和病理变化差异较大，所以确诊必须依靠病毒的分离、鉴定和血清学试验。如急性发病死亡，脚鳞片出血，鸡冠出血或发绀，头部水肿，肌肉和其他组织广泛严重出血，可怀疑为高致病性禽流感。但禽流感的症状、剖检变化与很多疾病相似，且发生本病后机体的免疫力下降，易与新城疫、大肠杆菌病等混合感染，因此，很难从临床上做出准确的诊断。本病在临床上与新城疫的症状及剖检变化相似，应注意鉴别。

2. 鉴别诊断

（1）与新城疫的鉴别　患有该两种病的病禽均有羽毛松乱，翅下垂，嗜睡，鼻腔内分泌物增多，甩头，呼吸困难等相同症状。禽流感病禽常见胰脏坏死、出血，脚鳞出血，肿头；而新城疫较少见到。发生新城疫时常可监测到其抗体的异常变化，如抗体水平较低或离散度较大，因此，当禽群有类似新城疫症状，而新城疫抗体检测正常时，可怀疑是否感染禽流感病毒。

（2）与产蛋下降综合征的鉴别　产蛋鸡感染低致病性禽流感病毒时会引起产蛋量急剧

下降，呼吸道出现炎症，死亡率不高，蛋壳颜色变浅；而产蛋下降综合征病鸡没有呼吸道症状，主要表现为产蛋量达不到高峰，产出的蛋以畸形蛋、软壳蛋为主。

(3)与传染性喉气管炎的鉴别　患有该两种病的病禽均出现呼吸困难，气喘，咳嗽，喉头和气管黏膜肿胀，出血，糜烂和坏死。禽流感在各种日龄的鸡群中均可发生，兼有呼吸道和消化道症状，发病率、病死率都很高；而传染性喉气管炎多发于成年鸡，会咳出带血痰液，很少见到消化道症状，发病率低、病死率高。

3. 实验室诊断

对于禽流感传统的病原学诊断方法是用鸡胚或者犬肾细胞、鸡胚成纤维细胞等进行病毒分离，采用血凝和血凝抑制进行鉴定，血清学的诊断方法包括中和试验和琼脂扩散试验等。近年来，随着免疫学和分子生物学技术的飞速发展，禽流感的诊断技术也越来越完善，现在已经有免疫荧光、ELISA、RT-PCR 技术、荧光 RT-PCR 技术、NASBA 技术等。

(1)病原学诊断

①病料的采集和处理　病料采集的质量是进行禽流感检测的关键。应从死禽和处于急性发病期的病禽采集样品，样品要具有典型性。采样过程要注意无菌操作，同时避免污染环境。至少从 5 只病禽和病死禽中采集病料样品(发病群不足 5 只则全部采样)。样品应包括：泄殖腔(新鲜粪尿样)棉拭子和气管棉拭子(置于缓冲液中)；气管和肺的混样；肠管及内容物的混样；肝、脾、肾和脑等其他组织样品(不能混样)。组织样品、气管棉拭子单独放入容器，容器中盛放含有抗生素(pH 为 7.0～7.4)的 PBS 液。抗生素的选择应视当地情况而定，组织和气管拭子悬液中加入青霉素(2 000 IU/mL)、链霉素(2 mg/mL)或庆大霉素(50 mg/mL)。肠管及内容物、粪便样品和泄殖腔棉拭子所用的抗生素浓度应提高 5 倍(加入抗生素后 PBS 液的 pH 应调至 7.0～7.4)。分别采集至少 10 个病禽的血样(急性发病期血清，如发病群不足 10 只则全部采样)，并要求单独存放，不能混合。

②病原分离鉴定　以无菌拭子采集气管或泄殖腔病料或病变组织，研磨制成 10%悬液，经处理后接种 9～11 日龄 SPF 鸡胚，收获尿囊液测定血凝活性，若为阴性则应继续盲传 2～3 代。对具有血凝活性的尿囊液需先用 ND 抗血清做 HI 试验，以排除新城疫的可能，即使 ND 阳性也应采用中和法继续传代，看是否为 ND 与 AIV 混合感染。然后用免疫扩散等方法来检测特异性核心抗原 NP 或 MP，然后用血凝抑制试验和神经氨酸酶抑制试验鉴定 A 型流感病毒亚型。分离鉴定的同时，进行致病力试验，确定毒力的强弱。

(2)血清学诊断

①血凝(HA)试验和血凝抑制(HI)试验　在证实鸡胚液有 HA 活性后，首先应排除鸡新城疫病毒。可取 1 滴 1∶10 稀释的正常鸡血清(最好是 SPF 鸡血清)和 1 滴鸡新城疫病毒抗血清，分别置于一块玻璃板或瓷板上，再各滴加 1 滴有 HA 活性的鸡胚液，混匀后各滴加 1 滴 5%鸡红细胞悬液，若两份血清都出现 HA 活性，则表明鸡胚液中不含新城疫病毒。若新城疫病毒抗血清抑制其 HA 活性，则证明鸡胚液中存在新城疫病毒。在排除新城疫后，需进一步确定分离的病毒是否为 A 型流感病毒，这可用 A 型特异性抗血清进行琼脂扩散试验来鉴定。若需进

行亚型鉴定，还需要用特异的 H1～H16 亚型的抗血清进行交叉 HI 试验来进行鉴定。

②酶联免疫吸附试验(ELISA)　本试验具有较高的敏感性(敏感性高于 AGP 和 HI 试验)，既可以检测抗体，又可以检测抗原，适于大批样品的血清学调查，且结果易于分析。其次，琼脂扩散试验、中和试验、免疫荧光技术也被用于流感病毒的检测。

(六)防制

1. 预防

禽流感发病急，死亡快，一旦发生损失较大，鉴于我国的国情，应对禽流感采取综合性的防制措施。

(1)加强生物安全，搞好隔离饲养和消毒工作　避免家禽与野鸟(特别是野水鸭)接触，防止水源和饲料被污染，禽场应与其他动物隔开，严禁场内职工饲养家禽或笼养鸟，从无禽流感的地区或种禽场引进雏禽和种蛋，谢绝外人参观，加强禽舍内外消毒，可用 2%～3%热烧碱水对环境和地面消毒，用过氧乙酸等消毒剂带禽消毒，饮水可用漂白粉消毒。

H5N1、H5N2、H7N7、必须按照动物防疫法的规定，对疫点周围 3 km 范围内的所有禽类全部扑杀并进行无害化处理，对疫区周围 5 km 范围内的所有禽类按照规定标准进行强制免疫，对疫点周围 10 km 内的活禽市场强制关闭，对疫点疫区和受威胁地区进行大面积消毒。

(2)加强饲养管理，做好其他传染病的预防工作　一方面严格执行生物安全措施，加强禽场的防疫管理，禽场门口要设消毒池，谢绝参观，严禁外人进入禽舍，工作人员出入要更换消毒过的胶靴、工作服，用具、器材、车辆要定时消毒。禽舍的消毒可选用二氯异氰尿酸钠或二氧化氯以强力喷雾器作喷洒消毒。粪便、垫料及各种污物要集中作无害化处理；消灭禽场的蝇蛆、老鼠、野鸟等各种传播媒介。建立严格的检疫制度，种蛋、雏禽等产品的调入要经过兽医检疫；新进的雏禽应隔离饲养一定时期，确定无病者方可入群饲养；严禁从疫区或可疑地区引进家禽或禽制品。加强饲养管理，避免寒冷、长途运输、拥挤、通风不良等因素的影响，增强家禽的抵抗力。

另一方面要建立具有坚强免疫力的禽群，尤其要建立具有抗新城疫、传染性支气管炎、传染性喉气管炎等呼吸道疾病坚强免疫力的禽群，因为上述疾病与禽流感混合或并发感染时，会增加禽的死亡，从而加剧禽流感的严重性。

(3)加强免疫接种，制定科学免疫程序　选择好的禽流感疫苗进行免疫。制定科学的免疫程序。当前研制与使用的主要是灭活疫苗，选择地方流行毒株接种禽胚，收获尿囊液，经甲醛灭活，以矿物油为佐剂制成油乳剂灭活苗，取得了良好的免疫保护效果。由低毒力到中等毒力病毒引起的流感可以使用灭活疫苗，有单价和多价苗。一般用单价苗效果很好。目前能做到的主要是增加接种疫苗的次数。另外也可以考虑适当增加每次接种疫苗的剂量。从免疫角度来说，全群免疫后并不是所有的禽都产生最好的抗体水平，群体越大，个体差异也越大。鸡群中如果有个别禽的抗体水平比较低，那么它们将成为病毒最先复制的载体，造成感染并扩大感染数量。当禽群出现应激状况或其他疫病的感染时，病毒就容易在整个禽群中扩散。加强监测，及时准确地诊断。

由于这种疫苗只能降低疾病的严重程度和病毒传播，但是病毒不能从群体中清除。因此，在发生高致病性禽流感时，禁止使用疫苗接种。

推荐免疫程序：以产蛋鸡发病为主的地区，20～30 日龄首免，0.3～0.5 mL，颈部皮下注射；开产前 20 d 二免，0.5 mL 胸肌内注射。种鸡及禽流感高发地区，在 300 日龄三免。对雏鸡也发病的地区，7～10 日龄首免，开产前二免。必要时在 300 日龄三免。肉仔鸡 5～7 日龄，0.3 mL 颈部皮下注射，免疫 1 次即可。鸭、鹅、火鸡：2 周龄首免，0.5 mL，5 周龄二免，1.0 mL，以后间隔 5 个月注射 1 次 1.0 mL。紧急接种：受高致病性禽流感威胁地区的所有健康未接种禽流感疫苗的家禽应进行紧急接种，鸡 0.5 mL，鸭、鹅 1.0 mL。

(4)做好免疫检测　定期对禽群进行抗体水平检测，及时关注监测结果。现在常用的检测方法有：HA、HI 和 ELISA 等。

(5)合理治疗　发现高致病性禽流感时，应及时上报疫情，划定疫区，严格封锁，扑杀所有受到感染的禽类，死亡禽尸必须焚烧。对疫区内可能受到病毒污染的场所进行彻底消毒，严防强毒扩散。发生低致病性禽流感时，可在严密隔离的条件下，进行必要的药物治疗，减少生产损失。

本病目前没有确实的特异治疗方法。但广谱抗生素可控制继发或并发的细菌感染，减轻病的严重程度，因此适当使用抗菌药物，如青霉素，链霉素、恩诺沙星、环丙沙星、利高霉素和阿米卡星等，可减少死亡。待病禽临床症状消失，而产蛋率尚未恢复时，可用中药如增蛋散等混料饲喂 7 d 左右，同时用速补饮水，可有帮助病禽恢复卵巢功能，促进产蛋率的提高。

2. 发病后处理

该病属法定的家禽一类传染病，危害极大，故一旦暴发，确诊后应坚决彻底销毁疫点的禽只及有关物品，执行严格的封锁、隔离和无害化处理措施。严禁外来人员及车辆进入疫区，禽群处理后，禽场要全面清扫、清洗、消毒，空舍至少 3 个月。

二维码 2-3
鸡传染性支气管炎的诊断与防控

三、鸡传染性支气管炎的诊断与防控(二维码 2-3)

鸡传染性支气管炎(Infectious bronchitis，IB)简称传支，是由传染性支气管炎病毒(*Infectious bronchitis virus*，IBV)引起的目前广泛流行的一种急性、高度接触性呼吸道传染病。鸡传染性支气管炎不但会引起鸡只死亡，而且临床型感染和亚临床感染(常被忽视)均会致使鸡群生产性能下降，饲料报酬降低。常继发或并发霉形体病、大肠杆菌病、葡萄球菌病等，导致死淘率增加，还常被漏诊、误诊。该病侵害的部位主要是呼吸系统和泌尿系统，所以通常分为呼吸型、肾病变型和腺胃型 3 类。病鸡表现咳嗽、喷嚏、气喘和呼吸啰音、流鼻涕等呼吸道病症，产蛋鸡感染通常表现产蛋量降低，蛋的品质下降(畸形、软皮)，肾病变型表现肾脏肿大、尿酸盐沉积等肾损害病症。幼鸡可引起死亡，幼雏鸡感染后引起输卵管永久性退化。病原的血清型较多，新的血清型不断出现，加上不适当的免疫程序，常导致免疫失败，致使该病不能得到有效控制，给养鸡业造成巨大损失。本病 1930 年美国达科他州首次发现，1931 年正式报道，1962 年发现肾病变。本病广泛流行于世界各地，是养鸡业的重要疫病。

（一）病原

（1）传染性支气管炎病毒属冠状病毒科冠状病毒属的成员，为单股正链 RNA 病毒。有囊膜，囊膜表面有花冠状的纤突。鸡传染性支气管炎病毒本身没有血凝特性，但是经胰酶、卵磷脂酶 C 等处理后具有血凝活性。传染性支气管炎病毒能干扰新城疫病毒的增殖。鸡气管上皮细胞对该病毒易感性很高。

（2）本病毒对环境抵抗力不强，对常见消毒剂敏感，1％苯酚、1％来苏儿、70％酒精和 1％的福尔马林在 3 min 内即可灭活。对低温有一定的抵抗力，56 ℃ 15～45 min 失去活力。－17 ℃可保存 17 年以上。

（3）传染性支气管炎病毒具有很强的变异性。病毒主要存在于病鸡的气管组织和排泄物中，血清型众多，目前世界上已分离出 30 多个血清型，并且新的血清型和变异株不断出现。不同血清型之间没有或仅有部分交叉免疫力。因此必须用多价苗进行免疫。通过基因系列分析，可将病毒株分为 5 个不同类群：荷兰型、美国型、欧洲型、Mass 型和澳大利亚型。

（4）传染性支气管炎病毒各毒株在致病性上有很大差异，有些毒株主要侵害呼吸系统，引起呼吸型传支；有些毒株引起肾型传支；这些毒株主要侵害生殖系统，引起生殖型传支。雏鸡感染传支后，病毒导致输卵管发生永久性的损伤，使鸡群无产蛋高峰出现。我国鸡传染性支气管炎流行株为：Mass、T、Hotle、Gray 株，以及大量的变异毒株。

（二）流行病学

（1）主要感染鸡，各种日龄的鸡都易感，但 5 周龄内的鸡症状较明显，3～4 周龄的鸡死亡率为 25～90％，6 周龄以上的鸡很少死亡。发病季节多见于秋末至次年春末，但以冬季最为严重。环境因素主要是冷、热、拥挤、通风不良，特别是强烈的应激作用如疫苗接种、转群等可诱发该病发生。

（2）病鸡和带毒鸡是传染源。康复鸡带毒可达 49 d，在 35 d 内危害性最大，咳嗽时将带有病毒的飞沫排在空气中，也可随排泄物排出。

（3）本病的主要传播方式为垂直传播和接触传播。疫苗污染和种鸡群带病毒在本病的传播上起着重要作用。水平传播主要是空气传播，经呼吸道传染，也可经眼结膜、消化道传染。

本病传染性强，传播快，易感鸡与病鸡直接接触，在易感鸡群中 1～2 d 内传遍全群。发病率和致死率不定，取决于病毒毒力和其他应激因素。肾病变型致死率较高。

（三）临床症状

1．呼吸道型

（1）多发于 5 周龄以内雏鸡，其特点是全群雏鸡几乎同时发病，发病时即表现明显呼吸道症状。伸颈、张口呼吸，病鸡呼吸时有“咕噜、咕噜”的特殊叫声、咳嗽和打喷嚏，呼吸困难，夜间寂静时较明显。有的鸡流鼻涕流泪，病程 1～3 周，死亡率不高。

(2)大于 6 周龄的鸡常无鼻液；面部不肿胀，气管、支气管有卡他性炎症，鼻腔、鼻窦、气管内黏液量增加，呈半透明黏稠样或干酪样渗出物，严重病例可波及鼻腔和气囊。

(3)成年鸡以上症状均不明显或完全没有，主要表现产蛋鸡产蛋率下降，发病后第 2 天产蛋率开始下降，2 周左右降到最低，然后逐渐回升(需 6～8 周)，产畸形蛋、软壳蛋、褐壳蛋，蛋壳颜色变白，薄而粗糙；蛋清稀薄如水；蛋黄与蛋白分离或蛋白粘于壳膜上。蛋内质量的下降是区别于产蛋下降综合征的重要依据。无明显的腹泻症状。

2. 肾型

多发于 10～50 日龄雏鸡，多见于肉用仔鸡，以 20～30 日龄为高发阶段。特征性症状是饮水剧增，为正常量的 2～3 倍。因饮水剧增，部分病例嗉囊扩张，内容物全为水液而无食物。畏寒聚堆。早期可见呼吸道症状，持续 2～4 d 后症状消失，表面“康复”，持续 10～12 d，最后出现严重全身症状，包括精神委顿沉郁，厌食，下痢，排出白色石灰乳样稀粪，粪便中有多量白色尿酸盐，并污染肛门周围羽毛，脱水，脚爪干枯。这一阶段持续 10～14 d，不断出现死亡，病程为 0～30 d，比一般呼吸型稍长，死亡率也较高，为 30%左右。

3. 腺胃型

多发于 20～110 日龄鸡，病程为 10～25 d。病鸡消瘦，有的有呼吸道症状，拉稀，陆续死亡。

(四)病理变化

1. 呼吸型

鼻腔、眶下窦、气管、支气管中有浆液性、黏液性或干酪样的渗出物。胸部气囊浑浊，也见黄色干酪样渗出物，产蛋鸡腹腔中有液状卵黄，卵泡充血，变形，输卵管缩短，有时形成囊肿和积液，表现为输卵管极度扩张，壁薄，充满大量淡黄色清亮液体。

2. 肾病变型

肾脏肿大，颜色苍白，外观红白相间呈斑驳状的花肾。肾小管和输尿管内充满白色的尿酸盐。

3. 腺胃型

腺胃肿大，2～5 倍，外观变圆呈球状，坚硬。腺胃壁增厚，腺胃乳头水肿和溃疡。个别鸡腺胃乳头出血。胰腺肿大有出血点，盲肠扁桃体肿大、出血。十二指肠、空肠、回肠都有不同程度出血等。

(五)诊断要点

1. 临床诊断

根据流行病学、临床症状及病变特点可怀疑或初步诊断。确诊必须依据实验室诊断，采血做 HI 或 ELISA 检测，采取气管拭子或病死鸡的肺、肾、输卵管等用 RT-PCR 检测病毒，或用鸡胚气管环培养等进行病毒的分离、鉴定(中和试验等)。

2. 鉴别诊断

肾型传染性支气管炎病应与饲料、药物等因素如饲料高钙低磷、高蛋白，给育成鸡喂蛋鸡料、日粮中维生素 A 缺乏、磺胺药用量过大、时间过长、饲料中钠离子浓度过高等所引起的尿酸盐沉着症、传染性法氏囊病、禽肾炎病毒感染、鸡蓝冠病、鸡白痢杆菌病等进行鉴别。其他型传染性支气管炎病应与新城疫、其他型副黏病毒感染、禽流感、产蛋下降综合征、传染性鼻炎、慢性呼吸道病等进行鉴别。我国学者所报道的腺胃病变型传染性支气管炎易与马立克病、新城疫、硒-维生素 E 缺乏症相混，要注意鉴别。

(1)呼吸型传染性支气管炎与新城疫鉴别　新城疫感染呼吸道症状比传染性支气管炎更为严重，并出现神经症状和大批死亡，但消化道表现更明显，如腺胃乳头出血及肠道枣核形的出血或坏死区，直肠黏膜条索状出血，嗉囊充满酸臭味的稀薄液体和气体，而且引起的产蛋率下降比传染性支气管炎所致的幅度更大。

(2)呼吸型传染性支气管炎与鸡传染性喉气管炎鉴别　鸡传染性喉气管炎主要侵害成年鸡，发病传播速度比传支慢，且呼吸道症状和病变比传染性支气管炎稍严重，喉头和气管分泌物中有带血的分泌物，气管黏膜出血和气管中有血凝块。另外，传染性支气管炎病变是由支气管向喉头方向发展，而传染性喉气管炎的病变主要集中在喉头，喉头、气管出血也比较严重。

(3)呼吸型传染性支气管炎与鸡传染性鼻炎鉴别　鸡传染性鼻炎的特征是脸部肿胀，严重流鼻液，眼部明显肿胀和流泪。多发于 2～3 月龄的青年鸡和产蛋鸡。镜检鼻汁可见革兰氏阴性两极浓染的小球杆菌，用敏感的抗菌药物治疗有一定疗效。而传染性支气管炎眼部肿胀不明显，用敏感的抗菌药物治疗没有疗效。

(4)呼吸型传染性支气管炎与鸡产蛋下降综合征鉴别　产蛋下降综合征所致的产蛋率下降和蛋壳质量问题与传支相似，但没有蛋清稀薄如水的病变。

(5)肾型传染性支气管炎与传染性法氏囊病鉴别　两者都有花斑肾的病变表现。但传染性法氏囊病无呼吸道症状，剖检可见法氏囊肿胀出血，肌肉有条状或点状出血，腺胃和肌胃交界处常有横向出血斑点或出血带，而肾型传染性支气管炎无上述病变。

3. 实验室诊断

(1)病毒分离鉴定　病料采取气管渗出物、肺组织或有病变的肾组织。

(2)血清学诊断　主要有血凝抑制试验、中和试验、琼脂扩散试验等。

(六)防制

1. 预防措施

(1)免疫接种

①选用合适的疫苗和合理的免疫程序　鸡传染性支气管炎弱毒疫苗可用于气雾、点眼、滴鼻、饮水和鸡胚(如 18 日龄)免疫。点眼、滴鼻比饮水效果好。鸡传染性支气管炎的国产

弱毒疫苗有:H120 和 H52 等。H120 毒力弱,对 14 日龄的雏鸡安全,主要用于雏鸡的首次免疫。H52 毒力较强,可引起 14 日龄鸡较严重的反应,多用于 8～10 周龄鸡重复免疫。肉仔鸡:H120 于 7 日龄、30 日龄免疫较合理。蛋鸡:7 日龄及 30 日龄用 H120 点眼、滴鼻或饮水;8 周龄时,用 H52 免疫;母源抗体高的可在 14～20 日龄首免,2 月龄二免。产蛋前注射鸡传染性支气管炎灭活油乳剂疫苗。

②疫苗抗原性与当地流行的毒株应有一致性　鸡传染性支气管炎病毒血清型多且交叉保护力弱,单一疫苗只能对同型鸡传染性支气管炎病毒感染产生免疫力,而对异型鸡传染性支气管炎病毒只能提供部分保护或根本不保护。如使用预防呼吸型传染性支气管炎的疫苗 H120 和 H52,防制肾型传染性支气管炎的效果极差或无效。当某地区鸡传染性支气管炎病毒出现新血清型,该血清型毒株在该地区已普遍流行,且现已使用的血清型疫苗确实不能产生有效的保护时,应考虑采用新的疫苗。对变异株所引起的传支多采用当地分离病毒株制备灭活疫苗,进行免疫。防制肾传支,选用相应弱毒疫苗如 MA_5 等作基础免疫,肉仔鸡 5 日龄时用灭活油乳剂疫苗免疫一次,蛋鸡在 25 日龄时用灭活油乳剂疫苗加强免疫一次。防制腺胃传支,可分别于 8 日龄和 30 日龄时各免疫 1 次,也可以在 15～20 日龄时颈部皮下注射新城疫-肾传支-腺胃型传支三联油乳剂灭活疫苗,蛋鸡和种鸡在 120 日龄时再免疫 1 次新城疫-减蛋综合征-多价传支-腺胃传支四联疫苗。

③传染性支气管炎的保护性免疫　保护性免疫包括细胞免疫和体液免疫两个部分。输卵管中的 HI 抗体水平与产蛋量之间具有很高的相关性,而细胞免疫在抗鸡传染性支气管炎病毒感染中也起着重要的作用。在没有弱毒疫苗初免的情况下,采用鸡传染性支气管炎灭活疫苗保护性效果不佳,故早期宜接种弱毒疫苗作基础免疫,产蛋前注射灭活油乳剂疫苗。

④种鸡早期接种弱毒疫苗,产蛋前注射油乳剂疫苗　通过母源抗体使雏鸡在 3 周龄内得到一定的保护。母源抗体能减轻疾病的症状,但不能防止鸡传染性支气管炎病毒感染呼吸道。首免时间取决于母源抗体水平和接种方式。8 周龄时可采用喷雾或饮水免疫。采用喷雾方法太晚,会产反应。14～18 周龄时注射灭活油乳剂疫苗。接种灭活油乳剂疫苗与最后一次接种弱毒疫苗至少应间隔 6 周以上。传染性支气管炎弱毒疫苗与新城疫弱毒疫苗应同时接种,或间隔 10 d 后接种,否则,传染性支气管炎弱毒疫苗对新城疫弱毒疫苗的免疫有严重的干扰作用。接种新支二联疫苗,通常新城疫抗体能获得较高滴度,而传支的抗体滴度则很低。

(2)加强饲养管理和各项兽医卫生工作　加强饲养管理和消毒工作,注意环境消毒、带鸡消毒。降低饲养密度,避免鸡群拥挤,注意温度、湿度变化,避免过冷、过热,加强通风,防止有害气体刺激呼吸道,合理配比饲料,防止维生素,尤其是维生素 A 的缺乏,以增强机体的抵抗力。

2. 发病后的控制措施

(1)隔离发病鸡群。

(2)消毒污染环境,病死鸡无害化处理。

(3)查明发病原因，如果疫苗病毒与流行病毒抗原性不符所致，以后的免疫应更换疫苗。

3. 合理治疗

本病发生后无特效治疗药物，但进行对症治疗可缓解病情。可在饲料中加入维生素、抗病毒中药，在饮水中可加入乌洛托品等肾肿解毒药，同时可配合使用抗菌消炎药物，以防止继发细菌感染。

(1)对肾型传支，用消肾肿药如0.1%碳酸氢钠，让鸡饮水3 d。降低饲料中粗蛋白含量至15%。不能用损害肾脏的药物如磺胺类、庆大霉素。

(2)合理地给予抗菌药，选用土霉素、多西环素、甲砜霉素、丹诺沙星或氨苄西林等，以控制细菌感染。

(3)增加日粮中维生素的含量，特别是维生素A。

四、鸡传染性喉气管炎的诊断与防控(二维码2-4)

二维码2-4
鸡传染性喉气管炎的诊断与防控

传染性喉气管炎(Infectious laryngotracheitis，ILT)是由传染性喉气管炎病毒(*Infectious laryngotracheitis virus*，ILTV)引起的以危害育成鸡和成年产蛋鸡为主的一种急性、高度接触性上呼吸道传染病。症状特点是呼吸困难、咳嗽，咳出带有血液的渗出物。剖检病变特点是喉头及气管黏膜肿胀、出血、糜烂。在疾病早期，患部细胞核内可见包涵体。本病对养鸡业危害较大，传播快，死亡率较高。产蛋鸡群感染后产蛋下降可达35%或完全停产。

本病首次报道于1925年，当时主要流行于美国、英国和澳大利亚等地，美国人May和Tittsler用病鸡的喉头、气管渗出物接种健康鸡感染继代成功。我国于1986年检测出ILTV抗体阳性病例，1992年分离到病毒。目前该病在大多数国家中存在，是危害养鸡业的重要呼吸道传染病之一。

(一)病原

(1)传染性喉气管炎病毒(ILTV)是疱疹病毒科的一个成员，病毒颗粒呈球形，直径约195～250 nm，二十面体对称，有囊膜，其上有病毒糖蛋白纤突构成的细小突起，核衣壳上有162个壳粒，为双链DNA病毒。

(2)病鸡的气管组织及其渗出物中含病毒最多，肝脏、脾脏和血液中较少。

(3)传染性喉气管炎病毒(ILTV)只有一个血清型，无血凝特性。用标准抗血清所做的中和试验和免疫荧光试验证明所有的毒株具有广泛的抗原相似性，但不同毒株的毒力不同，对鸡和鸡胚的致病性有差异，在细胞培养物和鸡胚绒毛尿囊膜形成的蚀斑大小和形态也不尽相同。

(4)传染性喉气管炎病毒(ILTV)在细胞核内增殖，可在核内形成包涵体。

(5)传染性喉气管炎病毒(ILTV)对外界环境和消毒药抵抗力很弱，55 ℃只能存活10～15 min，37 ℃存活22～24 h，但在13～23 ℃条件下能存活10 d，低温冻干后在冰箱中可存活

10年。在鸡舍中可存活9 d。气管分泌物中的病毒在暗光的鸡舍最多可存活1周。病毒在甘油盐水中保存良好。本病毒对一般消毒剂都敏感,如3%来苏儿或1%苛性钠溶液1 min即可杀灭之,甲醛和过氧乙酸等,也有较好的消毒效果。

(二)流行病学

(1)本病一年四季均可发生,尤以秋、冬、春季多发。幼鸡在温暖季节发病时,病情比较缓和,死亡率较冬季成年鸡的感染率低。

(2)本病主要侵害鸡,各种年龄均可感染,但成年鸡发病较多且症状严重,其他禽类也可感染,如鸟、野鸡、孔雀、火鸡等。

(3)病鸡和带毒鸡是主要的传染源。ILTV通常存在于发病鸡的气管组织中,感染后6~8 d排出病毒。2%的康复鸡可带毒,有时带毒时间长达2年。本病难以根除,并可在某一地区呈地方性流行。接种疫苗的鸡有时也可带强毒。

(4)主要经呼吸道传染,也可经结膜和消化道传染。病鸡通过呼吸道排出病毒,病毒入侵门户是上呼吸道和眼结膜。在采食被病毒污染了的饲料或饮用被病毒污染了的饮水过程中,病毒也能感染鼻上皮细胞,被病毒污染的用具、垫料、衣物都可成为传播媒介。

(5)种蛋内及蛋壳上的病毒不能经鸡胚传播,因为被感染的鸡胚在出壳前即死亡。

(6)本病通常突然暴发,在易感鸡群中传播很快,2~3 d内可波及全群,感染率可达90%~100%,致死率5%~70%不等(平均为10%~20%)。产蛋鸡群感染后,其产蛋下降可达35%或停产。实际生产中死亡率与鸡群健康状况、鸡舍环境条件、有无继发感染及控制程度,以及病毒毒力强弱有一定关系。鸡群拥挤,通风不良,饲养管理不当,寄生虫侵袭,维生素A缺乏,及转群等其他应激因素都可促进本病发生。

(三)临床症状

近年来,该病的温和型感染逐渐增多,发病率和致死率都很低(0.2%~2%),主要表现为黏液性气管炎、窦炎、结膜炎、消瘦和低死亡率。潜伏期为6~12 d,因毒株毒力不同,故所引起的临床症状也不尽相同,常见的有以下2种:

1. 急性型(喉气管型)

由高致病性ILTV毒株侵染鸡的呼吸道表皮细胞导致其发生炎症,主要发生在成年鸡,鸡群迅速发病。

(1)发病初期,感染鸡鼻孔有分泌物,眼流泪,伴有结膜炎。

(2)特征性临床表现是呼吸困难,且病鸡呼吸困难的程度比其他任何鸡传染性疾病而引发的呼吸困难程度都要严重。病鸡发病初期,精神委顿,厌食,鼻孔有分泌物和呼吸时发出"咯喽咯喽"的湿性啰音,可见伸颈张口吸气,低头缩颈呼气,闭眼呈痛苦状。

(3)鸡群中不断出现病鸡甩头症状,咳嗽,严重的病鸡表现出高度呼吸困难,头颈部突然上伸伴随着剧烈、痉挛性咳嗽,咳出带血的黏液或血凝块,有时分泌物不能咳出而堵住气管时,可造成窒息死亡。在病鸡喙角、头部羽毛、鸡舍墙壁、鸡笼或邻近鸡身上可见血痕。当鸡群受到惊扰时,咳嗽更为明显。

(4)病鸡体温上升,鸡冠和头呈紫红色或紫黑色,食欲废绝,拉绿色稀便,病程后期病鸡的喉头附着黄白色的干酪样物并引发窒息死亡。

(5)产蛋鸡群发病可导致产蛋量下降或停止,出现软壳蛋和粗壳蛋,康复后1～2个月才能恢复产蛋,病程5～7 d或2周,死亡率10%～70%。

(6)最急性病例于24 h左右死亡,多数5～10 d或更长。发病后约10 d鸡死亡开始减少,鸡群状况开始好转,存活下来的鸡只8～10 d即可恢复,康复后有的可带毒。

2. 温和型

由低致病性ILTV毒株引起,感染鸡的结膜导致结膜红肿发炎,流行比较缓和,症状较轻。主要发生于40日龄左右的雏鸡。

(1)病鸡呼吸湿啰音,时常咳嗽,病程后期鸡表现为眼结膜充血,眼睑肿胀,1～2 d后流眼泪及鼻液,眼睛痒,雏鸡不断用脚抓眼,随病情的发展,眼分泌黏性或干酪样物,上下眼睑被分泌物粘连,眶下窦肿胀,单目失明,严重的甚至双目失明,发病率为5%。

(2)病程长达1个月,绝大部分鸡可以耐过。如果有继发感染和应激因素存在,死亡率会有所增加。

(3)病鸡精神沉郁,食欲减退或废绝,拉黄白色稀便,产蛋率下降。

(四)病理变化

1. 急性型

本病的病理变化主要集中在喉头和气管前半段。

(1)病死鸡剖检可见喉头和气管黏膜明显充血、出血和肥厚,甚至坏死,喉头气管可见带血的黏性分泌物或条状血凝块。严重病鸡可见喉气管内附着黄白色的干酪样物并堵塞喉头,使患病鸡多因窒息而死亡。

(2)严重时,炎症可扩散到支气管、肺和气囊或眶下窦。病死鸡肺脏、肠道、卵泡出现不同程度的淤血。

(3)产蛋鸡卵泡发育异常,变软、变形。其他器官无特征性病变。

(4)后期死亡鸡只常见继发感染的相应病理变化,如大肠杆菌病、鸡白痢和鸡慢性呼吸道疾病。

2. 温和型

病鸡有的单独侵害眼结膜,有的则与喉气管病变并发感染,病死鸡结膜病变主要表现为浆液性结膜炎,结膜充血、水肿,眶下窦肿胀以及鼻腔有多量黏液。

组织病理学变化主要见于喉头、气管结膜。特征性组织病理变化为气管上皮细胞混浊肿胀,纤毛脱落,气管黏膜和黏膜下层可见淋巴细胞、组织细胞和浆细胞浸润,黏膜细胞变性。

(五)诊断要点

1. 临床诊断

依据流行病学、临床症状及病变特点，可以做出初步诊断。雏鸡咳出痰液，成鸡咳出血样或黄白色痰液。喉头和气管表面有厚厚的黄白色分泌物。急性传染性喉气管炎，通常可根据发病情况，解剖所见做出诊断。发病情况是：发病急，病鸡有呼吸症状，并咳出带血的黏液，有部分鸡死亡。解剖应选病死鸡，因为活鸡常不显示明显的气管病变。同时要注意强弱毒株感染时不同的症状和流行特点，确诊需要进行实验室诊断。

2. 鉴别诊断

(1)本病与黏膜型鸡痘进行鉴别　这两种疫病都表现呼吸困难，口腔、喉头和气管处被干酪样物堵塞，但黏膜型鸡痘在喉头和气管黏膜出现痘斑，不易剥离，鸡体其他部位也可见痘斑。

(2)本病与鸡毒支原体进行鉴别　鸡毒支原体传播较慢，病鸡流脓性鼻液、咳嗽、打喷嚏，很少出现颜面肿胀现象，剖检病变多集中在肺部和气囊上。

3. 实验室诊断

(1)病毒分离与鉴定

①鸡胚接种　采集气管或气管渗出物，以及肺组织，制成悬液，经双抗处理，接种 9～12 日龄鸡胚绒毛尿囊膜或尿囊腔，接种后 4～5 d 鸡胚死亡，绒毛尿囊膜增厚，其上可见到灰白色的痘斑样坏死灶，在周围细胞内可检出核内包涵体。

②包涵体的检查　在发病的早期(1～5 d)，取下病鸡喉气管一段，用细绳扎紧两端，送实验室镜检。经无菌处理后取气管黏膜黏液涂片，经吉姆萨染色可检出典型的核内嗜酸性包涵体。后期因上皮会脱落，查不到包涵体。

③细胞培养　病毒接种鸡胚肾细胞，24 h 后出现细胞病变，可检出核内包涵体。

④病毒中和试验　用已知抗血清与病毒分离物做中和试验。

(2)动物接种　采集病死鸡的气管分泌物，按常规方法处理并设立实验组和对照组。各选易感鸡 4 羽，分别点眼接种分泌物和生理盐水，滴生理盐水的鸡设为对照组，3 d 后实验组鸡出现呼吸道症状，眼角积泡沫样浆液，5 d 后出现典型的传染性喉气管炎症状及病理变化，而对照组鸡群没有出现任何症状。

(3)血清学诊断　目前已经建立的用于检测 ILTV 抗体的血清学方法有病毒中和试验(VN)、间接荧光抗体技术(IFA)、琼脂扩散试验(ELISA)方法等；用于检测病料中抗原的方法有免疫过氧化物酶技术(IP)、免疫荧光抗体技术、双抗体夹心 ELISA 等。

(4)分子生物学方法　目前，已经初步建立的检测 ILTV 和区分强弱毒的分子生物学技术有聚合酶链式反应(PCR)、核酸探针技术等，这些检测方法快速、特异性强，可以检测出早期感染和潜伏感染。

(六)防制

1. 日常的预防措施

(1)加强饲养管理,搞好环境卫生　定期对鸡舍内外进行彻底消毒,控制饲养密度,经常通风换气,防止有害气体蓄积,冬、春季节要在保证通风的前提下维持鸡舍内适宜的温度。同时要提供营养均衡的全价饲料,适量增加多种维生素的用量,以增强鸡的抗病力。

(2)加强发病鸡场管理,进行疫苗接种　本病目前无药物治疗,但可用疫苗预防,疫苗分为强毒、弱毒活疫苗及灭活苗。接种后可能引起结膜炎和轻微呼吸道反应,一般 2～3 d 后症状消失。由于弱毒疫苗株可通过鸡体之间的传播而使毒力返强,有时甚至还会因疫苗接种而导致本病的发生。一般情况下,在从未发生过本病的鸡场不主张接种疫苗,主要依赖认真执行兽医卫生综合防制措施来预防本病的发生。因此本病疫苗只能在该病流行地区使用,未确诊本病的鸡场不可使用疫苗,如果用则是有害无益。一般首免时间为 4 周龄左右,在 6 周后进行第二次免疫,种鸡或蛋鸡可在开产前 20～30 d 再接种 1 次,所用疫苗为鸡传染性喉气管炎弱毒疫苗,1 羽份/只,点眼或滴鼻,免疫期可达 0.5～1 年。在疫情严重的地区,雏鸡可在 7～10 日龄时点眼接种,但必须在 8～12 周龄时再点眼或饮水免疫 1 次。免疫接种应注意:

①如果在给 5 周龄以下雏鸡接种传染性喉气管炎疫苗后 8 d 内使用新城疫疫苗,雏鸡对喉气管炎疫苗的免疫应答就明显地受到新城疫疫苗的抑制。

②不能和传染性支气管炎疫苗同时应用,两者之间的间隔不少于 1 周。例如,在 8 日龄用传染性喉气管炎疫苗,那么传染性支气管炎疫苗应在 15 日龄后再使用。如果传染性支气管炎严重的地方,需要提前应用,则可在 1 日龄使用疫苗。

③对传染性喉气管炎的抵抗力以细胞介导免疫为主,血清抗体效价与鸡群免疫状态之间的相关性极差,所以母源抗体不能保护雏鸡不被感染,也不干扰鸡的免疫接种。虽然可以成功地免疫接种 1 日龄雏鸡,但是不足 2 周龄的鸡由于细胞介导免疫系统未发育健全,所以并不像大龄鸡那样对接种产生应答。给 2 周龄以上的鸡免疫接种,3～4 d 内即可产生部分保护作用,到 6～8 d 能完全保护。

④对传染性喉气管炎病毒的易感染性以及感染后的死亡率都随着年龄的增长而降低,雄性肉鸡的易感性与死亡率都比雌性鸡的高。

当本病流行时,未免疫的健康鸡可以用疫苗紧急接种,这样可以控制疫病的发展,同时可以减少死亡。如果没有疫苗,发病鸡场可以自己制造,方法是:选发病典型的病鸡,扑杀后取喉头和上段气管,剪碎,按 1/1(重量/体积)加生理盐水研磨,经灭菌的四层纱布过滤,再制成 0.1%悬液。每毫升加青霉素 1 000 IU 和庆大霉素 5 000 IU 处理后,即可作为疫苗供接种之用。每只鸡泄殖腔接种 0.5 mL。方法是用一个小棉拭子蘸取疫苗擦在泄殖腔黏膜上即可,接种疫苗后 4～5 d,应该检查局部黏膜有无炎性肿胀反应。如无反应,说明接种失败,必须重新接种疫苗。这种强毒疫苗只能在发病鸡场中作应急使用,并且要注意防止散毒。

本病目前还没有特效疗法。发病鸡群应尽快将病鸡剔除,在隔离条件下饲养。用小镊子将病鸡喉头的堵塞物取出，然后涂以5%的碘甘油，采取这种方法多数病鸡可免于死亡。

2. 发病后的控制措施

(1)对发病鸡群目前尚无特异的治疗方法，主要是要加强管理，在做好消毒工作的同时，用一些抗菌药物控制发病鸡群的细菌性继发感染，同时给鸡群投喂电解多维，可增强鸡只抵抗力，降低死亡率。结合鸡群的状况，应用ILT弱毒疫苗进行紧急接种，一般紧急接种疫苗后7～14 d病情就能基本控制。耐过的康复鸡在一定时间内可带毒和排毒，因此需严格控制康复鸡与易感鸡群的接触，最好将病愈鸡只做淘汰处理。

(2)随时消毒污染环境，病死鸡无害化处理。

五、鸡马立克病的诊断与防控(二维码2-5)

鸡马立克病(Marek's disease，MD)是由鸡马立克病病毒(*Marek's disease virus*，MDV)引起的鸡的一种淋巴细胞增生性肿瘤疾病。鸡马立克病最早见于1907年，现在已遍布于世界各地，对养鸡业的影响很大，特别是大规模集约化养鸡的地区，由该病造成的损失特别高。从20世纪70年代开始应用疫苗以来，由该病造成的损失已大为降低。但是现在由于出现了超强毒株，造成免疫失败的例子也是屡见不鲜。因此，该病对养鸡场来说仍然不能轻视。主要病变特点是在外周神经、各种脏器、虹膜、肌肉和皮肤发生淋巴样细胞浸润和增生，形成肿瘤。

二维码2-5
鸡马立克病的
诊断与防控

(一)病原

马立克病病毒是一种细胞结合型病毒，在鸡体内有2种存在形式：

(1)无包膜的裸露粒体。此种粒体存在于细胞内，与细胞的生命密切相关，细胞破裂后，此种病毒粒体也随之死亡。

(2)有包膜的完整粒体。主要见于皮肤羽毛囊上皮细胞中，当其脱离细胞后即具有感染力，而且抵抗力较强，污染的垫料、皮屑和羽毛在室温下传染性可保持4～8个月，在4 ℃时传染性至少可保持10年。但常用的化学消毒剂10 min可使病毒灭活。所以有包膜的病毒在本病的传播上有极重要的意义。

马立克病病毒可分为3个血清型：

Ⅰ型：为致瘤毒株(强毒及其致弱毒株)　不同毒株的毒力差异很大，可分为温和毒、强毒和超强毒。

Ⅱ型：不致瘤毒株(自然无毒株)

Ⅲ型：火鸡疱疹病毒(无致病力疫苗毒株)

MDV对常用消毒剂比较敏感，5%甲醛溶液、2%NOH、3%来苏儿等常用消毒剂均可在10 min内使其灭活。对温热敏感，37 ℃ 18 h、56 ℃ 30 min、60 ℃ 10 min可使其灭活。耐寒，在−65 ℃条件下可保存210 d。不耐酸、碱，在pH 4以下和pH 10以上能迅速杀死病毒。

(二)流行病学

(1)本病一般发生于2～5月龄,肉鸡可早在45日龄发生。发病率5%～10%,严重时达30%～60%。180～200日龄产蛋鸡仍有发病。

(2)鸡是主要易感动物,尤其是集约化程度高的鸡群威胁性更大。其他禽类也可感染,但发病较少。鸡年龄越小易感性越强,1日龄的雏鸡比10日龄的雏鸡易感性高几十倍至几百倍,感染日龄越早其发病率和死亡越高。但发病一般见于1～18月龄的鸡,尤以2～5个月的鸡发病最为严重。1～7日龄的雏鸡最易感,一般母鸡较公鸡易感,开产后发病率、死亡率减少,性成熟以后一般不再感染发病。

(3)传染源为病鸡和带毒鸡(感染马立克病的鸡大部分为终生带毒)。病毒附着在羽毛根部或随皮屑排出是主要传播媒介,并可使垫料、尘埃、粪便等污染而长时期具有传染性。病毒感染鸡后,几乎终生从皮肤持续地排出病毒。另外,病鸡的分泌物和排泄物(唾液、鼻液和粪便)也含有病毒。经疫苗免疫的鸡也可再感染强毒,并可长期带毒。

(4)本病主要通过空气传染经呼吸道进入体内,易感鸡吸入舍内空气中飘浮的含毒尘埃后即可感染。也可经消化道感染,污染的饲料、饮水和人员也可带毒传播。此外吸血昆虫也可能是本病的传播媒介。

(三)临床症状

本病的潜伏期常为3～4周,自然感染鸡群,一般在50日龄以后出现症状,70日龄后陆续出现死亡,90日龄以后达到高峰,30周龄出现症状的很少。根据受侵害组织器官的不同,可将本病分为神经型(古典型)、内脏型(急性型)、眼型和皮肤型,有时混合发生。

1. 神经型

此型发现得最早,所以叫古典型。其特征是病鸡的外周神经被病毒侵害,侵害神经部位不同,症状也不同。

(1)当坐骨神经受侵害时　病鸡表现为一侧较重,另一侧较轻。病鸡步态不稳,发生不完全麻痹,后期则完全麻痹,不能站立,蹲伏在地上,形成一腿伸向前方,另一腿伸向后方的“劈叉”姿态;有时两腿完全麻痹,病鸡完全瘫痪。

(2)当臂神经受侵害时　病鸡表现为一侧或两侧翅膀麻痹下垂。

(3)当支配颈部肌肉的神经受侵害时　引起病鸡低头、扭头或歪头现象。

(4)当颈部迷走神经受侵害时　病鸡发生头下垂或头颈歪斜,引起嗉囊膨大,松弛及呼吸困难。

(5)当腹神经受侵害时　病鸡表现为腹泻拉稀。

此型病程一般较长,病鸡行动、采食困难,因饥饿、饮水不足而消瘦、脱水,最后衰竭死亡。

2. 内脏型

此型最为多见,相对而言要比神经型病程短,故称为急性型。临床症状随受侵器官和组织的不同而各异，病鸡多呈急性死亡，病鸡初期无明显症状，最后精神沉郁，食欲减少，羽毛松乱，排黄白色或黄绿色稀粪。逐渐消瘦，鸡冠和肉髯萎缩，颜色变淡为主要特征，几天后部分病鸡出现共济失调，随后出现单侧或双侧肢体麻痹。部分病鸡死前无特征临床症状，很多病鸡表现脱水、消瘦和昏迷。多见于50～80日龄的鸡，死亡率30%～80%。

3. 皮肤型

此型较为少见，一般无临床症状，以皮肤毛囊形成小结节或肿瘤为特征。肿瘤多发生于翅膀、颈部、背部、尾部上方及大腿的皮肤上。表现为毛囊周围的皮肤增厚、粗糙，使毛囊形成小结节状肿瘤物，约有玉米粒至蚕豆大，较硬，病程较长，最后多衰竭死亡。

4. 眼型

此型极少见到，临床症状表现为单眼或双眼发病，视力减弱，甚至失明。眼睛虹膜色素失去正常色泽，变为灰白色，呈同心环状或出现灰白色斑或环，俗称“灰眼病”“鱼眼”“白眼病”。瞳孔逐渐缩小，边缘不整齐，呈锯齿状，严重时瞳孔仅有粟米粒大，病眼逐渐失去对光线强弱的适应能力，最后病眼视力丧失，双眼失明的病鸡死亡较快，单眼失明的病程较长。

(四)病理变化

1. 神经型

病变表现在外周神经，坐骨神经丛、臂神经丛、腹腔神经丛和内脏大神经纤维肿胀，受害神经增粗，比正常粗2～3倍，变成灰白或灰白黄色，有时呈半透明的胶冻样，同一神经上还可见到小的结节，神经粗细不均，横纹消失。病变往往只侵害单侧神经，一侧有病变，而另一侧正常，故一粗一细。进行对比有助于诊断。

2. 内脏型

经常受侵的组织器官有卵巢、肾、脾、肝、心、肺、胰、胃肠、肌肉等。受侵后出现大小不等的肿瘤，肿瘤多呈结节性，为圆形或近似圆形，数量不一，大小不等，肿瘤可形成结节略突出于脏器表面，灰白色，切面呈脂肪样；也可能不突出脏器表面，可能弥漫性地浸润在内脏的实质内。肿瘤多呈灰白色或黄白色，质硬，切面平整似油脂样，卵巢肿瘤比较常见，呈花菜样肿大。其中肝、脾、肾、卵巢及睾丸肿大明显，可增大到原来的数倍至数十倍。腺胃胃壁增厚2～3倍，腺胃外观肿胀，较硬，腺胃黏膜潮红，乳头变大，顶端溃烂。肌肉发生肿瘤时可见肌肉内有灰白色条纹或结节状肿瘤。有的病例肝脏上不具有结节性肿瘤，但肝脏异常肿大，比正常大5～6倍，正常肝小叶结构消失，表面呈粗糙或颗粒性外观。法氏囊一般萎缩。偶尔呈弥漫性肿大，不形成结节状肿瘤。这是本病与淋巴性白血病在剖检上的主要区别。

3. 眼型

出现于单眼或双眼，瞳孔变小，边缘不整齐，虹膜褪色，从正常的黄色变为灰青色混浊，视力减退或消失。

4. 皮肤型

此型表现为大腿部、颈部及躯干背面生长粗大羽毛的毛囊增大，形成淡白色小结节或瘤状物。

临床上以神经型和内脏型多见，有的鸡群发病以神经型为主，一般死亡率较低；有的鸡群发病以内脏型为主，兼有神经型，常造成较高的死亡率。

（五）诊断要点

1. 临床诊断

本病一般发生于1月龄以上的鸡，2～5月龄为发病高峰时间。根据流行病学，临床症状和肉眼病变可以初步诊断，病鸡常有典型的肢体麻痹症状，出现外周神经受损、法氏囊萎缩、内脏肿瘤等病变。根据以上特征，一般可做出现场诊断。对于疑似病例可进行实验室诊断。

2. 鉴别诊断

本病的内脏肿瘤与鸡淋巴性白血病在眼观变化上很相似，需要做鉴别诊断。

(1)马立克病多发于2～5月龄的鸡，死亡率高，而且很快达到高峰再下降。而淋巴性白血病一般发生于性成熟的6～8月龄鸡，死亡率低，一般1%～3%，呈持续性，没有明显高峰。

(2)马立克病鸡群常大量脱毛，并拉干绿色粪便，而淋巴细胞性白血病无此种表现。

(3)马立克病常在外周神经、卵巢、皮肤与肌肉、眼睛的虹膜、肺脏形成肿瘤，而淋巴白血病上述器官极少或不出现变化。

(4)马立克病法氏囊被侵害时常呈萎缩性，而淋巴细胞增生性白血病的法氏囊常形成肿瘤结节。

3. 血清学检查

该病的主要检测方法是琼脂扩散试验，是用马立克病的标准阳性血清判定病鸡羽毛囊中是否有马立克病毒存在。

（六）防制

鸡马立克病无特效药物治疗，但有效疫苗的研制和应用还是很成功的。通过免疫接种是预防该病的主要措施，但疫苗接种有其局限性，必须搞好包括遗传抵抗力和生物安全在内的综合性防疫措施。

1. 平时的预防措施

(1)免疫接种　本病是由病毒引起的肿瘤性疾病，一旦发生没有任何措施可以制止它的流行和蔓延，更没有特效的治疗药物。因此防制该病的关键是切实做好免疫。鸡马立克病分Ⅰ、Ⅱ、Ⅲ型，其疫苗有单价疫苗，也有二价、三价的疫苗。Ⅰ型HVT疫苗控制强毒株；二价苗或三价苗用来预防鸡马立克病毒超强毒株感染；对特超强毒株感染，可用CVI988疫苗或由它和HVT、301B/1组成的三价苗。

①疫苗接种　目前马立克病疫苗主要有两类：一类是鸡马立克病细胞结合性疫苗，又称冰冻疫苗；另一类是脱离细胞的疫苗，又称冻干疫苗，其中Ⅰ型和Ⅱ型疫苗是细胞结合性疫

苗，由于这种疫苗必须保存在液氮（-196 ℃）或-70 ℃超低温冰箱内且有其他局限性，目前已很少应用。Ⅲ型是火鸡疱疹病毒苗，有冻干苗和冰冻苗两种。冰冻苗效果好，但使用不便。冻干苗只需在 4 ℃保存即可，使用最广泛，但易受母源抗体干扰，效果较差且不能预防超强毒，因此此类疫苗可用于种鸡、蛋鸡或肉鸡的正常防疫，但不能作紧急预防用，且疫苗的接种必须在雏鸡刚出壳后立即进行。

②免疫途径　为皮下或肌内注射（一般颈部皮下、胸肌内）。

③免疫注意事项　注苗后的雏鸡严格隔离饲养 20 d，禁止雏鸡饲养人员兼喂中鸡、成鸡，成鸡饲料与育雏饲料在一个库里混放。

④影响疫苗效价的因素　一方面是疫苗本身的质量问题，疫苗贮存和运输的管理，疫苗的稀释、溶解及接种技术和接种剂量等；另一方面是鸡免疫系统的功能问题，包括早期感染免疫抑制病、母源抗体的干扰、应激反应等。环境卫生不良，发生出雏和育雏期早期感染，是免疫失败最常见的原因。

（2）加强饲养管理，做好环境卫生和消毒工作　改善鸡群的饲养条件，增强鸡体的抵抗力，对预防本病有很大的作用。同时，应加强环境卫生和消毒工作，做好综合防控，防止其他疾病的混合感染。

①抓好孵化场的严格卫生消毒　种蛋的两次甲醛熏蒸消毒，每立方米体积用甲醛 14 mL、过锰酸钾 7 g、水 7 mL；孵化器、孵化室的严密消毒；初生雏的甲醛熏蒸消毒，在出雏器或一房间内进行，室温适合雏鸡需要的温度，每立方米空间用甲醛 7 mL，过锰酸钾 3.5 g，水 3.5 mL。以防雏鸡注苗后未产生免疫时感染马立克病。

②抓好科学的饲养管理，预防其他并发症。

③已感染的鸡场，要严格淘汰病、死鸡，鸡舍 3～5 d 消毒 1 次，可选用过氧乙酸或百毒杀等有效消毒药。

（3）采用全进全出的饲养制度，坚持自繁自养，防止不同日龄的鸡混养于同一鸡舍。

2. 发病后的控制措施

一旦发生本病，在感染的场地清除所有的鸡，将鸡舍清洁消毒后，空置数周再引进新雏鸡。

六、传染性法氏囊病的诊断与防控（二维码 2-6）

二维码 2-6
传染性法氏囊病的诊断与防控

传染性法氏囊病（Infectious bursal disease，IBD）又称传染性囊病或腔上囊炎，是由传染性法氏囊病毒（*Infectious bursal disease virus*，IBDV）引起的幼龄鸡的一种高度传染性的急性传染病。本病首次暴发于 1957 年美国特拉华州南部的甘保罗地区，故又名甘保罗病。我国于 1979 年首次在北京等地区分离出鸡传染性法氏囊病毒。本病的特点是发病率高，病程短。主要症状是腹泻和精神委顿，寒战、极度虚弱，主要病变是法氏囊出血、水肿，并进一步坏死，腿肌和胸肌出血，腺胃和肌胃交界处呈条状出血，肾脏肿胀及尿酸盐沉积。本病一方面由于鸡只死淘率增加、影响增重造成直接经济损失；另一方面雏鸡早期感染本病引起严重的免疫抑制或免疫缺陷，从而使病鸡对大肠杆菌、腺病毒、沙门菌和鸡球虫等易感，对马立克病疫苗、新城疫疫苗等接种的反应能力降低，进而诱发多种疾病或使多种疫苗免疫失败，给养鸡业造成巨大损失。近几年由于超强毒株或变异毒株的出现，又使本病的发生和流行出现了新的特点，加重了对养鸡业的危害。

（一）病原

（1）病毒属于双核糖核酸病毒，能在鸡胚及鸡胚成纤维细胞、肾细胞、非洲绿猴肾细胞及幼素领猴肾细胞等各种细胞上生长良好。

（2）传染性法氏囊病毒（IBDV）分 2 个血清型，即血清Ⅰ型（鸡源性病毒）和血清Ⅱ型（火鸡源性病毒）。其中血清Ⅰ型对鸡有致病力，所以危害严重的主要是血清Ⅰ型。该病毒容易发生变异，血清Ⅰ型还有不同毒力的亚型存在，目前已发现有 6 个亚型。各亚型之间有一定的交叉保护性。

但这些亚型毒株在抗原性上存在明显的差别，用经典株血清Ⅰ型弱毒苗免疫的鸡，不能抵抗变异株病毒的攻击，疫苗仅能提供 10%～70%保护。这是本病免疫失败的主要原因之一。另一种是传染性法氏囊病毒毒力特别容易变异，所以经常有变异毒株出现。国内已出现超强毒株，这也是免疫失败或效果不理想的原因之一。

（3）本病毒对环境因素抵抗力较强，病毒污染鸡体羽毛后，可存活 3～4 个月。能耐受乙醚、氯仿、高温及胰酶的处理。耐干燥，在鸡舍中可存活 122 d，对紫外线有抵抗力，56 ℃ 5 h、60 ℃ 30 min 均不能使其失活，耐酸（pH 2）但不耐碱（pH 12）。1%石炭酸、甲醇、福尔马林或 70%酒精处理 1 h 可杀死病毒，3%石炭酸、甲酚或 0.1%汞溶液处理 30 min 也可灭活病毒，0.5%氯化铵作用 10 min 能杀死病毒。

（二）流行病学

（1）鸡、火鸡、鸭、鹅均可感染。自然条件下，本病只感染鸡，所有品种的鸡均易感。但白鸡比红鸡敏感，肉鸡比蛋鸡敏感，其中来航鸡最易感。幼鸡主要是在 2～15 周龄发病，尤以 3～6 周龄的鸡发病最多。3 周龄以下的雏鸡感染后不表现症状，但能导致严重的免疫抑制，成年鸡一般呈隐性经过。随着日龄的增长，鸡的抵抗力逐渐增强。有母源抗体的雏鸡多在母源抗体下降至 1∶8 时感染发病。近年来，该病发病日龄范围已扩大，小至 1 日龄雏鸡，大至 180 日龄左右刚产蛋鸡群均有发病。鸭可感染并可分离出病毒，鹅在接种后 6～8 周即无症状也不产生免疫应答。

（2）病鸡和带毒鸡是主要传染源。病鸡的粪便中含有大量病毒。

（3）主要经消化道传染，也可经呼吸道、可视黏膜传染。其粪便中含有大量病毒，可通过与感染鸡直接接触和被污染的饲料、饮水、垫料、尘埃、用具、车辆、人员和衣物等间接传播，亦可经污染的种蛋蛋壳而传播。

（4）传染性强，传播速度快，在易感雏鸡群中常造成暴发，突然几乎所有雏鸡均发病，经

5～9 d停息。当鸡舍发现有被感染鸡时,在短时间内该鸡舍所有鸡都可被感染,感染率是100%,发病率为4%～34%,有时高达74%。

(5)本病一年四季均可发生,5—8月份为高峰期。

(三)临床症状

(1)本病的潜伏期为2～3 d,雏鸡群突然大批死亡,迅速传播,2～3 d内可波及60%～70%的鸡,死亡集中在发病后的3～4 d内,5～7 d达到高峰,到发病1周时,基本停止死亡,发病鸡群呈尖峰式死亡曲线,鸡群的康复也较为迅速。

(2)病鸡主要表现为高度精神沉郁,采食量减少或不食,饮水增多,畏寒、扎堆,颈部躯干震颤,步态不稳,行走摇摆,昏睡,翅膀下垂,羽毛蓬乱无光泽。发病初期少数病鸡调头啄自己的肛门,随即病鸡出现腹泻,排出白色水样稀便,泄殖腔周围被粪便污染。发病后72 h体温高达43 ℃。病的末期,病雏体温低于正常。病愈鸡消瘦,贫血,佝偻病样,生长缓慢,饲料利用率降低,生产力下降。重者脱水,卧地不起,极度虚弱、最后死亡。

(3)病鸡产生免疫抑制,具体表现为容易感染其他疫病和疫苗免疫效果下降,发病后易继发新城疫。

(四)病理变化

(1)病死鸡表现为肌肉脱水,无血色,骨骼肌脱水明显。因大量腹泻,病死鸡出现严重脱水。

(2)剖检可见胸肌颜色发暗,腿部与胸部肌肉常有出血,呈条纹状或斑状。

(3)腺胃和肌胃交界处经常出现出血带,腺胃黏膜出血,盲肠扁桃体肿大出血;肝脏一般不肿大,表面有黄色条纹,边缘梗死、坏死;脾脏肿大,表面有灰白色小坏死灶;肠道内黏液增多,呈卡他性炎症。

(4)肾脏肿大,肾小管和输尿管中由于有尿酸盐沉积发白,呈典型花斑肾。输尿管增粗,内部充满白色尿酸盐。

(5)法氏囊呈黄色胶冻样水肿,比正常的大2～3倍,浆膜有淡黄色胶冻样渗出物,剖开囊壁,内有奶油样、干酪样或果冻样渗出物,内褶肿胀、出血,严重时呈紫葡萄样,之后体积开始缩小,5 d左右恢复原来重量,渗出物消失。中期,法氏囊内有炎性分泌物或黄色干酪样物,感染后期法氏囊萎缩,呈深灰色,变硬。

(五)诊断要点

1. 临床诊断

根据流行病学、症状及病变特点可做出初步诊断。本病在高度易感鸡群中急性暴发时,诊断并不困难,可根据鸡传染性法氏囊病的流行特点(尖峰式的死亡曲线)主要症状、特征性的剖检病变可做出初步诊断。确诊须进行病毒的分离与鉴定,以及血清学试验来完成。

2. 鉴别诊断

(1)与马立克病鉴别　马立克病也引起法氏囊的弥漫性增大或萎缩,与法氏囊病相似,但法氏囊病无神经症状，组织器官也无肿瘤形成。

(2)与磺胺类药物中毒及维生素缺乏症鉴别　这些疾病也可使病鸡的胸肌和腿肌出血，但它们无法氏囊肿胀、出血的变化，而且出血更为广泛，皮下、内脏等都有出血。通过了解用药及饲料情况可以排除。

(3)与新城疫鉴别　典型新城疫也有腺胃出血、扁桃体出血和法氏囊的病变，这些症状与法氏囊病相似，但法氏囊病没有呼吸道症状和神经症状。

(4)与肾型传染性支气管炎鉴别　肾型传染性支气管炎的肾脏病变与法氏囊病相似，但法氏囊无病变，而且腺胃也没有出血病变。

3. 病毒分离鉴定

病料主要采集法氏囊和脾脏。

4. 血清学方法

主要有琼脂扩散试验和中和试验。前者操作简单，但不能区别血清型，后者可进行血清型、亚型鉴别。

(六)防制

预防鸡传染性法氏囊病，必须采取包括加强饲养管理、严格消毒、免疫接种、应用抗病毒药和抗菌药物等综合性的防治措施。近年来，广泛使用中草药制剂防治本病的发生和流行，效果令人满意。

1. 免疫接种预防措施

(1)免疫接种　免疫接种是预防鸡传染性法氏囊病最主要的措施，必须选用合适的疫苗、合理免疫程序和免疫方法，才能达到预期的目的。

(2)疫苗的种类及使用方法　目前IBD疫苗主要有活毒苗和灭活苗两类，前者又分弱毒苗和中毒苗。

①活疫苗　包括弱毒苗、中毒苗和强毒力苗。强毒力苗由于其副作用较大，现已不再使用。弱毒苗有D_{78}、PBG_{98}、LKT、LL_{228}、A_{80}等，这类疫苗对法氏囊无损害，但接种后产生抗体慢(7～10 d)，效价也低，遇到强毒感染时保护率低。中等毒力苗有B_{87}、BJ_{836}、法国的Culm等，这类疫苗对法氏囊有较高的可逆性损伤，但不影响法氏囊的发育，也不会引起免疫抑制，接种后第5天即产生抗体，2周后抗体效价达到较高水平，对强毒感染的保护率可达85%～95%，免疫效果好。活疫苗可以采用滴鼻、点眼、饮水、气雾及肌内注射的方式进行接种。饮水水质必须清洁，无消毒剂，饮苗前停水时间应掌握好，疫苗稀释后最好在2 h内给鸡饮完。

②灭活苗　一般是由鸡胚细胞毒、鸡胚毒、病死鸡的法氏囊组织制备的油乳剂苗。此类疫苗最大的优点是安全，不影响法氏囊的功能。灭活苗对雏鸡的免疫效果不如种鸡的免疫效果好，所以多用于种鸡的加强免疫，可使种鸡产生高滴度的抗体，其传给子代的母源抗体水平高而且整齐。灭活苗采用肌内注射的方法进行免疫接种。

(3)免疫程序　在较好的环境消毒和饲养管理的前提下，根据当地鸡传染性法氏囊病的流行特点、鸡群类型和母源抗体水平制定免疫程序。关于首免日龄，目前常用琼脂扩散试验检测母源抗体水平，根据检测结果确定首免日龄。鸡群在1日龄测定阳性率不到80%时，在10～16日龄首免，若无母源抗体，1日龄首免，阳性率在80%～100%的鸡群，在7～10日龄时再做琼脂扩散试验检测抗体，当阳性率在50%时，在14～21日龄首免，如果超过50%，应在17～24日龄首免，首免后10～14 d进行二免。对于种鸡，最好在18～20周龄和40～42周龄时再进行传染性法氏囊油苗的免疫。

2. 严格执行兽医卫生措施

做好卫生消毒工作，防止病原传入鸡场，一旦发生本病，做好隔离和消毒工作，及时处理病鸡。

(1)加强饲养管理　同一栋鸡舍实行全进全出制，在管理上尽量避免一切应激因素，合理调配饲料，做到营养合理、全价。

(2)卫生消毒措施　由于鸡传染性法氏囊病毒对外界环境的抵抗力较强，所以要选用对其敏感的消毒药。鸡舍在消毒前先进行彻底的清扫和冲刷，再用2%火碱或0.2%过氧乙酸或2%次氯酸钠、5%漂白粉进行喷洒，最后用甲醛和高锰酸钾熏蒸消毒。鸡舍门前面的消毒池宜用2%戊二醛溶液，每2周更换1次，进鸡后对鸡群定期带鸡消毒。

3. 中药防治

中药防治主要是通过提高机体特异性免疫功能和非特异性免疫功能，利用中药所含的某些特殊成分(黄芪多糖等)诱导机体产生内源性干扰，提高鸡的整体抗病能力，干扰和控制病毒在宿主细胞增殖，使病毒致病力减弱或不能致病，以控制本病的发生和流行。目前，防治传染性法氏囊病常用的中药制剂以散剂、熏剂、煎剂及颗粒冲剂较多，给药途径多为消化道给药、拌料和饮水、呼吸道给药、熏蒸给药。

(1)防治传染性法氏囊病常用中药剂方

①紫草50 g，板蓝根50 g，绿豆50 g，甘草50 g，煎汤拌一次量饲料，或第一煎用于拌料，第二煎自由饮用。重症病鸡灌服3～5 mL/只，一剂供50只鸡使用，每天1次，连用3 d。

②大青叶100 g，连翘100 g，蒲公英100 g，金银花50 g，黄芪50 g，苍术50 g，板蓝根50 g，神曲50 g，甘草50 g，煎后灌服或饮用。治疗有效率达100%，治愈率达98%。

③蒲公英200 g，大青叶200 g，双花200 g，黄芩100 g，黄柏100 g，甘草100 g，藿香50 g，石膏50 g，水煎自饮或灌服，预防有效率为100%，治疗有效率可高达98%。

④黄芪15 g，党参15 g，夜苓15 g，甘草10 g，陈皮15 g，黄芩15 g，茵陈15 g，白术15 g，水煎取汁自饮或灌服，供200只50日龄鸡使用，每天一剂，连用5 d。

⑤生地4 g，白头翁4 g，双花3 g，蒲公英3 g，丹参3 g，茅根3 g，水煎二次，二液合并供100只鸡饮用，每天一剂。

(2)防治传染性法氏囊病的商品中成药

①速效囊康　具有解表、清热、解毒、燥湿、散淤、生津止泻、排淋等功效。用于防治传染

性法氏囊病，用本品 250 g 拌料 30 kg 饲喂，每天 2 次，连用 2～3 d，重症加倍，或本品 250 g，100 ℃开水 2 kg 浸泡 10 min，取上清液，再用同法浸泡 1 次，将两次上清液混合后加水至 50 kg 供饮水用，药渣拌料喂鸡，连用 2～3 d，重症加倍。

②强效菌毒清　具有灭毒清温、抗菌消炎、润肺止咳、化痰平喘、保护肾脏及生殖系统之功效。主治传染性法氏囊病，成年鸡每只每天 0.3～0.5 g，均匀拌料给药或用温水浸泡后取上清液饮水给药，药渣拌料饲喂。

③温病消　具有泻火、解毒、凉血救逆、清热生津之功效，主治传染性法氏囊病、大肠杆菌病等，本品 200 g 拌料 40 kg，连用 3～5 d，重症加倍。

④克毒Ⅱ号　由中药提取物和抗病毒药配合而成，对传染性法氏囊病有较好的防治作用。用本品 50 g 溶于 120 kg 水中自由饮用，连用 5 d 可收到良好效果。用本品 50 g 溶于 60 kg 水中，自由饮用，连用 3～5 d，治疗效果显著。

4. 发病后的控制措施

(1)对发病鸡群紧急接种高免卵黄液或高免血清，间隔注射 1～2 次即可，疗效显著。由于我国目前用于生产高免卵黄抗体的鸡群不是 SPF 鸡群，有可能造成蛋源性疾病的传播，故种鸡群应慎用。

(2)对发病鸡群，可选择一些对肝肾损伤较小的中药进行抗病毒处理。为了防止大肠杆菌的继发感染，可在饮水中加一些抗生素，但不能用磺胺类药物。

(3)为了缓解鸡脱水引起的死亡，可以加一些口服补液盐，让鸡自由饮用 3 d；为了减少肾脏和输尿管内的尿酸盐形成，晚上加 0.1%～1%小苏打 1～3 d，同时降低饲料中蛋白质含量(在全价料中增加玉米饲喂量)，可以保护肾脏，防止尿酸盐沉积。

(4)无害化处理病死鸡，对污染物品及时消毒。

(5)接种完高免卵黄液或高免血清后 7～8 d，应对鸡群进行疫苗免疫。

5. 合理治疗

(1)立即对鸡舍进行严格的消毒。若是育雏期发病，适当提高育雏舍温度 3～5 ℃，可减少鸡只的死亡。

(2)发病初期及时注射高免卵黄抗体，每只鸡 1～2 mL，逐只注射，有较好的疗效。

(3)饮水中加入肾肿解毒药和 0.1%维生素 C，并充足供应饮水，以保护肾脏。

(4)饲料或饮水中添加抗生素如环丙沙星和氧氟沙星等以防细菌继发感染。

(5)饲料中加入抗病毒的中药，具有清热解毒、健肾利尿和提高鸡体免疫功能的作用，且无耐药性、无残留、无毒副作用，连用 4～5 d。

(6)鸡群康复后再用中毒力疫苗饮水免疫 1 次。将传染性法氏囊三价细胞冻干苗用生理盐水稀释，每只鸡点眼、滴鼻或口服 0.1 mL。

七、产蛋下降综合征的诊断与防控(二维码 2-7)

产蛋下降综合征(Egg drop syndrome,EDS-76)又叫减蛋综合征,是一种由禽腺病毒引起的能使蛋鸡产蛋率大幅下降的病毒性传染病,任何年龄的鸡都易感。病毒存在于病鸡的输卵管、咽喉部及病鸡粪便和蛋内,主要表现为鸡产蛋骤然下降,蛋壳异常(软壳蛋、薄壳蛋、破损蛋)、蛋体畸形、蛋质低劣,褐色蛋颜色变淡为特征。1976 年荷兰学者首先报道了产蛋下降综合征,并分离了腺病毒,定名为 EDS-76。目前本病分布于世界各地,近年来在我国流行日趋严重,已造成了巨大经济损失。

二维码 2-7
产蛋下降综合征的诊断与防控

(一)病原

(1)产蛋下降综合征病毒属于腺病毒科禽腺病毒属(*Aviadenovirus*)的成员。病毒粒子大小为 76～80 mm,呈二十面体对称,是无囊膜的双股 DNA 病毒。目前该病毒只有 1 个血清型。

(2)EDS-76 病毒含有血凝素(HA),能凝集鸡、火鸡、鸭、鹅、鸽的红细胞,不能凝集免、马、绵羊、猪的红细胞,并可被其抗体特异性地抑制,故可通过血凝抑制试验进行诊断。

病毒主要存在于病鸡的卵巢、输卵管、鼻咽、泄殖腔和软壳蛋、畸形蛋的蛋白中。

该病毒接种于 7～10 日龄鸭胚生长良好,并可使鸭胚致死。本病毒对乙醚、氯仿和 pH 3～10 的处理表现稳定,抗 pH 范围很广,从 pH 3～10 都有很高的耐受力。在 60 ℃ 30 min 灭活,但 56 ℃ 3 h 仍可存活。经 0.5%甲醛或 0.5%戊二醛处理可灭活病毒。

(二)流行病学

(1)本病发生于产蛋鸡,各品种的鸡均有易感性,以 25～35 周龄的鸡最易感。但易感性有差异。产蛋高峰的鸡最易感,褐壳蛋鸡比白壳蛋鸡感染更严重。主要侵害 26～32 周龄的产蛋母鸡,35 周龄以上很少发病。鸭、鹅和野鸭是本病的自然宿主,对鸭无致病性,但感染后长期带毒。自然感染鸡康复后可获得 3 个月的坚强免疫力。

(2)病鸡和带毒的鸡、鸭、鹅及野鸭是本病的主要传染源,病毒经粪便等途径排出,蛋中可带毒。

(3)本病主要经种蛋垂直传播,通过胚胎感染雏鸡;病毒在输卵管中繁殖期间所产的蛋中常含有病毒,由这种蛋孵出的幼雏常不产生抗体,这些鸡也不表现症状,直到开产后才表现出症状,向外排毒并出现血凝抑制抗体。也可水平传播,从病鸡的输卵管、肠内容物、泄殖腔、粪便、咽黏膜和白细胞中都可分离到 EDS-76 病毒。病鸡所产的蛋不论蛋壳正常与否,蛋壳内、外均有病毒,在孵化和出壳阶段可致蛋盘污染。另外,成年母鸡由于输卵管渗出液污染了粪便,粪便中也含有病毒。当粪便污染了饲料、饮水、饲养管理用具和运输工具,均可使其他鸡经消化道感染。水平传播较慢,在笼养鸡舍内要引起全群感染,约需 11 周的时间,但在平养的鸡群中传播较快。

(4)在饲养管理正常的情况下,产蛋前本病呈隐性感染;产蛋开始后,本病由隐性转为显性，产蛋母鸡群突然发生群体性产蛋下降，初期蛋壳色泽消失，产薄壳、软壳或无壳蛋。7～20 d后病毒在输卵管峡部蛋壳分泌腺中大量复制，导致腺体的明显炎症和卵子及蛋壳形成机能紊乱，产生蛋壳异常。

(5)病鸡没有其他症状，发病期可持续 4～10 周。

(6)病毒对乙醚、氯仿不敏感，对 pH 适应谱广，0.3%福尔马林 48 h 可使病毒完全灭活。

(三)临床症状

潜伏期为 7～9 d，患病母鸡无明显的全身症状，主要表现鸡群突然发生群体性产蛋下降，产蛋率可下降 20%～50%，并出现大量薄壳蛋、软壳蛋、无壳蛋、小蛋。蛋体畸形，蛋壳表面粗糙，似砂纸样。褐壳蛋颜色变浅，蛋白呈水样，蛋黄色淡，有时蛋白中混有血液。病程持续 4～10 周或更长时间，然后回升，但产蛋率往往恢复不到正常水平，最终也回升不到标准产蛋曲线。个别鸡在发病期间可见到羽毛散乱，腹泻、精神不振等症状。

由本病毒垂直感染的鸡，初产期推迟，多数在产蛋率达 50%至产蛋高峰期之间发病。种鸡感染 EDS-76 时，病鸡的受精率不受影响，但孵化率则明显下降，死胚率由正常的 6%～8%增至 10%～12%。

(四)病理变化

患病鸡很少死亡。一般无肉眼可见的特征性变化。个别鸡可见到卵巢输卵管轻度萎缩变小，出血，成熟卵泡稀少或软化，偶见输卵管子宫部发生炎症，子宫黏膜潮红、水肿、肥厚，输卵管腔内有少量灰白色胶冻样物或积有干酪样物。

(五)诊断要点

1. 临床诊断

依据流行病学、症状和病变特点可以怀疑或初步诊断。

2. 病毒分离鉴定

病料可采集输卵管、泄殖腔或肠内容物、粪便、异常蛋等。

3. 血清学试验

主要有血凝抑制试验。对于没接种疫苗的鸡，血凝抑制效价达 1∶8 以上时可认为感染了病毒。本试验主要用于接种疫苗后的免疫监测。

(六)防制

1. 平时的预防措施

(1)杜绝病毒传入　本病主要是通过蛋垂直传播的，最好的防制办法是用未感染本病的鸡群留种蛋。如果从外地引种，必须从无本病的鸡场引进，引进后要隔离观察一定时间。

(2)预防接种　是防制本病的主要措施。一般使用油乳剂苗，目前使用的有新-支-减三联苗，新-减二联苗。免疫方法是商品蛋鸡 16～18 周龄时肌内注射 0.5 mL/只，一般经 15 d后产生抗体，免疫期 6 个月以上。如果是种鸡应在 35 周龄时再接种 1 次，这样要使雏鸡也保持较高的母源抗体水平，以防止幼鸡感染减蛋综合征病毒。鸡群在刚开产时(110～130日龄)接种油乳剂灭活疫苗，可获得10～12个月的免疫力。

(3)严格执行兽医卫生制度　鸡场应与鸭场分开，加强鸡场和孵化室的消毒工作。注意对各种用具、人员、饮水和粪便的消毒。减少或避免应激因素，防止强毒传入鸡群。

2. 发病后的控制措施

(1)加强饲养管理，适当添加维生素、矿物质和微量元素，减少应激因素。

(2)有人认为，紧急接种油乳剂灭活苗可缩短病期，加速康复。鸡群发病后，应注意隔离、淘汰。有的鸡场采取紧急接种措施，认为对本病的产蛋恢复有一定作用，但作用不大。对发病鸡群补充维生素、钙或蛋白质。加入抗菌药物等，可减少损失。

八、禽痘的诊断与防控(二维码2-8)

禽痘(Avipox)是由禽痘病毒(*Avipox virus*)引起的家禽和鸟类(鸡、火鸡、鸽等)的一种急性、高度接触性传染病。该病毒大量存在于病禽的皮肤和黏膜病灶中，以体表无羽毛部位出现散在的结节状的增生性皮肤病灶为特征(皮肤型)，也可表现为上呼吸道、口腔和食管部黏膜的纤维素性坏死性增生病灶(白喉型)，部分病例在皮肤和黏膜上都有病变表现，称为混合型。此病在我国南方潮湿地区多发，主要引起幼鸡和幼鸽发病，使幼鸡生长缓慢、蛋鸡产蛋量下降。根据感染鸡的龄期、病型及有无混合感染，死亡率在5%～60%，给养鸡业造成较严重的经济损失。

二维码2-8
禽痘的诊断与防控

(一)病原

禽痘病毒属痘病毒科禽痘病毒属。禽痘病毒是一种比较大的DNA病毒，呈砖形或长方形，大小平均为258 nm×354 nm。在患部皮肤或黏膜上皮细胞和感染鸡胚的绒毛尿囊膜上皮细胞的细胞质内形成包涵体，包涵体中可以看到大量的病毒粒子。禽痘病毒大量存在于感染皮肤和黏膜的斑痕组织中，有时也扩展到血液和内脏。将一种动物的痘病毒接种于另一种动物的皮肤上，常可在接种部位形成痘，如果连续继代，则致病力逐渐加强，而对原宿主的致病力减弱。因此，一般认为引起动物痘病的病毒起初可能同源，而因在各种动物传染继代逐渐适应，最后形成了各种动物的痘病毒。但各种禽类痘病毒与哺乳动物痘病毒之间不可能交叉感染和交叉免疫，且各种禽痘病毒之间在抗原性上极近似，均有血细胞凝集性。

禽痘病毒可在鸡胚的绒毛尿囊膜上增殖，并在鸡胚的绒毛尿囊膜上产生致密的增生性痘斑。鸡痘病毒在接种后3～5 d病毒感染效价达最高峰，第6天绒毛尿囊膜上产生致密而呈灰白色、坚实、约5 mm厚的病灶，并有一个中央坏死区。禽痘病毒能在鸡胚成纤维细胞培养物和鸭胚成纤维细胞培养物上生长繁殖，病毒在鸡胚成纤维细胞中产生特征性病变，初期见细胞变圆，随后细胞产生坏死。

痘病毒对外界的抵抗力相当强，特别是对干燥的耐受力，上皮细胞和痘结节中的病毒可抗干燥数年之久，痂皮内的病毒在 60 ℃经 90 min 的处理仍有活力，阳光照射数周仍可保持活力。－15 ℃下保存多年仍有致病性。50 ℃ 30 min 可灭活。但病毒对一般消毒药敏感，对乙醚有抵抗力，但对氯仿敏感，在 1％苯酚和 0.1％福尔马林中可存活 9 d。但 1％烧碱或 1％醋酸可在 5 min 内将其杀死。在腐败环境中可迅速死亡。

（二）流行病学

(1)本病主要发生于鸡和火鸡，各种日龄、性别和品种的鸡都能感染，但以雏鸡和中雏最常发病，而且症状重，死亡率较高。病鸡病毒随上皮细胞片和痘痂排于外界，当其变成尘埃，具有传染性。鹅也可发生，但不严重。鸟类，鸽、鹌鹑、麻雀也常发生。

(2)本病一年四季都可发生，夏秋季(7—11 月份)蚊虫较活跃的季节，气候潮湿时多发。春秋最易流行皮肤型禽痘。冬季为黏膜型禽痘多发季节。

(3)禽痘的传播一般要通过损伤的皮肤和黏膜而感染，常见于头部、冠和肉垂外伤或经过拔毛后从毛囊侵入。黏膜的破损多见于口腔、食道和眼结膜。库蚊、疟蚊和按蚊等吸血昆虫，以及体表寄生虫如鸡刺皮螨在传播本病中起着重要的作用。蚊虫吸吮过病灶部的血液之后即带毒，易感禽被带毒的蚊虫刺吮后造成皮肤小伤而传染，这是夏秋季节禽痘流行的主要传播途径。当含有病毒的尘土接触皮肤和黏膜的创伤后即可引起感染。家禽打架、啄毛、交配等造成外伤也可引起感染。

(4)某些不良环境因素，如拥挤、通风不良、阴暗、潮湿、体外寄生虫、啄癖或外伤、饲养管理不良、维生素缺乏等，可使禽痘加速发生或病情加重，如有慢性呼吸道病等并发感染，则可造成大批家禽的死亡。

（三）临床症状

本病的潜伏期为 4～10 d。病程一般为 3～4 周。根据病毒侵害禽体部位的不同，在临床上可将禽痘分为皮肤型、黏膜型和混合型 3 种类型。

1. 皮肤型

皮肤型鸡痘和鸽痘的特征是以头部皮肤(常见于冠、肉髯、喙、眼皮和耳球上)、有时见于翅内侧、胸腹部、腿和泄殖腔周围形成一种特殊的灰白色痘疹为特征。病初在鸡冠、肉髯、眼皮和口角等处出现轻度微隆起的细小的灰白色小斑点，迅速长成灰白色的小结节，后呈黄灰色，逐渐增大如豌豆大，表面粗糙，干燥坚硬，突出于皮肤表面，内含有黄脂状糊块。痘疹表面凹凸不平，有时结节数目很多，且可互相联结而融合，产生痂皮，痂与痂连接扩大。使病鸡眼睛完全闭合，可使鸡失明。这些痘痂突出于皮肤表面，在皮肤表面存在大约 2 周或稍短的时间之后，在病变的部位产生炎症并有出血，从痘痂的形成至脱落需 3～4 周，脱落后留下一个平滑的灰白色疤痕而痊愈。如有葡萄球菌侵入痘痂内，引起感染，坏死，病鸡出现精神萎靡，食欲减退或消失，生长发育缓慢，体重减轻，生长受阻，产蛋鸡则产蛋减少，严重的病例还可引起死亡。

2. 黏膜型

黏膜型又称白喉型，多发于雏鸡和育成鸡，病死率较高，严重可达 50％。鸡痘和鸽痘的痘疹多发生于口腔、咽部、喉部、鼻腔、气管及支气管等黏膜表面，病鸡表现为精神委顿、厌食，眼和鼻孔流出的液体初为浆液性，以后变为淡黄色的脓液。时间稍长，若波及眶下窦和眼结膜，则眼睑肿胀，结膜充满脓性或纤维蛋白性渗出物。此时，病鸡易出现真菌的继发感染。鼻炎出现后 2～3 d，口腔和咽喉等处的黏膜发生痘疹，痘疹初期呈圆形黄色斑点，逐渐形成一层黄色干酪样的假膜，覆盖在黏膜表面。这些假膜是由坏死的黏膜组织和炎症蛋白渗出物凝固而成的，很像人的“白喉”，又称为白喉型鸡痘或鸽痘。假膜不易脱落，用镊子撕去假膜，强行撕落时露出易出血的溃疡面。可引起呼吸困难，病鸡张嘴、伸颈和咳嗽，最后因窒息而死亡。有时病毒侵害眼、鼻和眶下窦，造成眼结膜发炎，眼和鼻孔流出分泌物，后转为脓性。眶下窦中有炎性渗出物，致使眼睑肿胀，结膜充满脓性纤维蛋白性渗出物，甚至引起角膜炎而失明。随着病程的发展，口腔和喉部黏膜的假膜不断扩大和增厚，阻塞口腔和喉部，导致病禽的吞咽和呼吸困难，甚至窒息死亡。

3. 混合型

有些病禽在鸡冠、肉垂和皮肤上出现痘疹，并可在口腔和咽喉黏膜发生白喉样假膜同时发生痘斑，产生病变，称为混合型。病情较严重，死亡率很高。

（四）病理变化

病理剖检变化与临床所见相似。口腔黏膜的病变有时可蔓延到气管、食道和肠道。禽痘病灶的特征是皮肤和黏膜上皮细胞明显增生和肿胀变性，变性的细胞质内出现水泡和特征性的嗜酸性包涵体，随着具有包涵体细胞的逐渐增加，包涵体的大小也增加，最后细胞核崩解，细胞坏死，形成肉眼可见的痂皮。

（五）诊断要点

根据禽痘发生的季节特点、典型的痘疹症状和病变表现即可做出初步诊断，确诊需进行实验室诊断。

黏膜型禽痘较难诊断，可用病料接种鸡胚或人工感染易感鸡。病料可用痘痂或口咽的假膜，制成 1∶(5～10)的悬浮液，将病料擦入已划破的冠、肉垂、无毛部皮肤或拔去羽毛的毛囊内，当接种鸡在 5～7 d 内出现典型的皮肤痘疹时，即可确诊。此外，也可采用琼脂扩散沉淀试验、血凝试验、中和试验等方法进行诊断。

与维生素 A 缺乏症鉴别诊断，本病黏膜上的假膜常与其下的组织紧密相连，强行剥离后则露出粗糙的溃疡面，皮肤上多见痘疹。而维生素 A 缺乏症病禽黏膜上的干酪样物质易于剥离，其下面的黏膜常无损害。

（六）防制

(1)坚持防重于治的原则　禽群一旦感染了禽痘，应严格隔离病禽，进行治疗。严重者淘汰，并经无害化处理。对于禽痘的治疗，目前尚未有特效的药物，对有治疗价值的禽可采用对症疗法，以减轻病禽的症状和防止继发细菌性感染。

(2)引进种禽时应隔离观察　证明无病时方可入场。平时注意消毒，经常检查笼舍和器具,以避免雏禽外伤。在发生禽痘后应对禽舍进行严格的消毒。

(3)改善禽群饲养环境　消灭和减少蚊蝇等吸血昆虫危害。要经常清除禽舍周围的杂草,并经常喷洒杀蚊蝇剂,减少吸血昆虫的传播。

(4)免疫接种防制　本病最有效的方法是接种禽痘疫苗,在种禽场和经常有本病发生的养禽场,应对易感雏禽进行接种。目前国内的鸡痘弱毒疫苗有鸡胚化弱毒疫苗、鸽痘原鸡痘蛋白筋胶弱毒疫苗、鹌鹑化弱毒疫苗和组织培养弱毒疫苗。常用的疫苗是鸡鹌鹑化活疫苗。这种疫苗毒力低,雏禽使用安全有效。疫苗的接种方法可采用翼膜刺种法。摇匀后用消毒的钢笔尖或刺种针蘸取疫苗,在禽的翅膀无血管处皮肤刺种 1～2 下,刺种后 1 周左右,可见接种部位产生绿豆大小的结痂,说明接种有效,结痂经 2～3 周脱落,若无反应,应重新刺种。10 日龄以上的禽都可使用,免疫期 2 个月,蛋禽应在开产前接种 1 次。组织培养弱毒疫苗还可供饮水免疫。一般情况下,疫苗接种后 2～3 周产生免疫力,免疫期可持续 5 个月。

(5)制定免疫程序　不仅要考虑日龄,还要考虑季节,着重保证禽群在夏、秋季有可靠的免疫力,一般在蚊虫季节到来之前应免疫,北方地区每年 7 月再免疫 1 次。

(6)合理治疗　通常采用一些对症疗法,以减轻病禽的症状和防止其他并发症。对于皮肤上的痘痂,可用镊子剥除痂皮,伤口涂擦紫药水或碘酊消毒。黏膜型鸡痘的口腔和喉黏膜上的假膜,妨碍病禽的呼吸和吞咽运动。必要时用镊子除去假膜,黏膜伤口涂以碘甘油,眼部肿胀的,可用 2%硼酸溶液冲洗干净,再滴 1～2 滴氯霉素眼药水。

九、禽传染性脑脊髓炎的诊断与防控(二维码 2-9)

二维码 2-9
禽传染性脑脊髓炎的诊断与防控

禽传染性脑脊髓炎(Avian encephalomyelitis,AE),俗称流行性震颤,是一种主要侵害雏鸡的病毒性传染病,以共济失调、头部和颈部震颤为主要特征。两翅轻微及不完全麻痹。产蛋鸡表现产蛋下降,蛋重减轻。该病毒可经种蛋传播,其子代在 4 周龄内出现临床症状与死亡,水平传播很少。该病在集约化的禽场中广泛存在,成为危害养禽业的又一大敌。

本病首次报道见于 1930 年的美国,20 年后才研制疫苗而控制了本病。目前世界各地都有本病发生。20 世纪 80 年代以来我国广东、辽宁、江苏等地先后暴发本病,并造成流行。

(一)病原

禽传染性脑脊髓炎病毒(*Avian encephalomyelitis virus*,AEV)属于小 RNA 病毒科肠道病毒属的成员。该病毒无囊膜,直径 24～32 nm,核衣壳呈 20 面体对称。

所有禽传染性脑脊髓炎病毒的不同分离株属同一血清型,但各毒株的致病性和对组织的亲嗜性不同,大部分野毒属于嗜肠性,也有嗜神经性的,且易经口传染给禽并从粪便排毒。通过垂直传播或出壳早期水平传播使易感雏禽致病的,在这些病例中,病毒在神经细胞中复制并引起其损伤,产生严重的神经症状。野外分离株通过易感雏禽的脑内接种也能产生神经症状。胚适应毒株与野毒株的致病性有明显的不同,胚适应毒株已失去野毒株的嗜肠道特性,因此经口给予胚适应毒株是不会传染的,病毒也不能在肠道中复制。非经口途径接种胚适应毒株不会在粪便中排毒。胚适应毒株是高度嗜神经性,通过脑内、皮下、肌肉等非经口方法接种可引起严重的神经症状。这种毒株一般不能水平传播。常用的胚适应毒株是VR株,用胚适应毒株接种易感鸡胚孵育至18 d可出现特征性病变,如严重肌肉营养不良、胚体矮化、无论是自然野毒株或胚适应毒株,均可在敏感的雏鸡、鸡胚和鸡胚的多种细胞如脑细胞、成纤维细胞、肾细胞和胰细胞及神经胶质细胞上生长。细胞培养一般无细胞病变,用易感鸡胚于5~6日龄经卵黄囊接种是繁殖AEV最常用的方法。本病毒抵抗力强,在外界可生存相当长时间(干燥和冷冻的条件下可存活70 d),20%生石灰、5%的漂白粉、5%的石炭酸、2%~5%的福尔马林10 min之内可将其灭活。

(二)流行病学

自然感染见于鸡、雉、鹌鹑和火鸡,仅雏禽有明显的临床症状,如雏鸭、珍珠鸡等。鸡对本病最易感,各种日龄均可感染。雏鸽可被人工感染,但小鼠、豚鼠、家兔和猴对病毒的脑内接种有抵抗力。野禽可能成病毒的贮藏宿主。

经脑内接种很易在雏鸡复制AE,此病可通过垂直传播,也能水平传播。AE的主要传播方式是消化道传播,感染鸡通过粪便排出病毒,其排毒时间为5~14 d,感染时鸡龄越小,排毒时间越长。病毒在环境中有较强的抵抗力,在垫料中可存活4周以上,易感鸡接触到被污染的饲料、饮水、用具等而被感染。垂直传播是本病主要的传播方式,产蛋鸡感染3周内所产的蛋带有病毒。一些严重感染的胚蛋在孵化后期死亡。大部分的鸡胚可以孵化出壳,但出壳的雏禽在出壳数天内陆续出现典型的临床症状。一般在感染之后3~4周,种蛋内的母源抗体可保护雏鸡顺利出壳并不出现AE的临床症状。

本病一年四季均可发生,发病率及死亡率随鸡群的易感鸡多少、病原的毒力高低、发病的日龄大小不同而有所不同。各龄鸡均可感染,1~6周龄的雏鸡多发生。多数在冬春育雏高潮的月份发病,病毒传播迅速,有时几乎可能全群感染。雏鸡发病率一般为40%~60%,死亡率10%~25%,甚至更高。

(三)临床症状

本病主要见于3周龄以下的雏鸡,经蛋垂直感染的潜伏期为1~7 d,水平感染的潜伏期为11~30 d。发病雏鸡大多数目光呆滞,表现迟钝,嗜睡,站立不稳,不喜欢走动而喜欢蹲坐于跗关节上,驱赶可勉强走动,但脚发软,步伐和速度失去控制,张开翅膀以保持平衡,最终倒卧一侧无法站立,接着出现运动失调,前后摇晃,步态不稳,拉稀,腿、翼、头颈部阵发性震颤,受到惊扰和刺激时表现更明显,以致最后发生瘫痪或衰竭。病雏在早期仍能自行采食和饮水,随着病情的加重就再不能走动和站立,由于卧地得不到食物和饮水而渐渐虚脱,大部分病鸡以死亡为转归。除共济失调和震颤之外,部分病雏在育成阶段还可见一侧或两侧眼球的晶状体浑浊或呈浅蓝色褐色,眼内有絮状物,瞳孔光反射弱,眼球增大,眼睛失明等眼部表现。本病的感染率很高,死亡率不定,从刚受野外野毒感染后几天的种蛋孵出的雏鸡,其死亡率可高达90%以上，随后逐渐降低。1月龄以上的鸡群感染该病毒后，除血清学反应为阳性外，再无任何明显的临床症状和病理变化。产蛋鸡受感染后，可能表现轻微腹泻或无明显的症状，唯一可觉察到的异常就是1～2周的产蛋率下降，下降幅度大多为10%～50%。由于病鸡无其他异常表现，且产蛋下降表现经15～20 d后可自行恢复到正常或接近正常的产蛋水平，种鸡群见到孵化率下降，所以容易被人们所忽略。

(四)病理变化

成鸡看不到任何眼观变化。雏鸡的眼观变化也不明显，只见到脑水肿、充血和肌肉萎缩，尤其是病雏的腿部肌肉萎缩明显，剖检死亡的病鸡，发现小脑水肿、充血，脑膜上有出血点，个别雏鸡大脑水肿、脑膜充血；腺胃肌层中有散在的细小灰白色坏死区；关节滑膜充血、增厚，关节囊充满纤维素性渗出物。其他脏器未见明显肉眼病变。成年鸡发病无上述病变。组织学变化主要见于中枢神经系统和腺胃、肌胃、胰腺等一些脏器中，脾脏肿大和轻度肠道炎。而周围神经一般不受累及。在中枢神经系统中，主要显示病毒性脑炎的病变；在大脑、视叶、小脑、延脑、脊髓中容易见到以淋巴细胞浸润为主的血管套；在腺胃的黏膜肌层以及肌胃、肝、肾、胰腺中可见到密集的淋巴细胞浸润形成的白色增生灶。

(五)诊断要点

1. 临床诊断

可以根据本病的特征为多发于雏鸡，症状是运动失调，瘫痪和头颈部颤抖，剖检肉眼变化不明显，药物治疗无效等可做出初步诊断。确诊须病原学检查，血清学诊断。

2. 实验室诊断

(1)病原分离　以无菌操作取具有典型症状的病鸡的脑、肝、脾研磨制成匀浆，用PBS按1∶5稀释，反复冻融2～3次，将病料分成两份，一份留下作为接种鸡只，另一份以4 000 r/min离心10 min，取上清液，加入双抗，置4 ℃冰箱作用3～4 h。无菌检查合格后，尿囊腔接种8日龄鸡胚6只，0.2 mL/只，于37 ℃温箱培养。每天照胚4次，观察并记录鸡胚死亡情况。结果胚胎于24 h内死亡的占1/6，48 h死亡的占3/6，72 h死亡的占1/6，未死的鸡胚占1/6。无菌操作收集48～72 h死亡鸡胚的尿囊液，并将收获的鸡胚尿囊液接种普通琼脂斜面，置37 ℃培养48 h，未见细菌生长。观察死亡的胚体，见胚体有出血点，脑部水肿。

(2)红细胞凝集试验　反应板1～12孔红细胞全部沉降于孔底呈圆点状，无凝集反应。结果表明收获的鸡胚液不含可凝集鸡红细胞的病毒，因此可排除新城疫及禽流感。

(3)动物接种试验

①将病料悬液肌内注射接种45日龄鸡4只(未接种过新城疫和脑脊髓炎疫苗)，其中两只肌内注射3 mL/只，另两只肌内注射1 mL/只。观察10 d，结果4只鸡均未见有任何临床症状。

②将10日龄雏鸡6只平均分为2组，每组3只。取无菌检查合格的胚液1 mL，按10的倍比稀释至100倍，第1组肌内注射接种0.5 mL/只；第2组肌内注射接种原胚液

0.5 mL/只；观察 14 d，记录鸡只的病状及死亡情况，结果第 2 组于接种后 48 h 3/3 死亡；第 1 组于接种后 72 h 3/3 死亡。发病初期表现为精神不振、目光呆滞、嗜睡，随后发生进行性共济失调，尤其是被驱赶而走动时两翅张开以保持平衡，同时表现不能控制速度和步态，最终倒卧一侧或轻瘫，以跗关节着地，坐于脚踝，不愿走动，或以跗关节着地爬行，明显的头颈震颤。随着病情的加剧，由于得不到食物和饮水导致身体衰弱而无法站立，倒卧于食槽旁，发出痛苦的叫声，症状与发病鸡群相似。接种后 48～72 h，由于无法进食和饮水及鸡只之间践踏，最终归于死亡。

(4)中和试验　可用标准的中和试验方法来确定被检雏鸡血清的中和指数，据此来推测雏鸡的感染状态。一般可用已适应于鸡胚的毒株，先测定毒株对敏感鸡胚的 EID_{50}，然后将被检鸡血清分别与等量经 10 倍递增稀释的病毒稀释液混合，经相互作用后接种于 6 日龄敏感鸡胚的卵黄囊内，接种后连续观察 12 d，检查鸡胚是否有特征性病变，确定病毒与血清作用后的 EID_{50}，病毒 EID_{50} 与被血清作用后病毒的 EID_{50} 之间的对数差即为被检血清的中和指数。中和指数在 1.5～3，说明采集样品的鸡群是新近被感染的鸡群，1.1～1.5 说明鸡群早先感染过病毒。一般来说，敏感鸡在感染后的第 2 周即可检出抗体，随后抗体继续上升，并可在几个月内保持在有意义的水平之上。

(5)荧光抗体试验　可取病鸡的脑、腺胃、肌胃、胰腺等制冰冻切片，然后用抗传染性脑脊髓炎病毒的荧光抗体染色观察，这种直接荧光抗体检验速度快，敏感性和特异性高。此外，也有资料报道可用琼脂扩散试验等进行诊断。

3. 鉴别诊断

(1)与新城疫鉴别　新城疫在各种年龄的鸡发生时，均有明显症状，除神经症状外，还有呼吸道、消化道和其他器官有肉眼可见的明显变化。但本病主发于 1 月龄以内的雏鸡，剖检时无肉眼可见特征性变化。

(2)与马立克病鉴别　发生于 60～150 日龄，主要症状是腿和翅麻痹，剖检时可见外周神经(坐骨神经)有明显肿大，横纹消失，内脏器官形成肿瘤。

(3)与传染性支气管炎鉴别　成鸡感染传支时，也能引起产蛋率下降。但恢复速度较慢，蛋壳变形并粗糙，蛋白稀薄呈水样，畸形。感染本病的产蛋鸡产蛋率下降，但蛋白和蛋黄无异常、无畸形。

(4)与维生素 E 缺乏症鉴别　也易出现神经症状及运动失调，但主要是阵发性的头向上仰或向下挛缩。一般发病年龄要比脑脊髓炎迟 2～3 周。剖检后可见小脑软化，脑实质发生严重变性。

(5)与多种维生素缺乏症鉴别　症状相似，如喂给多维(速补-14)后病情好转并迅速恢复。

(六)防制

本病尚无有效的治疗方法，一般应将发病鸡群扑杀并作无害化处理。如有特别的需要，也可将病鸡隔离，给予舒适的环境，提供充足的饮水和饲料，避免尚能走动的鸡践踏病鸡，以减少死亡。

预防上可采取一般传染病的卫生防疫措施，同时对鸡群接种疫苗，目前有两类疫苗可供选择使用。一类是致弱了的活毒疫苗，可经饮水口服或点眼、滴鼻免疫，因为雏鸡体内从上一代得到的母源抗体可保留到 4 周龄才消失，同时一些活毒疫苗对幼龄雏鸡可能还有致病力，所以活毒疫苗一般应在 10 周龄至开产前 1 个月这段时间内接种，使母鸡在开产前就得到免疫力，并经蛋传递到下一代雏鸡，保护雏鸡不发病。另一类是灭活的油乳剂疫苗，一般在种鸡开产前的 1 个月经肌内注射接种。由于禽传染性脑脊髓炎主要危害 3 周龄内的雏鸡，所以主要应对种鸡群进行免疫接种。较合适的免疫接种安排，是在 10～12 周龄经饮水或点眼接种一次弱毒疫苗，在开产前 1 个月接种一次油乳剂灭活疫苗。在本病的疫区，种鸡应于 100～120 日龄接种禽脑脊髓炎油剂灭活苗。免疫期 8～10 个月。未发本病的地区不宜应用疫苗，特别是弱毒苗，以免病毒返强散布病原。

雏鸡确诊为本病，重症感染，鸡群发病率死亡率高，要全群淘汰。轻症感染鸡群进行隔离，同时淘汰处理病雏，做好鸡舍消毒。由于本病可经蛋传播，因此种鸡在患病 1 个月左右所产的蛋不能用于孵化。

十、禽白血病的诊断与防控（二维码 2-10）

二维码 2-10
禽白血病的诊断与防控

禽白血病（Avian leukemia，AL）是由禽白血病/肉瘤病毒引起的禽类多种肿瘤性疾病的总称。它具有传染性，能引起禽类的多种良性或恶性肿瘤。肿瘤种类包括白血病、结缔组织瘤、上皮细胞瘤、内皮性肿瘤等相关肿瘤，其中以淋巴细胞性白血病最为常见。大多数肿瘤与造血系统有关，少数侵害其他组织。最常见的是淋巴性白血病（LL），其次是成红细胞性白血病、成髓细胞白血病、骨髓细胞瘤病、肾真性瘤、血管瘤、骨化石瘤、纤维肉瘤等。禽白血病的历史较长，1868 年在国外就有人报道。目前在世界各地均有发生，但在鸡群中发病率不高，具有临床症状的病鸡数量较少。

（一）病原

白血病病毒（*Avian leukemia virus*，ALV）属于反转录病毒科 C 型反转录病毒群。禽白血病病毒与肉瘤病毒紧密相关，因此统称为禽白血病/肉瘤病毒。依据其宿主范围和抗原性及病毒之间的干扰现象不同，将其分为 A、B、C、D、E、F 和 H 7 个亚群。A 和 B 亚群是最常见的两个病毒亚群。在同一个亚群内部存在抗原性差异。

白血病/肉瘤病毒对外界环境的抵抗力较低，50 ℃条件下 8 min 即可灭活。对热的抵抗力不强，病毒材料在－20 ℃很快失活。在－60 ℃条件下能保持数年不丧失感染性。在 pH 5～8 中稳定性较好，不耐酸、碱，对脂溶剂和去污剂敏感。对紫外线和 X 线的抵抗力很强，对紫外线的抵抗力比新城疫病毒大 10 倍。

（二）流行病学

自然情况下，本病只感染鸡，鸡的日龄、性别及品种不同，发病率有很大差异。多发于

6～18周龄的鸡，4月龄以下的鸡很少发生。母鸡易感性高于公鸡，芦花鸡比来航鸡多发。死亡率为5%～6%。发病率相当低，一般仅为个别散发，偶尔有大量发生。

病鸡和带毒鸡是主要传染源。在自然条件下，带毒鸡所产的蛋孵化出的幼雏，长成母鸡后，仍可长期带毒排毒，这种垂直传染方式是本病主要传播，也可水平传播。但比较缓慢。多数情况下接触传播被认为是不重要的。受感染母鸡的整个生殖系统都有病毒繁殖。而以输卵管的蛋清分泌部病毒浓度最高。因此即使母鸡没有临床症状，其产的蛋清中往往带有病毒，由这种蛋孵出的幼雏大多带有病毒。

很多降低机体抵抗力的因素，饲养和管理不良、球虫病、肠道蠕虫病、饲料中缺乏维生素(A、B、E、K)等均能促使本病的发生。

(三)临床症状和病理变化

禽白血病由于感染的毒株不同，其症状和病理特征也不同。

1. 淋巴细胞性白血病(LL)

此病是最常见的一种白血病病型。在14周龄以下的鸡极为少见，至14周龄以后开始发病，在性成熟期发病率最高。病鸡精神委顿，全身衰弱，进行性消瘦和贫血，鸡冠、肉髯苍白，皱缩，偶见发绀。病鸡食欲减少或废绝，腹泻，产蛋停止。腹部常明显膨大，用手按压可摸到肿大的肝脏(俗称大肝病)，最后病鸡衰竭死亡。

剖检可见肿瘤主要发生于肝、脾、肾、法氏囊，也可侵害心肌、性腺、骨髓、肠系膜和肺。肿瘤呈结节形或弥漫形，灰白色到淡黄白色，大小不一，切面均匀一致，很少有坏死灶。

2. 成红细胞性白血病

此病比较少见。通常发生于6周龄以上的高产鸡。临床上分为2种病型，即增生型和贫血型。增生型较常见，主要特征是血液中存在大量的成红细胞。贫血型在血液中仅有少量未成熟细胞。两种病型的早期症状为全身衰弱，嗜睡，鸡冠稍苍白或发绀。病鸡消瘦、下痢。病程从12 d到几个月。

3. 成髓细胞性白血病

此型很少自然发生。其临床表现为嗜睡、贫血、消瘦、毛囊出血，病程比成红细胞性白血病长。

4. 骨髓细胞瘤病

此型自然病例极少见，其全身症状与成髓细胞性白血病相似。

5. 骨硬化病

在骨干或骨干长骨端区存在有均一的或不规则的增厚。晚期病鸡的骨呈特征性的“长靴样”外观。病鸡发育不良，行走拘谨或跛行。

6. 其他

如血管瘤、肾瘤、肾胚细胞瘤、肝癌和结缔组织瘤等，自然病例均极少见。

(四)诊断要点

1. 临床诊断

根据流行病学、临床症状、剖检变化可初步诊断,确诊需要根据血液学检查、病理学特征和抗体的检查进行实验室诊断。

2. 鉴别诊断(表 2-1)

表 2-1　鸡淋巴细胞性白血病与马立克病的区别

区别项目	淋巴细胞性白血病	马立克病
发病日龄	16 周龄以上	4 周龄或较大的鸡
麻痹或不全麻痹	无	经常出现
虹膜混浊	无	经常出现
周围神经和神经增粗	无	经常出现
皮肤和肌肉肿瘤	无	可能出现
法氏囊	结节状肿瘤	弥散性水肿或萎缩
发病率	常在 5%以下	常超过 5%

(五)防制

本病目前尚没有疗效确切的药物治疗,且没有有效的疫苗可用,所以对禽白血病最理想的预防措施是进行鸡群白血病的净化,培育无白血病鸡群,同时采取综合性的防疫措施。

由于禽白血病可通过鸡蛋垂直传播,因此种鸡、种蛋必须来自无禽白血病的鸡场。雏鸡和成鸡也要隔离饲养。孵化和育雏设备在使用之前要进行彻底的清洁消毒。在注意垂直传播的同时,也必须注意水平传播,如不到疫区购买种蛋,鸡群发现病鸡要及时淘汰,同时对病鸡粪便和分泌物等污染的饲料、饮水和饲养用具等彻底消毒,防止直接或间接接触的水平传播。

十一、禽病毒性关节炎的诊断与防控(二维码 2-11)

二维码 2-11
禽病毒性关节炎的诊断与防控

禽病毒性关节炎(Avian viral arthritis)又名传染性腱鞘炎,是由呼肠孤病毒引起的禽类的一种传染病。其特征是胫和跗关节上方的腱索肿大,趾屈腱鞘和趾伸腱鞘肿胀,跛行,蹲坐,不愿走动。由于病鸡运动障碍,生长停滞,消瘦,饲料转化率低,淘汰率增加,给养鸡业造成很大损失。本病最早于 1957 年报道,1972 年确定为呼肠孤病毒。

(一)病原

病毒性关节炎的病原为呼肠孤病毒。在分类上属于呼肠孤病毒科(*Reoviridae*)呼肠孤病毒属。该病毒粒子无囊膜,呈正二十面体对称排列,直径约为 75 nm,有双层衣壳结构,核酸为分段的双链 RNA 基因组。病毒血清型较复杂,至少有 11 个血清型,毒株间的毒力差异很大。

呼肠孤病毒能在鸡胚、肾、肺、睾丸、成纤维细胞上生长繁殖，可在细胞质内产生包涵体，并可致死鸡胚，在绒毛尿囊膜上形成灰白色小痘斑。胚体全身出血，心、肝、脾肿大并有坏死灶。

本病毒对热有抵抗力，可耐受 60 ℃ 8～10 h。22 ℃ 48～51 周。耐寒冷，－20 ℃可存活 4 年以上，－60 ℃存活 10 年以上。病毒对乙醚不敏感，对氯仿轻度敏感，能耐 3%福尔马林、1%苯酚、2%来苏儿 1 h。紫外线有破坏本病毒的作用。70%酒精、2%～3%的火碱可灭活本病毒，

(二)流行病学

本病毒广泛存在于自然界，可从许多种鸟类体内分离到，但是仅鸡和火鸡是目前已知可被呼肠孤病毒引起关节炎的自然宿主。主要发生于肉鸡，其次是蛋鸡和火鸡。肉鸡比蛋鸡易感，群养比笼养易感，公鸡比母鸡易感。一年四季均可发生，尤以冬季较重。一般呈散发或地方性流行。

本病感染后多呈隐性感染长期带毒，4～21 周龄时有部分转为显性感染，出现临床症状。病鸡和带毒鸡所产的蛋也带毒。所以病鸡、带毒鸡和带毒蛋是主要的传染源。可通过直接或间接接触病鸡和带毒鸡经消化道、呼吸道水平传播；或经带毒蛋垂直传播。吸血昆虫是传播媒介。

本病常发生于 2～16 周龄的鸡，尤以 4～7 周龄多见，大鸡也有发生。年龄越大，敏感性越低，各种类型的鸡都可以感染，但以肉仔鸡的发病率高。发病率为 10%，死亡率为 6%。转群、疫苗接种、惊群或饲料配方变更等应激因素诱发本病的发生。

(三)临床症状

本病大多呈隐性或慢性经过。潜伏期的长短决定于病毒的致病型、鸡的年龄和感染途径。人工感染的潜伏期为 9～13 d，自然感染的潜伏期为 28～150 d。

有临床症状的一般占鸡群总数的 1%～5%。在急性感染期，病鸡表现为跛行，患腿伸展困难，趾屈曲，不能走动，常蹲伏地上。慢性感染时跛行更明显，不愿走动或单脚跳动。触诊腓肠肌表现疼痛。在日龄较大的肉鸡中可见腓肠肌断裂，导致顽固性跛行。病鸡因为得不到足够的饲料和营养则消瘦，生长缓慢或停止，一般死亡率小于 6%，但淘汰率高。种鸡在产蛋期受到感染后，产蛋量可下降 10%～15%，种鸡受精率下降。

(四)病理变化

自然感染病鸡主要见趾屈肌腱和趾伸肌腱的肿胀，跗关节上部的趾伸肌腱在拔掉羽毛后可清楚地看到肿胀变化。感染早期趾屈肌腱鞘水肿。爪垫和跗关节一般不出现肿胀。跗关节腔内有少量草黄色或血样渗出物，个别病例关节内有大量脓性渗出物(造成病鸡小腿肿胀增粗)。慢性型可见腱鞘粘连，软骨上出现点状溃疡。

（五）诊断要点

1. 临床诊断

依据本病的流行病学、主要症状和病理变化可做出初步诊断，确诊须进行实验室诊断。

2. 鉴别诊断

本病与葡萄球菌、滑液囊支原体、大肠杆菌、巴氏杆菌所致的关节病变、跛行进行区别。支原体引起的跛行有呼吸道症状。大肠杆菌、葡萄球菌一般只引起单个关节病变，死亡率高，抗生素治疗有效。巴氏杆菌引起的慢性禽霍乱除表现关节肿胀和化脓外，有的病鸡肉髯发生显著肿大和眶下窦炎。

（六）防制

对该病目前尚没有有效的治疗方法，需采用以预防为主的综合性防制措施。

1. 预防措施

（1）坚持搞好平时的卫生、消毒措施　不从有本病的地区、鸡场引进种蛋、种鸡。必须引进时要加强对本病的检疫，确认无病时方可进入饲养鸡舍。加强饲养管理，密度不要过大，使用全价饲料，保持鸡舍恒温。坚持定期消毒，定期监测，定期搞好防疫，全进全出，自繁自养等措施。

（2）免疫接种　目前国外已有多种灭活疫苗和弱毒疫苗。

①接种弱的活疫苗可以有效地产生主动免疫，一般采用皮下接种途径。无母源抗体的雏鸡，可在 6～8 日龄用活苗首免，8 周龄时再用活苗加强免疫，在开产前 2～3 周注射灭活苗，一般可使雏鸡在 3 周内不受感染。这已被证明是一种有效的控制鸡病毒性关节炎的方法。将活疫苗与灭活疫苗结合免疫种鸡群，可以达到很好的免疫效果。在使用活疫苗时要注意疫苗毒株对不同年龄的雏鸡的毒性是不同的。用 S1133 弱毒苗与马立克病疫苗同时免疫时，S1133 会干扰马立克病疫苗的免疫效果，故 2 种疫苗接种时间应相隔 5 d 以上。

②对种鸡群免疫，一般在 1～7 日龄和 4 周龄时各接种一次弱毒疫苗，开产前再接种一次灭活疫苗。对于肉种鸡，多在 1 日龄时接种一次弱毒疫苗。

2. 扑灭措施

一旦发现本病应立即隔离封锁。用 0.2% 次氯酸钠或 0.2% 过氧乙酸带鸡喷雾消毒。焚烧死鸡，反复检疫，淘汰病鸡和阳性带毒鸡，带毒蛋，经高温处理方可出场，以防疫源扩散。检出最后一只病鸡或带毒鸡后 10 个月方可解除封锁。

十二、鸭瘟的诊断与防控（二维码 2-12）

二维码 2-12
鸭瘟的诊断与防控

鸭瘟（Duck plague，DP）又名鸭病毒性肠炎（Duck viral enteritis，DVE），又叫“大头瘟”或“肿头瘟”，是鸭、鹅和其他雁形目禽类的一种急性、热性、败血性传染病。其临床症状特点是流行广泛，传播迅速，主要表现为高热、肿头、流泪，两脚麻痹，排绿色稀粪，以及病鸭颈肿大。其发病率和死亡率都较高。病变特征为食道有假膜性坏死性炎症，食道及泄殖腔黏膜上皮出血、水肿和坏死，肝有大小不等的出血点和不规则的灰白色坏死灶。病毒对外界的抵抗力不强，对常用消毒药敏感。本病在我国南部、中部和东部的一些省份都有发生，给我国养鸭业造成了巨大损失。

(一)病原

鸭瘟病毒(*Duck plague virus*,DPV)属于疱疹病毒科的成员之一。病毒粒子呈球形，有囊膜，直径 156～384 nm，病毒核酸型为 DNA。病毒存在于病鸭体内，分散于各种内脏器官、血液、分泌物和排泄物中，其中以肝、食道、泄殖腔和脑的病毒含量最高。本病毒无血凝活性和血细胞吸附作用。病毒能在 9～14 日龄的鸭胚绒毛尿囊上生长，接种后多数鸭胚在 4～6 d 死亡，死亡的鸭胚全身呈现水肿、出血、绒毛尿囊膜有灰白色坏死点，肝脏有坏死灶。此病毒也能适应于鹅胚，但不能直接适应于鸡胚。只有在鸭胚或鹅胚中继代培养后，再转入鸡胚中，才能生长繁殖，但用鸡胚首次分离的鸭瘟病毒致病性很低。病毒对外界抵抗力不强，温热和一般消毒剂能很快将其杀死。夏季在直接阳光照射下，9 h 毒力消失。病毒在 56 ℃下 10 min 即杀死；病毒在 80 ℃ 5 min 即可死亡。在污染的禽舍内(4～20 ℃)可存活 5 d；对乙醚和氯仿敏感，5%生石灰作用 30 min 亦可灭活。对低温抵抗力较强，在－7～5 ℃经 3 个月毒力不减弱；在－20～10 ℃约经 1 年仍有致病力。

(二)流行病学

在自然条件下，本病主要发生于鸭，不同年龄、性别和品种的鸭均有易感性，以番鸭、麻鸭易感性较高，北京鸭次之。自然感染则多见于大鸭，30 日龄以内雏鸭较少发病。病鸭和潜伏期的感染鸭，以及病愈不久的带毒鸭都能传播疾病。此外野生水禽感染病毒后也能传播疾病，成为远距离传播本病的媒介。与病鸭直接接触的其他禽类，如鸡、火鸡、鸽以及哺乳动物等不会被感染。在自然流行中，成鸭(特别是盛产期的母鸭和种鸭)发病较多，而以舍饲为主的 1 月龄以内的雏鸭则少见有大批发病，这可能是小鸭放牧较少，接触病毒的机会较少或有母源抗体之故。因为在人工发病时小鸭较大鸭更为敏感，死亡率更高。雌鸭和雄鸭对本病同样易感，但公鸭抵抗力较母鸭高，发病后较易耐过，病程长，死亡率也略低些。

病鸭和隐性带毒鸭是主要传染来源。鸭瘟可通过病禽与易感禽的接触而直接传染，也可通过与污染环境的接触而间接传染。被污染的水源、鸭舍、用具、饲料、饮水是本病的主要传染媒介。本病一年四季皆可发生，但以春、秋两季流行较为严重。此外，在低洼潮湿地区放牧饲养的鸭群易流行本病。当鸭瘟传入易感鸭群后，一般 3～7 d 开始出现零星病鸭，再经 3～5 d 陆续出现大批病鸭，鸭群整个流行过程一般为 2～6 周。如果鸭群中有免疫鸭或耐过鸭时，可延至 2～3 个月或更长。

(三)临床症状

本病自然感染的潜伏期为 3～5 d，人工感染的潜伏期为 2～4 d。病初体温升高达 43 ℃以上，高热稽留。病鸭精神沉郁，委顿，头颈缩起，羽毛松乱，翅膀下垂，食欲减退或废绝，渴欲增加。离群独处，不愿下水，驱赶入水后也很快挣扎回岸；病鸭两腿发软，走动困难，严重的卧地不能走动，强行驱赶时常以双翅扑地行走，走几步后又蹲于地上，最后完全不能站立；病鸭出现腹泻，排出绿色或灰白色稀粪，肛门周围的羽毛被玷污或结块。肛门肿胀，严重者外翻，翻开肛门可见泄殖腔充血、水肿、有出血点，严重病鸭的黏膜表面覆盖一层假膜，不易剥离；病鸭病初流出澄清浆液，使眼睑周围羽毛沾湿，而后变成黏稠或脓样，常造成眼睑粘连、水肿，甚至外翻，眼结膜充血或小点出血，甚至形成小溃疡。部分病鸭在疾病明显时期，可见头和颈部发生不同程度的肿胀，触之有波动感，俗称“大头瘟”。公鸭死亡时伴有阴茎脱垂；产蛋鸭群的产蛋率下降 25%～40%。病的后期，体温降至常温以下，呼吸困难，叫声嘶哑，极度精神衰竭死亡。鹅感染鸭瘟的临床症状一般与鸭相似。

(四)病理变化

(1)鸭瘟的病变表现为急性败血症，全身浆膜、黏膜和内脏器官有不同程度的出血斑点或坏死。消化道黏膜出现特征性的坏死性假膜。食道黏膜表面有灰黄色假膜结痂。多数散在呈斑块状或与黏膜纵皱襞相平行的条索状。痂块不易剥离，剥离后食道黏膜呈现红色溃疡灶，大小不一。肠黏膜充血、出血，以十二指肠和直肠较为严重。泄殖腔黏膜的病变与食道相同。黏膜表面覆盖一层灰褐色或绿色的假膜，不易剥离，黏膜上有出血斑点。食道及泄殖腔等处黏膜的病变是最特征性的，具有诊断意义。

(2)皮下组织发生不同程度的炎性水肿。“大头瘟”的典型病例，头和颈部的皮肤肿胀，切开时流出淡黄色的透明液体。

(3)舌根、咽部、腭部及食道、肠道、泄殖腔黏膜表面常有淡黄、灰黄或草黄色、不易剥离的伪膜覆盖，刮落后即露出鲜红色，大小不一、外形不规则的出血溃疡灶。腺胃黏膜有出血斑点，有时在腺胃与食道膨大部交界处，有一条灰黄色坏死带或出血带，肌胃角质膜下充血或出血。

(4)肝脏早期有出血斑点，后期肝表面和切面有针尖大至绿豆大的灰黄色坏死灶，少数坏死灶中心有小出血点或其周围有环形出血带，胆囊肿大等变化，脾体积缩小，呈黑紫色，心内、外膜上有出血点，胸腺和法氏囊出血，卵泡常有变形和泡内出血性病变。

(5)雏鸭感染鸭瘟时，往往没有成鸭典型，但其肠壁上常有环状出血带，腔上囊深红色，表面有针尖大小的坏死灶。

(6)产蛋鸭的卵巢有明显病变，卵泡出现充血和出血，有的整个卵泡变成暗红色，质地坚实，切开流出血红色浓稠的卵黄物质。

鹅感染鸭瘟病毒后的病变与鸭相似。

(五)诊断要点

根据流行病学特点、症状及病变可做出初步诊断，确诊需要依靠实验室诊断。

1. 病原分离鉴定

取病鸭或刚死亡鸭的肝脏或脾脏，置消毒的研磨器内，研磨碎后用磷酸缓冲液或灭菌生理盐水作 1∶10 稀释，经 3 000 r/min 离心 20 min，取上清液，按每毫升加青霉素和链霉素各

1 000 单位，置室温 60 min。将上述处理好的病料接种于 10～14 日龄鸭胚，鸭胚尿囊腔内接种 0.2 mL，置 37 ℃继续孵育。鸭胚接种后 3～6 d 有部分鸭胚死亡，见胚体全身出血，一般盲传 2～3 代后鸭胚死亡较规律。鸭胚死亡后收获鸭胚尿囊液，采用血清中和试验进行病毒的鉴定。其方法是：取上述分离病毒的鸭胚尿囊液（1：100 稀释）0.5 mL 与已知抗鸭瘟血清 0.5 mL 混合，置室温作用 30 min 后，将混合液接种入已长好鸭胚成纤维细胞培养管内，每管滴入 2 滴（0.05 mL），在 37 ℃作用 60 min，然后将混合液吸出加入维持液，在 37 ℃继续培养。并设立阴性血清和空白对照。结果判定，接种后观察 4 d，若阳性血清与分离的病毒不出现细胞病变，即认为是鸭瘟病毒，如果出现细胞病变则不是鸭瘟病毒。阴性血清对照组应出现细胞病变；空白对照不应出现细胞病变。病毒鉴定也可用雏鸭做中和试验，将分离的病毒与已知抗鸭瘟血清等量混合，置 37 ℃作用 60 min 后，接种于健康雏鸭（无鸭瘟抗体），每只鸭肌注 0.1 mL。观察 10 d，如试验组鸭均健活，对照组鸭死亡，也证明分离的病毒是鸭瘟病毒。

2. 血清学试验

常用于诊断鸭瘟的血清学方法包括中和试验、琼脂凝胶沉淀试验、ELISA 和 Dot-ELISA 等。

3. 分子生物学方法

除了传统的检测方法外，目前还可采用分子生物学方法进行检测，该方法灵敏、快速、简单，特异性好，应用方便，具体操作方法参考实验实训。

4. 鉴别诊断

与鸭出败（鸭巴氏杆菌病）鉴别诊断。

鸭巴氏杆菌病一般发病急，病程短，流行期不长，多呈散发性，也有呈地方流行性，除鸭发病外，其他家禽也能感染发病，而鸭瘟相对地发病稍缓慢，流行期稍长，多呈地方流行性，不会引起鸡发病。鸭瘟有明显的神经症状，头和颈部肿胀，流泪，眼睑肿胀，两脚发软不能站立，下痢，头颈部肿大，俗称“大头瘟”。而鸭巴氏杆菌病无此症状。鸭巴氏杆菌病的病理变化中，肺脏有严重的充血、出血及水肿，心外膜有明显的出血点，但食道与泄殖腔黏膜上没有像鸭瘟病的特征性病变。使用抗生素或磺胺类药物对鸭巴氏杆菌病均有很好的疗效，但对鸭瘟病治疗无效。

（六）防制

1. 严格的防疫和消毒

应采取综合性预防措施，应避免从疫区引进鸭，如必须引进，一定要经过严格检疫，并经隔离饲养 2 周以上，证明健康后才能合群饲养。还要禁止在鸭瘟流行区域和野水禽出没区域放牧。平时对禽场和工具进行定期消毒。在受威胁区内，所有鸭、鹅应注射鸭瘟弱毒疫苗。产蛋鸭宜安排在停产期或开产前一个月注射。发生鸭瘟时应立即采取隔离和消毒措施，对鸭群用疫苗进行紧急预防接种，必要时剂量加倍，可降低发病率和死亡率。发现本病时，按照实际情况上报疫情，划定疫区，并立即采取封锁、隔离、消毒和紧急免疫接种等综合措施。群体发病鸭，可采取隔离或扑杀。

2. 预防接种

鸭瘟鸡胚化弱毒活疫苗，2 月龄以上鸭按瓶签注明的头份，加生理盐水稀释，每只鸭肌注 1 mL，注射后 3～4 d 即可产生免疫力，免疫期为 9 个月。2 月龄以下雏鸭使用时，腿部肌注 0.25 mL，免疫期为 1 个月，但到 3 月龄时，须重复注射 1 mL 方可获得确实的免疫力。

3. 发病初期的措施

可用抗鸭瘟高免血清，进行早期治疗，每只鸭肌注 0.5 mL，有一定疗效；还可用聚肌胞进行早期治疗，每只成鸭肌注 1 mL，3 日 1 次，连用 2～3 次，也可收到一定疗效。

十三、鸭病毒性肝炎的诊断与防控（二维码 2-13）

二维码 2-13
鸭病毒性肝炎的
诊断与防控

鸭病毒性肝炎（Duck viral hepatitis，DVH）是由鸭肝炎病毒引起的雏鸭的一种急性、高度致死性的病毒性传染病，其特征是发病急、传播快、死亡率高，临床表现为共济失调、角弓反张，肝脏肿大并有出血斑点。鸭病毒性肝炎常给养鸭场造成巨大的经济损失，是严重危害养鸭业的主要传染病之一。

（一）病原

病原为鸭肝炎病毒（*Duck hepatitis virus*，DHV）。大小 20～40 nm，属于小核糖核酸病毒科肠道病毒属。该病毒不凝集禽和哺乳动物红细胞。病毒有 3 个血清型，即Ⅰ、Ⅱ、Ⅲ型，有明显差异，各型之间无交叉免疫性。此病毒不能与人和犬的病毒性肝炎的康复血清发生中和反应，与鸭乙型肝炎病毒也没有亲缘关系。我国流行的鸭肝炎病毒为血清Ⅰ型。

病毒对外界的抵抗力很强，对氯仿、乙醚、胰蛋白酶和 pH3.0 都有抵抗力；在 56 ℃加热 60 min 仍可存活，但加热至 62 ℃ 30 min 可以灭活；在 37 ℃中能抵抗 2%来苏儿作用 1 h 和 0.1%福尔马林 8 h；病毒在 1%福尔马林或 2%氢氧化钠中 2 h（15～20 ℃），在 2%的漂白粉溶液中 3 h，5%酚、碘制剂均可使病毒灭活。

在自然环境中，病毒可在污染的孵化器育雏室中存活 10 周，在阴湿处粪便中存活 37 d 以上，在 4 ℃存活 2 年以上，在－20 ℃则可长达 9 年。

（二）流行病学

自然条件下本病主要发生于 3 周龄以下雏鸭，5～10 日龄雏鸭最为多见。成年鸭可感染，但无临床症状，可通过粪便排毒，污染环境而感染易感小鸭。

本病的传播主要通过接触病鸭或被污染的人员、工具、饲料、垫料、饮水等，经消化道和呼吸道感染。在野外和舍饲条件下，本病可迅速传给鸭群中的全部易感小鸭，表明它具有极强的传染性。野生水禽可能成为带毒者，鸭舍中的鼠类也可能散播本病毒，病愈鸭仍可通过粪便排毒 1～2 个月。出雏器内污染本病毒，可使雏鸭在出壳后 24 h 内发生死亡。

本病一年四季均可发生，以冬、春季发病较多。主要在孵化季节，我国南方多在2—5月份和9—10月份，北方多在4—8月份。饲养管理不当，鸭舍内温度过高，密度太大，卫生条件差，缺乏维生素和矿物质都能促使本病的发生。

（三）临床症状

本病潜伏期短，仅1～2 d。雏鸭都为突然发病。开始时病鸭表现精神萎靡、缩颈、翅下垂，不能随群走动，眼睛半闭，打瞌睡，共济失调。发病0.5～1 d，发生全身性抽搐，身体倒向一侧，两脚痉挛性反复踢蹬，呈游泳状，约十几分钟死亡。头向后背，呈角弓反张姿态，故俗称"背脖病"。喙端和爪尖瘀血呈暗紫色，少数病鸭死亡前排黄白色和绿色稀粪。

本病的死亡率因年龄而有较大差异，1周龄内雏鸭的病死率可达95%，2～3周的雏鸭病死率不到30%～70%，4周龄以上的雏鸭发病率和死亡率都很低。

（四）病理变化

病变主要在肝脏。肝脏肿大，质地柔软，呈淡红色或外观呈斑驳状，表面有出血点或出血斑。胆囊肿胀，充满胆汁，胆汁呈褐色、淡黄或淡绿色。脾脏有时肿大，外观也呈斑驳状。多数病鸭的肾脏发生充血和肿胀，其他器官没有明显变化。

（五）诊断要点

1. 临床诊断

根据本病发病急，传播迅速，病程短；3周龄内死亡率高，成年鸭不发病；病鸭有明显的神经症状；病变主要表现为肝脏的变性和出血，这些特点可做出初步诊断。确诊需要进行实验室诊断。

2. 鉴别诊断

（1）与鸭瘟鉴别　鸭瘟病例肝脏有出血病变和坏死灶，且有肠道出血，食道和泄殖腔出血并形成伪膜或溃疡。

（2）与鸭出败鉴别　鸭出败病例具有特征性的肝肿大，散布针尖大小的坏死点和心外膜出血，十二指肠出血等变化，肝和心血涂片镜检，可见具有两极染色的巴氏杆菌。

（3）与球虫病鉴别　球虫病也可使小鸭急死，症状也见有角弓反张，病变出现肠道肿胀，出血与黏膜坏死，肝脏无出血变化，肠内容物涂片镜检，可见有大量裂殖体和裂殖子存在，即可确诊。

（六）防制

1. 严格的防疫和消毒

这是预防本病的积极措施，应避免从疫区或疫场购入带毒雏鸭，自繁自养和全进全出的饲养管理制度，可有效防止疾病传入和扩散，定期对鸭场的环境，用具进行预防消毒是绝对必要的。

2. 免疫接种

由于本病毒抵抗力较强，在疫区仅靠消毒措施难以保证不发病，因此免疫是最有效的预防措施。可用鸡胚化鸭肝炎病毒疫苗免疫种母鸭，每只 1 mL，隔两周再做 1 次，共 2 次。这些母鸭的抗体可维持 7 个月以上，其后代母源抗体可保持 2 周左右，足以保护雏鸭渡过最易感的危险期。但在环境卫生条件差，疫情较重的鸭场，则在 8～12 日龄仍需进行鸭肝炎疫苗的主动免疫或使用免疫母鸭的蛋黄匀浆进行被动免疫。没有母源抗体保护的雏鸭，在疫情不严重的鸭场，可在 1 日龄注射肝炎弱毒疫苗 0.5～1.0 mL 即可受保护。在疫情严重的鸭场，必须在 1 日龄注射鸭病毒性肝炎的卵黄抗体或高免血清 0.5～1.0 mL，必要时于 8～12 日龄重复 1 次。

3. 发病初期的措施

及时注射鸭病毒性肝炎高免卵黄抗体或血清每只 1～1.5 mL，可治愈 80%～90%病鸭，对中度病鸭也有一定疗效。目前尚无其他有效药物用于本病防治。

十四、小鹅瘟的诊断与防控（二维码 2-14）

二维码 2-14
小鹅瘟的诊断与防控

小鹅瘟（Gosling plague，GP）又称鹅细小病毒感染、雏鹅病毒性肠炎，是由小鹅瘟病毒引起的雏鹅和雏番鸭的一种急性或亚急性败血性传染病。临床特征是精神委顿，食欲废绝，严重下痢和出现神经症状。病变的主要特征是发生渗出性肠炎变化，小肠黏膜有大片坏死脱落与凝固的纤维素性渗出物一起形成栓子堵塞肠腔。本病有高度的传染性和死亡率，是危害养禽业最重要的传染病之一。

（一）病原

小鹅瘟的病原为鹅细小病毒（*Gosling plague virus*，GPV），属于细小病毒科细小病毒属的成员，病毒为球形，无囊膜，直径为 20～22 nm，是一种单链 DNA 病毒，对哺乳动物和禽细胞无血凝活性。从各地分离出的病毒，其抗原性基本一致，因此认为该病毒仅有一个血清型。与其他哺乳动物的细小病毒没有抗原关系。但与番鸭细小病毒（MDPV）存在部分共同抗原。最近用交叉中和试验和对基因组做酶切，分析表明，鹅细小病毒和番鸭细小病毒（MDPV）存在显著差异。

病毒对外界因素具有很强的抵抗力，在 50 ℃经 3 h 或 37 ℃经 7 d，仍具有很强的感染性。在－20 ℃的条件下至少能存活 2 年。病毒广泛存在于病鹅的各组织、脏器、体液及分泌物、排泄物中，但以脑、肝、脾、血液等组织中含毒量最高。

（二）流行病学

本病仅发生于鹅与番鸭的幼雏。其他家禽类均无易感性。主要发生于 20 日龄以内的雏鹅。尤其是 3～5 日龄最易发病，数日内即可波及全群。发病率和死亡率为 70%～95%，最高达 100%，10 日龄以上的感染率、死亡率不超过 60%，20 日龄的发病率低。近年来，60～70 日龄雏鸡也有发病的。

带毒的种鹅和发病的雏鹅是主要传染源。可经消化道传播。成年鹅在感染后不显症状，成为带毒者。感染的成年鹅通过粪便排出病毒，引起其他易感的成年鹅感染。在大鹅群中，成鹅之间能互相感染，病毒不断更换新宿主，使整群带毒期大为延长，并能从一群传染至另一群，因此对带毒期的长短很难估计。这样就有可能在大批种蛋中随时会出现带有病毒的蛋，无论是孵出外表正常的带毒雏鹅或病雏，以及在孵化中产生的死胚，必然都能散播病原，将孵化室环境污染，在孵化室内感染的雏鹅，在 3～5 d 内即可发病。

另外，由于病雏的排泄物和分泌物污染了饲料、饮水、用具，通过消化道传染。

在有些地方，小鹅瘟流行有明显的周期性，往往隔 1～2 年或 3～5 年，在同一地区再次流行。雏鹅的发病率及死亡率的大小，在很大程度上取决于亲代母鹅有无免疫力。大流行后当地鹅群可获得较坚强的主动免疫。从而可使次年的雏鹅从卵黄中获得母源抗体。因此，不会连续两年发生大流行，而且具有一定的周期性。习惯上每年将全部母鹅更换新群，其鹅群在更新前大部分有免疫力，而更新后大部分有易感性。因此，流行的周期性也更明显。

(三)临床症状

小鹅瘟的潜伏期与感染时雏鹅的日龄有关，出壳即感染的潜伏期为 2～3 d，1 周龄以上感染的潜伏期为 4～7 d。根据病程的长短，分为最急性、急性和亚急性 3 种病型。

1. 最急性型

此型常发于一周龄之内的雏鹅，尤其是 3～5 日龄者。常突然死亡或在精神发生呆钝后数小时内死亡，有的倒地两腿划动很快死亡。在出现最急性型病例的数日后，即可见到全群雏鹅发病。

2. 急性型

常发于 1～2 周龄的雏鹅。发病初期精神正常但食欲消失，虽然随群作采食状，但所得草食并不吞下，而且将所得之草食随即甩去。之后精神委顿、拒食、饮欲增强、严重腹泻，排黄白色粪便或黄绿色稀粪并混有气泡。喙端色泽暗(发绀)、张口呼吸、鼻孔流出浆性分泌物、并不时摇头。临死前出现 N 症状：角弓反张或仰卧倒地、两脚乱划、不久死亡。病程长者为 2 d，短者仅 0.5 d。大多数的雏鹅多死于急性型。随着雏鹅日龄增大，病程渐渐转变为亚急性型。

3. 亚急性型

多发于流行末期或者 15 日龄以上的雏鹅。症状较轻，主要表现为不愿走动、委顿、消瘦、拉稀、少食或不食。病程一般 3～7 d 或更长。少数鹅只可以自愈，但在一段时间内生长不良。

雏番鸭的临床症状与鹅相似。

(四)病理变化

本病的肉眼变化以消化道炎症为主。

1. 最急性型

病例由于死亡很快，病变不明显，只有小肠前段黏膜肿胀充血，覆盖有大量浓厚的淡色黏液，有时可见小肠黏膜上有出血。

2. 急性型

病例表现为全身性败血症现象。心脏变圆，心房扩张，心壁松弛，心尖周围心肌晦暗无光泽，颜色苍白。肝脏肿大，呈深紫色或黄红色，胆囊肿大，充满暗绿色胆汁，脾脏和胰腺充血，部分病例有灰白色坏死点，部分病例有腹水。

急性型者如病雏大于10日龄，病程在2 d以上的，可能出现特有的肠道病变。最典型的变化是小肠中下段整片肠黏膜坏死脱落，与凝固的纤维素性渗出物形成栓子或包裹在肠内容物表面的假膜，堵塞肠腔，外观极度膨大，质地坚实，形如香肠状。剖开小肠可见有一栓子，外层为灰白色、灰黄色的假膜，中心部分黑色或绿色的肠内容物。栓子形状不一，有的呈圆条状，表面光滑，两端尖细，直径0.4～0.7 cm，长度可达20 cm以上，如蛔虫样；有的呈扁平状，灰白色如绦虫状。这种栓子不与肠壁粘连，很容易从肠管中抽出，而肠壁仍保持平整，但肠黏膜充血、出血，有的肠段出血严重。

3. 亚急性型

病例更易呈现上述特有的变化。此外还有浆液性纤维素性肝周炎、心包炎、气囊炎和腹膜炎，腹腔积液，肺水肿、肝萎缩、卡他性肠炎、腿部和胸部肌肉出血等。一些病鹅的中枢神经系统也有明显变化，脑膜及实质血管充血并有小出血灶。

（五）诊断要点

1. 临床诊断

由于本病具有特征性的流行病学表现，如果孵出不久的雏鹅群大批发病及死亡，根据仅引起雏鹅、雏番鸭发病的流行特点，结合有严重腹泻与神经症状的出现，以及小肠出现特征性的急性卡他性-纤维素性坏死性肠炎的病变即可做出初步诊断。

2. 实验室诊断

本病确诊须经病毒分离鉴定或血清特异性抗体检查，包括中和试验、琼脂扩散试验、反向间接血凝试验、免疫过氧化物酶染技术、免疫酶琼脂扩散试验、免疫荧光技术等。

3. 鉴别诊断

(1)与巴氏杆菌病鉴别　不仅能使雏鹅大批死亡，也能使成鹅及鸡、鸭发病死亡，死禽主要为败血症变化。

(2)与鹅流感鉴别　病变主要在呼吸道，消化道无明显的症状

(3)与副伤寒鉴别　也可造成雏鹅大批发病和死亡，但一般发病的日龄较大，多发于1周龄至1月龄的小鹅，其流行范围与死亡率都较小鹅瘟小，在肠道中无栓子形成。

（六）防制

小鹅瘟主要是通过孵坊传播的。因此，孵坊中的一切用具、设备在每次使用后必须清洗消毒，收购来的种蛋应用甲醛熏蒸消毒。如发现分发出去的雏鹅在3～5 d发病，即表示孵坊已被污染。应立即停止孵化，将房舍及孵化、育雏等全部器具彻底消毒。刚出壳的雏鹅要注意不要与新进的种蛋和大鹅接触，以防感染。对于已污染的孵坊所孵出的雏鹅，应立即注射高免血清。

严禁从疫区购进种蛋及种苗；新购进的雏鹅应隔离饲养20 d以上，确认无小鹅瘟发生

时，才能与其他雏鹅合群。

本病目前无有效治疗药物，除采取常规的卫生防疫措施外，主要依靠疫苗、高免血清和卵黄液进行防制。

1. 疫苗免疫

(1)强毒株疫苗　使用小鹅瘟强毒株疫苗对成年种鹅和番鸭进行接种可产生较强的母源抗体，并通过卵黄传递给初生雏，但可能造成强毒株扩散，目前应用较少。

(2)弱毒株疫苗　目前多使用小鹅瘟弱毒苗用于种鹅(番鸭)和雏鹅的免疫接种。种鹅(番鸭)于开产前 15～45 d 皮下或肌内注射弱毒疫苗 2～4 头份，可使整个产蛋期孵出的初生雏得到母源抗体的有效保护；如种鹅(番鸭)未免疫，应对初生雏进行免疫接种，通常每只 1 头份，进行皮下或肌内注射。

(3)灭活疫苗　用于免疫种鹅和雏鹅，在没有进行监测的鹅群中常用。

2. 高免血清和高免卵黄液

(1)鹅高免血清　对雏鹅(番鸭)在 1～3 日龄内注射抗小鹅瘟高免血清或卵黄抗体，必要时于 10～13 日龄重复 1 次，有良好的预防效果。对于发病初期的病鹅(番鸭)每只注射抗小鹅瘟高免血清，可显著降低死亡率。

(2)山羊抗小鹅瘟高免血清　1～15 日龄健康或患病雏鹅皮下注射 0.5～1 mL/只，能获得良好的防制效果。

[技能训练]

技能 1　鸡新城疫的病理剖检诊断

(一)技能目标

掌握鸡新城疫的病理剖检特征，培养认真细致的工作态度。

(二)教学资源准备

新城疫病死鸡、剪刀、骨剪、肠剪、镊子、病理剖检记录表、工作服、胶靴、围裙、橡胶手套和来苏儿等。

(三)操作方法与步骤

1. 家禽尸体

剖检程序，首先检查鸡的体表组织，然后检查皮下组织，最后打开体腔，暴露整个胸腔和腹腔器官，检查内部组织器官。鸡新城疫主要检查消化道病变。

2. 嗉囊

充满酸臭液体及气体。

3. 腺胃

黏膜水肿，其乳头顶端或乳头间有出血点，特别在腺胃和肌胃交界处出血更为明显，有的可形成凹陷的出血性溃疡。

4. 肌胃

剥离角质层，可见其下的肌肉有出血斑，有时形成粟粒状不规则的溃疡。

5. 小肠

黏膜出血、坏死，尤其是十二指肠黏膜和浆膜出血明显，肠黏膜上有枣核样纤维素性坏死灶，稍突出，表面有假膜覆盖，假膜脱落即成溃疡。

6. 盲肠、直肠

盲肠扁桃体肿大、出血、坏死，直肠黏膜的皱褶呈条状出血，有的在直肠黏膜可见黄色纤维素性坏死点。

7. 其他

有时可见肺瘀血或水肿，心冠和腹部脂肪有出血点。产蛋鸡卵泡和输卵管显著充血，卵泡膜极易破裂以致卵黄流入腹腔。肝、脾、肾无特殊变化。

8. 典型新城疫的主要病变表现为全身败血症

腺胃乳头出血或溃疡，肠道，特别是盲肠扁桃体和直肠黏膜呈条纹状出血，间有纤维素性坏死点，腺胃和肌胃的浆膜以及全身脂肪组织多见针尖样出血点。非典型新城疫的出血性变化大多不明显，剖检时需仔细辨认，其盲肠扁桃体和直肠黏膜出血变化发生的频率通常较高。

（四）结果与分析

（1）将剖检所见填写于病理剖检记录表内。

（2）剖检完毕，彻底消毒用具、场地，病尸焚毁或深埋。

（3）根据剖检记录，归纳分析鸡新城疫的病理剖检特征。

技能2　鸡新城疫抗体检测

（一）技能目标

鸡新城疫抗体监测技术是制定鸡新城疫免疫程序的重要依据，要求学生必须掌握鸡新城疫抗体监测的操作方法，为今后从事鸡场疫病预防工作奠定基础。

(二)数学资源准备

1. 器材或设备

普通托盘天平、普通离心机、微型振荡器、DRAGON 微量移液器、Thermo 微量移液器、定量移液管、试管、微量移液器吸头、微量移液器吸头盒、板式微量移液器架、96 孔 V 型微量血凝反应板、烧杯、禽用采血器、具盖塑料离心管、试管架、细记号笔。

2. 试剂及辅料

生理盐水 250 mL、3.8%柠檬酸钠溶液 20 mL、新城疫标准抗原(批号)、被检血清(编号)、新城疫标准阳性血清(批号)、新城疫标准阴性血清(批号);75%酒精棉球若干、标签纸若干、实验报告单 1 张。

3. 1%鸡红细胞悬液配制

采集三只健康无禽流感和新城疫病原体的公鸡的抗凝血液,放入离心管中,加入 3～4 倍量生理盐水(或 PBS),以 2 000 r/min 离心 5～10 min,去掉血浆和白细胞层,再加生理盐水,混匀、离心,反复洗涤 3 次,最后吸取压积红细胞用生理盐水(或 PBS)配成 1%(*V*/*V*)悬液。

(三)操作方法与步骤

1. 血凝(HA)试验

(1)在 96 孔 V 型微量血凝反应板上,自第 1 孔至第 12 孔每孔各加入 25 μL 生理盐水或等渗 PBS。

(2)在第 1 孔中加入受检病毒液(新城疫抗原)25 μL,吹打 3～5 次,充分混合后移出 25 μL 至第 2 孔,依次类推,等量倍比稀释至第 11 孔,第 11 孔弃去 25 μL。

(3)设 12 孔为生理盐水(PBS)对照,不加病毒液。

(4)每孔再加 25 μL 生理盐水。

(5)上述每孔各加入 25 μL 1%鸡红细胞悬液,立即放在微型振荡器上摇匀,置 20～25 ℃静置 40 min,如环境温度太高则置 4 ℃ 60 min,待生理盐水(PBS)对照红细胞呈明显的纽扣状沉到孔底时,判定结果。方法见表 2-2。

(6)结果判定及记录

"+"表示红细胞完全凝集。红细胞凝集后均匀平铺于反应孔底面一层,边缘不整呈锯齿状,且上层液体中无悬浮的红细胞。

"−"表示红细胞未凝集。红细胞全部沉淀于反应孔底部中央,呈小圆点状,边缘整齐。

"±"表示红细胞部分凝集。红细胞凝集情况介于"+"与"−"之间。

新城疫病毒液能凝集鸡的红细胞,但随着病毒液被稀释,其凝集红细胞的作用逐渐变弱。稀释到一定倍数时,就不能使红细胞出现明显的凝集,从而出现可疑或阴性结果。能使一定量红细胞完全凝集的病毒最大稀释倍数为该病毒的血凝滴度(血凝价),即一个血凝单位(HAU),常以 2^n 表示。

表 2-2　病毒血凝试验操作术式(以新城疫病毒为例)　　μL

孔号	1	2	3	4	5	6	7	8	9	10	11	12
稀释倍数	2^1	2^2	2^3	2^4	2^5	2^6	2^7	2^8	2^9	2^{10}	2^{11}	对照
生理盐水	25	25	25	25	25	25	25	25	25	25	25	25
病毒液	25	25	25	25	25	25	25	25	25	25	25 弃25	−
生理盐水	25	25	25	25	25	25	25	25	25	25	25	25
1%鸡红细胞	25	25	25	25	25	25	25	25	25	25	25	25
感作	20~25 ℃ 40 min，或4 ℃ 60 min											
结果举例	+	+	+	+	+	+	+	±	±	−	−	−

在生理盐水(PBS)对照孔出现正确结果的情况下，将血凝板倾斜，从背侧观察，看红细胞是否呈泪珠状流下。红细胞呈泪珠状流下，表明红细胞没完全凝集或没凝集，不呈泪珠状流下，表明红细胞胞完全凝集。表 2-2 所表示病毒的血凝滴度为 2^7。

2. 血凝抑制(HI)试验

(1)制备 4 个血凝单位的病毒液　根据 HA 试验测定的病毒的血凝滴度，用磷酸缓冲盐水稀释病毒液，配制成 4 个血凝单位的病毒液。稀释倍数按下式计算：

4 个血凝单位病毒的稀释倍数＝病毒的血凝滴度/4

如表 2-2 的血凝滴度为 2^7，其 4 个血凝单位病毒的稀释倍数为 2^5(32 倍)，即 1 mL 病毒加 31 mL 生理盐水(或 PBS)。

(2)被检血清的制备　静脉或心脏采血完全凝固后自然析出或离心获得被检血清。

(3)操作方法

①在 96 孔 V 型微量血凝反应板上，第 1～11 孔各加入 25 μL 生理盐水(或等渗 PBS)。第 12 孔加入 50 μL 生理盐水(或等渗 PBS)。

②换一吸头，在第一孔加入 25 μL 被检血清，充分混匀后移出 25 μL 至第 2 孔，依次类推，倍比稀释至第 10 孔，第 10 孔稀释混匀后弃去 25 μL，第 11 孔为阳性对照，第 12 孔为生理盐水(或等渗 PBS)对照。

③换一吸头，在 1～11 孔每孔加入 25 μL 4 个血凝单位的病毒，轻叩反应板，使反应物混合均匀，置 20～25 ℃室温中静置不少于 30 min，或 4 ℃不少于 60 min。

④换一吸头，每孔各加入 25 μL 1%鸡红细胞悬液，轻晃摇匀后放入 20～25 ℃室温中放置约 40 min，如环境温度太高，则在 4 ℃放置 60 min，当生理盐水孔的红细胞呈明显的纽扣状沉到孔底时判定结果，方法见表 2-3。

表 2-3　病毒血凝抑制试验操作术式　μL

孔号	1	2	3	4	5	6	7	8	9	10	11	12
稀释倍数	2^1	2^2	2^3	2^4	2^5	2^6	2^7	2^8	2^9	2^{10}	阳性对照	生盐对照
等渗PBS	25	25	25	25	25	25	25	25	25	25	25	50
被检血清	25	25	25	25	25	25	25	25	25	25	– 弃25	–
4个血凝单位病毒	25	25	25	25	25	25	25	25	25	25	25	–
感作	20~25 ℃不少于30 min，或4 ℃不少于60 min											
1%鸡红细胞	25	25	25	25	25	25	25	25	25	25	25	25
感作	20~25 ℃约40 min，或4 ℃ 60 min											
结果举例	–	–	–	–	–	±	±	+	+	+	+	–

(四)结果与分析

在生理盐水(PBS)对照孔出现正确结果的情况下，将血凝板倾斜，从背侧观察，看红细胞是否呈泪珠状流下。滴度是指产生完全不凝集(红细胞完全流下)的血清的最高稀释度。

100%抑制红细胞凝集的血清最大稀释倍数为该血清的血凝抑制滴度(血凝抑制效价)。如表 2-3 所示的血清的血凝抑制滴度为 2^5。

(五)结果判定

在生理盐水(PBS)对照孔出现正确结果的情况下，将血凝板倾斜，从背侧观察，看红细胞是否呈泪珠状流下。滴度是指产生完全不凝集(红细胞完全流下)的最高稀释度。

100%抑制红细胞凝集的血清最大稀释度为血凝抑制效价(倾斜反应板，只有与生盐对照孔红细胞流淌完全相当的孔才可判为 100%抑制)。

等渗磷酸缓冲盐水(PBS)配制

称取氯化钠 NaCl 8.0 g、氯化钾 KCl 0.2 g、磷酸氢二钠 Na_2HPO_4 1.44 g、磷酸二氢钠 NaH_2PO_4 0.24 g，溶于 800 mL 纯水中，用 HCl 调 pH 至 7.0～7.4，加纯水至 1 000 mL，分装，121 ℃ 15 min 高压灭菌。

技能 3　马立克病的免疫接种

(一)技能目标

能够正确保存和取出马立克病疫苗，掌握正确的接种方法。

(二)教学资源准备

连续注射器、针头(7 号)、马立克病 HVT 冻干苗、鸡马立克病细胞结合性活疫苗(CV1988 液氮苗)、稀释液、液氮罐、5 mL 注射器、针头(12 号，直径 1～2 mm)、镊子或长柄钳、纱布、护目镜、手套、温度计、塑料桶、冰块、冰盘和1日龄内雏鸡若干等。

(三)操作方法与步骤

1. 鸡马立克病HVT冻干苗使用方法

(1)器械消毒　连续注射器要拆开，与针头、胶管等一起先用清水反复冲洗，然后煮沸15 min。

(2)检查稀释液　稀释液保存于2～15 ℃冷暗处，不能冰冻保存。稀释液瓶盖如有轻微松动，或液体有轻微混浊、变色都不能使用。

(3)稀释液预冷　稀释液临用前放2～8 ℃冰箱中冷藏2 h，或在盛有冰块容器中预冷。

(4)疫苗稀释　先用注射器吸取5 mL稀释液注入疫苗瓶中，溶解后抽出混匀的溶液，注入稀释瓶内，再向疫苗瓶注入稀释液冲洗2次，疫苗稀释配制要在30 min内完成。

(5)注射部位　一般注于颈部背侧皮下，不要靠头太近，每只鸡0.2 mL。

(6)其他　稀释液瓶要放在冰水中，并隔10 min摇晃1次。

2. 鸡马立克病细胞结合性活疫苗(液氮苗)稀释及使用方法

(1)操作者戴上手套和护目镜，打开液氮罐，把装疫苗安瓿的金属筒提出液氮，达到一次能够取出一支安瓿的高度，取出疫苗安瓿，然后将金属筒插回液氮罐内，立即盖上盖子。

(2)将取出的疫苗安瓿放入已准备好的水桶中，水温为15～26 ℃(或按产品说明)，用镊子夹着晃动，一般在60 s左右即可融化。疫苗稀释液平时应于4 ℃保存，稀释前应预温至15～26 ℃(或按产品说明)。

(3)从水中取出完全融化的疫苗安瓿，轻轻摇动安瓿使疫苗混匀，用手指轻弹安瓿颈部，使颈部或尖端的疫苗流入底部(严禁用力甩下)，然后用洁净的纱布擦干，并用纱布包着，远离操作者面部，于瓶颈处折断安瓿。

(4)用装有12号针头的5 mL无菌注射器缓慢吸取安瓿中的疫苗，将其注入一瓶稀释液瓶中。

(5)吸取稀释液反复冲洗安瓿3次，将冲洗液重新注入稀释液瓶中。

(6)沿稀释液瓶的纵轴正反轻轻转动8～10次，使疫苗与稀释液充分混匀，应避免产生泡沫。稀释好的疫苗瓶应放在装有冰块的盘中。

(7)使用无菌连续注射器，按接种剂量调整好刻度，装上7号针头。

(8)颈背侧皮下注射0.2 mL疫苗。注射过程中，每5～10 min轻摇疫苗瓶1次。

(四)注意事项

(1)一般在出壳后12 h内注射，一定要在孵化厅(已消毒)的接种室进行。

(2)无论是冻干苗，还是液氮苗，都应按规定的羽份稀释到规定量的各自专用稀释液中，每只鸡接种量应不少于1羽份，高2～3倍也无妨。

(3)稀释液中不能添加其他任何药品，疫苗稀释后需在1 h内用完。因此，一次稀释的疫苗量不宜多。

(4)免疫鸡1周龄内避免使用氯霉素类药物和中等偏强毒力的法氏囊病疫苗。

(5)按实际操作填写鸡马立克病疫苗接种操作要点。

技能4 鸡传染性法氏囊病的诊断及抗体监测

(一)技能目标

1. 熟悉和掌握鸡传染性法氏囊病的临床诊断要点。

2. 学会利用琼脂扩散试验诊断鸡传染性法氏囊病和监测抗体。

(二)教学资源准备

剪刀、镊子、疑似传染性法氏囊病病鸡。平皿(直径80 mm)、打孔器、点样毛细管、烧杯、酒精灯、带盖瓷盘、注射器、生理盐水、蒸馏水、琼脂粉、氯化钠、标准抗原、阳性血清和待检血清等。

(三)操作方法与步骤

1. 临床诊断

根据流行病学,临床症状和剖检变化进行临床诊断。传染性法氏囊病仅发生于鸡,多见于雏鸡和幼龄鸡,以3～6周龄最易感。往往突然发病,前3 d死亡不多,第5～7天死亡达到高峰,第7天后死亡减少或停止。临床主要症状为病鸡精神高度沉郁、蹲伏、不愿走动、震颤、排白色水样稀便。病鸡脱水虚弱而死亡,死亡率一般在5%～25%。强毒株感染时其死亡率可达60%以上。特征性病变是胸肌、腿肌出血,腺胃和肌胃交界处有带状出血。法氏囊水肿,比正常大2～3倍,明显出血,黏膜皱褶上有出血点,黏液较多,出血严重者法氏囊像紫葡萄。病程长的法氏囊内有干酪样物质,整个囊变硬。有的病例法氏囊萎缩。肾肿大并有尿酸盐沉积。

2. 琼脂扩散试验

(1)琼脂平板制备　琼脂1 g,氯化钠8 g,苯酚0.1 mg,蒸馏水100 mL。水浴溶化后,用5.6%碳酸氢钠将pH调到6.8～7.2,分装备用。用前将其融化,倒入平皿15 mL,制成厚约3 mm的琼脂板,冷却凝固。

(2)打孔　首先在坐标纸上画好七孔梅花形图案,如图2-1所示,把图案放在琼脂板平皿下面,按图案上标记位置打孔。孔径为3 mm,孔距为3 mm打孔切下的琼脂用针头挑出。

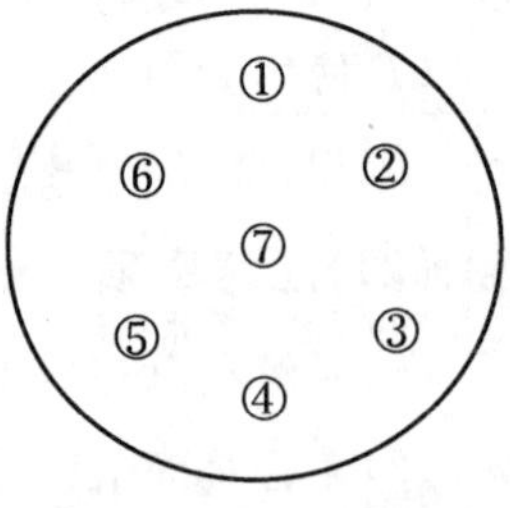

图2-1　打孔位置图

(3)加样　点样前在琼脂平皿上贴上胶布,写上日期和编号,或用记号笔标记好。中央孔加入抗原0.02 mL,1、4孔加入阳性血清,2、3、5、6孔各加入待检血清,添加至孔满为止,待孔内液体被吸干后将平皿倒置,在37 ℃条件下进行反应,逐日观察,记录结果。

(4)结果判定　外周孔与中央孔之间出现明星沉淀线者判为阳性，不出现沉淀线者判为阴性。标准阳性血清与已知抗原孔之间出现明显沉淀线者，试验方可成立。

(四)结果与分析

1. 确定最佳首免日龄

按总雏鸡数的0.5%比例采血，分离血清，用标准抗原及阳性血清进行抗体测定。若10份血清中有8份检出抗体，阳性率即为80%。按照如下测定的结果制定活疫苗的首免最佳日龄：鸡群在1日龄测定时阳性率不到80%的，在10～17日龄间首免；若阳性率达80%以上，应在7～10日龄再监测1次，此次阳性率低于50%时，在14～21日龄首免，如果阳性率在50%以上，在17～24日龄免疫。

2. 检查免疫效果

免疫后10 d进行抗体监测，血清抗体阳性率达80%以上，证明免疫成功。

任务2　禽细菌性传染病的诊断与防控

一、禽大肠杆菌病的诊断与防控(二维码2-15)

二维码2-15
禽大肠杆菌病的
诊断与防控

禽大肠杆菌病(Avian colibacillosis)是由大肠埃希氏菌(*Escherichia coli*)的某些致病菌株引起的局部或全身性感染的多种病的总称，包括大肠杆菌性肉芽肿、腹膜炎、输卵管炎、脐炎、关节炎、气囊炎、眼炎、卵黄性腹膜炎等疾病，对养禽业危害严重。其特征是引起心包炎、肝周炎、气囊炎、腹膜炎、输卵管炎、滑膜炎、大肠杆菌性肉芽肿和脐炎等病变。该病是禽类胚胎和雏鸡死亡的重要病因之一。

鸡大肠杆菌病是养鸡场最常见的细菌性疾病之一，贯穿整个养鸡周期。近年来，我国集约化养鸡业不断发展，饲养密度在增加，鸡大肠杆菌病的发病日益增多，成活率不断下降，造成肉鸡增重减慢和胴体级别下降，产蛋鸡产蛋率下降，给我国养鸡业带来了巨大的损失。由于大肠杆菌很容易产生耐药性，因此在防治方面颇为棘手。

(一)病原

大肠杆菌属于肠杆菌科埃希氏菌属，革兰氏阴性菌，不形成芽孢；大小通常为2～3 μm，本菌在病料和培养物中均无特殊排列，具有周身鞭毛，可活泼运动。

本菌对培养营养要求不高，在普通培养基中即可生长。在琼脂平板上经37 ℃培养24 h

后，形成表面光滑、边缘整齐、直径为1～3 mm、不产生色素、透明或半透明的微隆起菌落。在肉汤中生长良好，呈均匀混浊生长。在肠道鉴别培养基上形成有色菌落，有助于与肠杆菌科的其他细菌做初步鉴别。在麦康凯琼脂平板上，多数大肠杆菌呈中央凹陷的粉红色菌落；在伊红-亚甲蓝琼脂培养基上，菌落为紫黑色带金属光泽。

从禽类分离获得的大肠杆菌与其他来源的大肠杆菌的生化特性都相似。本菌分解多种糖类产酸并产气。与本科其他细菌特征性的生化区别是：分解乳糖、甘露醇、阿拉伯糖，产酸产气；不分解糊精、淀粉或肌醇；蔗糖、卫矛醇发酵不定；甲基红试验阳性，V-P试验阴性，H_2S试验阴性，靛基质试验阳性，枸橼酸盐利用试验阴性。

根据大肠杆菌的O抗原、K抗原、H抗原等表面抗原的不同，可将本菌分成很多的血清型。目前已知有173个O抗原，103个K抗原，60个H抗原。这3种抗原均用阿拉伯数字来表示。O抗原(菌体抗原)，是光滑型细菌溶解后释放出的内毒素，其化学组成是多糖-磷脂复合物。K抗原(荚膜抗原)，是含有2%还原糖的聚合酸，与细菌的毒力有关。根据K抗原的热稳定性，可将其分为L、A及B 3种。H抗原(鞭毛抗原)，由蛋白质组成，因与细菌致病力关系不大，故在大肠杆菌分离株的鉴定中不常用。一个完整的血清型应含这3种抗原的组合。目前已知有些血清型对动物是有致病性的，而有些血清型则是非致病性的，并且不同动物及不同地区流行的主要血清型不完全一样。在世界许多地区，有关血清型的调查结果表明，与禽病相关的大肠杆菌血清型有70余个，我国已发现50余种，其中最常见的血清型是O_1、O_2、O_{35}及O_{78}。

大肠杆菌能发酵多种碳水化合物，产酸产气。对外界环境的抵抗力一般，在温暖潮湿的条件下存活期不超过1个月。在寒冷而干燥中存活较久。常用的消毒剂数分钟即可将其杀死(甲醛和烧碱效力较强)。

(二)流行病学

大肠杆菌是禽类肠道的常在菌，是构成禽类正常菌群的一部分，其中10%～15%是潜在的致病血清型。垫料和粪便中存有大量的大肠杆菌，种蛋被污染时，细菌穿过蛋壳和壳膜感染是最重要来源。其次，饲料、饮水也常被致病性大肠杆菌污染，是雏鸡感染的重要原因。禽类分离到的多数大肠杆菌血清型只对禽类有致病作用，一般不引起其他动物感染。

1. 易感动物

主要是鸡、火鸡和鸭。各种禽类都有易感性。近年来鹅群感染率大为提高。各种年龄的鸡都可感染大肠杆菌病，但以雏鸡和4月龄以下鸡多发，尤其是20～45日龄鸡最易感，5月龄以上很少发病，若发病症状轻微。肉鸡比其他品种鸡易感。发病率和死亡率受各种因素影响有所不同。

2. 传染源

病鸡和带毒鸡。

3. 传播途径

本病感染有经蛋传播、经呼吸道传播和经消化道传播3种途径。

(1)经蛋传播 种蛋的蛋壳被粪便污染后,细菌可通过蛋壳上的气孔侵入蛋内,引起胚胎死亡或使孵出的雏鸡发病死亡。另外,由于卵巢感染输卵管炎在蛋形成过程中本菌进入蛋内,也可传播本病。

(2)经呼吸道传播 大肠杆菌可在鸡舍的灰尘中长期存活,鸡吸入这种含菌尘埃后经呼吸道感染。

(3)经消化道传播 病鸡的粪便污染饮水和饲料,可经消化道感染。

4. 诱因

本病一年四季均可发生,但多雨、闷热、潮湿季节多发。饲养管理不善、通风不良、卫生状况差、饲养密度过大、营养不良以及感染其他疾病等都会诱发本病。本病常继发或并发鸡支原体病、鸡白痢、传染性支气管炎、传染性喉气管炎、马立克病和鸡新城疫。

(三)临床症状和病理变化

大肠杆菌病类型复杂,根据发病年龄、侵害部位以及病程长短等表现为不同的病型。

1. 大肠杆菌败血症

大肠杆菌败血症是一种由大肠杆菌引起的类似于禽霍乱的急性传染病。各种家禽都能感染,6～10 周龄的肉鸡多发,尤其在冬季发病率高,死淘率通常在 5%～20%,严重的可达 50%。雏鸡在夏季也较多发,表现为精神萎靡,采食减少,排白、绿色稀粪并污染肛门周围羽毛,冠、髯呈暗紫色,头插在翅内,腿部干燥,短期内死亡。慢性病例冠渐萎缩,暗紫色无光泽。有的腹部膨大,触之有波动,俗称"水裆"。有的肛门周围被黄白色粪便污染,并把肛门封死,最特征的病变是肝脏呈绿色,脾明显肿大及胸肌充血。有些病例肝脏表面有白色坏死点。大肠杆菌的许多血清型在发生败血症时,常引起心包炎并伴发肝周炎。剖检时特征性病变是纤维素性心包炎,心包膜增厚、浑浊,其上有大量灰白色绒毛状的纤维素性渗出物附着。心包内充满淡黄色纤维素性渗出液,经常伴发心肌炎。肝瘀血肿大,肝浆膜上有一层白色的纤维素膜覆盖,称肝周炎。此膜剥脱后肝呈紫褐色。脾肿大、充血、质软易碎。

2. 雏鸡脐炎

雏鸡脐炎是脐部受大肠杆菌感染而引起的雏鸡病。这种感染可能发生于种蛋内,种蛋内的大肠杆菌来自种鸡卵巢和输卵管及蛋壳被粪便的污染。侵入种蛋内的大肠杆菌在孵化过程中增殖,致使孵化率降低,胚胎在孵化后期死亡,死胚增多。也可能发生在出壳后。孵出的雏鸡体弱,卵黄吸收不良,脐带炎,排出白色、黄绿色或泥土样的稀便。病雏表现为精神沉郁,羽毛蓬乱,少食或不食,腹部膨大,手摸有硬钉感,脐孔及其周围皮肤红肿,脐孔闭合不良,排绿色或灰白色水样稀粪,肛门外凸,发出尖叫声。病雏生长缓慢、发育受阻,出生后 2～3 d 死亡,死亡率一般为 20%～40%。一般 6 日龄过后死亡率降低。即使不死的鸡,也是发育迟滞。死胚和死亡雏鸡的卵黄膜变薄,呈黄泥水样或混有干酪样颗粒状物,脐部肿胀发炎。脐孔周围的皮下淤血、水肿,水肿液呈淡黄色或黄红色。脐孔开张,卵黄吸收不良,卵黄囊充血、出血,卵黄液黏稠呈黄绿色,小肠胀气,黏膜充血或出血。肝脏肿大,呈土黄色,质脆。4 日龄以后感染常见心包炎，其中急性死亡的病雏几乎见不到病变。

3. 气囊病

本病通常是一种继发性感染。鸡群感染新城疫、传染性支气管炎和支原体病时，造成呼吸道损伤，对于大肠杆菌从呼吸道侵入极其敏感，由此导致的疾病称气囊病。主要发生于 4～9 周龄的肉鸡，表现为轻重不一的呼吸道症状，剖检可见气囊壁增厚、浑浊，囊腔内有白色的干酪样渗出物。通常只要发生气囊病，很快继发心包炎和肝周炎等。

4. 卵黄性腹膜炎及输卵管炎

当左侧腹气囊感染大肠杆菌后，母鸡可发生慢性输卵管炎，其特征是输卵管壁扩张变薄，内含干酪样坏死物，呈条索状或块状，并可随时间的延长而增大，发病后几乎无产蛋能力。产蛋鸡、鸭、鹅也可能由于大肠杆菌从泄殖腔侵入而引起输卵管炎。腹膜炎可由气囊炎发展而来，也可由慢性输卵管炎引起。大肠杆菌经输卵管上行至输卵管内，并迅速生长，输卵管变薄，管内充满恶臭干酪样物，阻塞输卵管使排出的卵黄落入腹腔内而造成腹膜炎。

5. 关节炎

多见于幼、中雏鹅及肉仔鸡。多在跗关节周围呈竹节状肿胀，跛行。关节液浑浊，腔内有时出现干酶样或脓样渗出物，滑膜肿胀增厚。关节炎一般是败血症的后遗症，多数病禽可在 1 周左右康复，有些病禽转为慢性，机体逐渐消瘦。

6. 全眼球炎

为败血症的一种不常见的表现形式，尤其在鸡群发生败血症的后期。一般是病鸡的一只眼前房积脓、失明。病初眼睑肿胀、流泪、怕光。以后眼球萎缩、凹陷、视网膜脱落而失明。在临床上出现这种现象主要是在疾病过程中饲喂的饲料添加了抗生素，抑制了血液和器官中致病菌的大量繁殖，而眼屏障致药物难以渗透，使细菌在眼球定居引起眼炎。

7. 出血性肠炎

大肠埃希氏菌通常只寄生在鸡的下部肠道中。当饲养和管理失调、卫生条件不良、各种应激因素存在时，使鸡的抵抗力降低，大肠杆菌就会在上部肠道寄生，从而引起肠炎。病鸡羽毛粗乱，翅膀下垂，精神委顿，腹泻。雏鸡由于腹泻糊肛，容易与鸡白痢混淆。剖检病变主要表现在肠道的上 1/3～1/2，肠黏膜充血、增厚、严重者血管破裂出血，形成出血性肠炎。

8. 慢性呼吸道综合征

鸡先感染支原体，造成呼吸道黏膜被损害，后继发大肠杆菌的感染。病的早期，上呼吸道炎症，鼻、气管黏膜有湿性分泌物，发生啰音、咳音，严重时，发生气囊炎、心包炎，有纤维素渗出，肝脏也被纤维素物质包围，肺有肺炎，呈深黑色，硬化。

9. 皮下感染头部肿胀

表皮损伤，病原侵入，致皮下感染，扩散到关节和骨部，引起这些部位的炎症。有一些病毒感染后，继发大肠杆菌急性感染，造成头部肿胀，即肿头综合征，双眼和整个头部肿胀，皮下有黄色液体及纤维素渗出，可从局部分离出大肠杆菌。

10. 大肠杆菌性肉芽肿

病禽常无特征性症状。特征性病变是肝、盲肠、十二指肠和肠系膜出现隆起、灰白色肿瘤状小结节或块状，大小由针头至核桃大，脾脏无病变。此病虽不太常见，但个别鸡群死亡率高达75%。

11. 大肠杆菌性生殖器官病

俗称“蛋子瘟”，发生在产蛋期，主要侵害鹅的生殖器官，导致产蛋率下降30%～40%，种蛋在孵化期间出现大量臭蛋。患病母鹅粪便常常含有蛋清、蛋白或蛋黄，使排出的粪便呈蛋花汤样。主要病变为母鹅输卵管炎、卵巢炎和卵黄性腹膜炎，公鹅的阴茎肿大数倍，表面有化脓性或干酪样小结节。

(四)诊断要点

本病在临床上缺乏特征性症状，病禽只发现拉黄白色稀粪，有关节炎，有的病禽急性死亡，病理剖检可见纤维素性浆膜炎、心包炎、肝周炎、肠炎或肉芽性肿瘤样物可初步诊断。本病常与其他疾病并发，同时支原体、葡萄球菌、链球菌、沙门菌均可以引起关节炎。死亡胎儿及初雏的败血症与白痢、伤寒临床诊断无法区别，大肠杆菌肉芽肿应与马立克病、淋巴白血症及沙门菌等引起的肿瘤及坏死结节鉴别。尤其是本病易与鸡毒支原体感染相混淆：支原体感染有气囊炎、心包炎等变化，但其呼吸道症状较为突出，发病缓慢，病程长，多发生于1～2月龄鸡，两者经常相互继发或并发。因此，要确诊此病须做细菌分离、致病性试验及血清鉴定。

1. 涂片镜检

进行革兰氏染色，典型者可见单在的革兰氏阴性小杆菌，但有时在病料中很难看到典型的细菌。

2. 分离培养

如病料没有被污染，可直接用普通平板或血平板进行划线分离，如病料中细菌数量很少，可用普通肉汤增菌后，再进行划线培养。如果病料污染严重，可用鉴别培养基划线分离培养后，挑取可疑菌落，除涂片镜检外，做纯培养进一步鉴定。

3. 种属鉴定

符合下述主要性状者可确定为大肠杆菌：形态染色，革兰氏阴性小杆菌；运动性，阳性；吲哚产生试验，阳性；柠檬酸盐利用，阴性；H_2S产生试验，阴性；乳糖发酵试验，阳性。

4. 确定病原

对于已确定的大肠埃希氏菌，可通过动物试验和血清型鉴定确定其病原性。在排除其他病原感染(病毒、细菌、支原体等)，经鉴定为致病血清型大肠杆菌，或动物试验有致病性者方可认为是原发性大肠杆菌病；在其他原发性疾病中分离出大肠杆菌时，应视为继发性大肠杆菌病。

(五)防制

禽大肠杆菌病病因错综复杂,必须采取综合性防治措施才能加以控制。大肠杆菌病是一种环境性疾病,因此,加强饲养管理、搞好环境卫生是预防本病的关键。

1. 搞好环境卫生消毒工作

主要是搞好环境卫生,对禽舍和用具经常清洁和消毒,注意通风。控制鸡舍氨气、粉尘、温度、湿度,减少应激诱因。加强对粪便的处理及鸡舍空气的消毒与净化,应每天清除粪便,清扫鸡舍,保持干燥卫生,定期消毒,一般每隔 3～5 d 对鸡舍进行带鸡消毒。

2. 搞好孵化过程的卫生消毒工作

经蛋传播是本病重要的传播方式,因此应加强对蛋污染的控制。种蛋应来自无本病的鸡群,加强种蛋收集、存放和整个孵化过程的卫生消毒管理。种蛋产出后 1.5～2 h 应熏蒸消毒,淘汰有裂纹和被粪便污染种蛋,入孵前再次消毒。在种鸡场,应及时集蛋、存放,存放时间不能超过 1 周。种蛋在入孵前,落盘后以及孵化室、孵化器、出雏器均应进行严格的消毒。

3. 加强日常管理

加强饲养管理,勤换饮水,认真检查水源是否被大肠杆菌污染。对环境、饮水、空气、孵化设备应定期进行消毒;防止饲料、饲具等被粪便污染。对饲料中的大肠杆菌含量要定期监测;育雏期间应保持适宜的温度、湿度,通风要良好,防止密度过大。

4. 药物预防

对雏鸡有一定效果,一般可在雏鸡出壳后开食时,饮水中加入 0.02%～0.03%氯霉素,0.03%～0.04%庆大霉素等。保证饲料、饮水的清洁,水槽要经常清扫,必要时可在饮水中加入适当浓度的消毒药。此外,定期给鸡群投放抗生素或益生素等生物制剂,减少致病性大肠杆菌的侵入,对预防大肠杆菌病有很好的作用。

5. 其他传染病的控制

搞好新城疫、传染性支气管炎、传染性法氏囊病等的免疫以及支原体病的净化,间接地具有防止大肠杆菌感染的作用。

6. 免疫接种

对大肠杆菌病发病严重的鸡场应及时用疫苗进行免疫注射。大肠杆菌的血清型很多,在不同地区、同一地区不同鸡场甚至同一鸡场不同鸡群之间,都存在着多种不同的血清型。因此,必须选择与本地区或本场血清型一致的疫苗,提倡使用多价苗和含有地方菌株的疫苗进行免疫。对一些污染比较严重的鸡场,用药物不能控制本病时,可从本场病鸡或死鸡中分离大肠杆菌,制成自场灭活苗,对种鸡或雏鸡进行预防注射,有一定的预防作用。须进行两次免疫,第一次为 4 周龄,第二次为 18 周龄。目前预防该病应用的疫苗有以下两种:

(1)油乳剂灭活菌苗的应用　在该病发病高峰期前 10～15 d 肌内注射该菌苗 0.5～

1 mL,免疫期可维持 3～6 个月。

(2)使用蜂胶灭活菌苗免疫　免疫期可维持 6 个月。

以上两种菌苗的有效保护率均可达 80%～100%。但是这两种菌苗均是以特定的血清型菌株制备的菌苗,只能对本血清型的致病性菌株起到免疫作用。为有效地控制该病,应用大肠杆菌当地分离株制备多价灭活菌苗可收到良好效果。

7. 合理治疗

大肠杆菌对多种抗生素、磺胺类和呋喃类药物都很敏感,如庆大霉素、卡那霉素、新霉素、诺氟沙星、恩诺沙星、环丙沙星等对本病都有较好的治疗效果。敏感性最高的是恩诺沙星、强力抗、菌克星、其次是头孢菌素。但在生产中由于长期使用或大剂量使用抗菌药物,以及其他诸多原因造成抗药性菌株不断出现,许多养鸡场大肠杆菌抗药性相当严重,许多抗菌药已不能有效控制该病发生,不仅造成浪费,也造成药物残留,机体免疫功能下降等许多问题。为了有效地防治本病,治疗前首先进行药物敏感性试验,用分离出的大肠杆菌做药敏试验,选择高度敏感药物用以治疗,才能收到良好的效果。若无条件做药敏试验可选用平时未曾使用过的抗菌药物。注意合理用药,减少浪费,避免无效用药。可采取两种以上敏感药物交叉使用,不宜长时间使用一种药物,更不宜无限加大用药剂量。给药时间要早,这样既可控制早期感染的病鸡,促使其痊愈,又可防止新的疾病发生,如果病鸡已发病多日,剖检病变已很明显,则治疗效果不佳。疗程要足。

(1)阿米卡星(丁胺卡那霉素)　每升水加入 30～120 mg 混饮。每千克饲料加入 40 mg,混饲。每千克体重 30～40 mg,肌内注射。

(2)阿莫西林　每升水加入 100 mg,混饮,连用 3～5 d。

(3)氯霉素　0.1%,混饲,连用 3～5 d。

(4)环丙沙星或恩诺沙星　每升水加入 50 mg,混饮,连用 3～5 d。

(5)庆大霉素　每千克体重 500 IU,肌内注射,每天 1 次,连用 3 d。

(6)新霉素　0.02%,混饲。或 0.01%,混饮。重病鸡可以采用环丙沙星与阿莫西林、氨苄西林联用进行治疗。

二、鸡葡萄球菌病的诊断与防控(二维码 2-16)

鸡葡萄球菌病(Avian staphylococcosis)是由金黄色葡萄球菌(*Staphylococcus aureus*)引起的鸡的一种急性或慢性传染病。其发病特征是幼鸡呈急性败血症,育成鸡和成年鸡呈慢性型,表现为关节炎或肿瘤。由于鸡葡萄球菌病类型众多,在鸡场时有发生,而且具有公共卫生意义。因此,在养鸡生产中,必须对此病引起重视,以减少葡萄球菌病的发生。

二维码 2-16
鸡葡萄球菌病的诊断与防控

(一)病原

病原为金黄色葡萄球菌，属微球菌科葡萄球菌属。在自然界分布广泛，空气、尘埃、污水以及土壤中都有存在，是皮肤和黏膜的正常菌系，并且是家禽饲养和加工场所的常见微生物。金黄色葡萄球菌为革兰氏染色阳性的圆形细菌，直径为 0.7～1 μm，在病料中的菌体以单个、两个或短链状排列，在固体培养基上生长的菌体呈葡萄串状，无荚膜、无芽孢、无鞭毛。在普通培养基上生长良好，菌落形态为圆形隆起、边缘整齐、湿润、有光泽的菌落，直径为 2 mm。室温条件下葡萄球菌初期为灰黄色，以后逐渐变成金黄色。金黄色葡萄球菌耐盐性较强，在含 10%～15%的氯化钠培养基中可以生长，多数菌株在鲜血琼脂培养基上生长时，其菌落周围可形成无色透明的溶血环。金黄色葡萄球菌的抵抗力较强，在干燥的环境中可存活 3～6 个月，80 ℃条件下 30 min 可被杀死，对常用消毒药比较敏感，均可将其杀死。金黄色葡萄球菌对抗生素容易产生耐药性。

(二)流行病学

1. 易感动物

鸡葡萄球菌病各种家禽均可发生，鸡最常发，其中以 40～80 日龄育成鸡发病最多，成年鸡发病较少。在饲养方式上，平养的鸡发病较多，笼养的更多。鸭和鹅也可感染。

2. 传染源

病鸡和带菌鸡。

3. 传播途径

对家禽来说，皮肤创伤是葡萄球菌病主要的传染途径，外伤、消化道、呼吸道以及雏鸡通过脐带传播。也可通过直接接触和空气传播。外伤及发生鸡痘都会给创伤感染创造有利条件。特别是鸡痘的发生，也会给葡萄球菌病提供传播途径。

4. 诱因

鸡葡萄球菌病的发生与饲养管理水平、环境污染程度、饲养密度等因素有直接的关系。鸡群密度过大、鸡舍通风不良、饲料营养缺乏等应激因素可促进鸡葡萄球菌病的发生。周围环境中葡萄球菌数量过多，鸡体的皮肤黏膜受到诸如刺伤、扎伤等机械损伤，因患鸡痘等疾病致机体抵抗力降低，药物使用不当造成肠道菌群失调，蚊虫叮咬，一切应激因素等均可诱发本病。鸡葡萄球菌病在鸡群中的发病率和死亡率与饲养管理水平、环境卫生条件、治疗措施是否得当有很大的关系。

5. 发生季节

鸡葡萄球菌病一年四季均可发生，以多雨、潮湿的夏秋季节多发。有明显的死亡高峰，死亡率为 5%～50%。

(三)临床症状

鸡葡萄球菌病的临床表现与病原菌的种类和毒力、鸡只日龄、感染部位及机体状态有关，主要表现为急性败血症、关节炎和脐炎等类型。败血症型和脐炎型发病急，病程短，而关节炎型多呈慢性经过。

1. 急性败血型(浮肿性皮炎型)

急性败血型以 30～70 日龄的幼鸡多见，肉鸡比蛋鸡发病率高。病鸡表现为精神不振，体温升高，羽毛蓬乱，缩头闭眼，呆立，无食欲。病后 1～2 d 死亡。部分病鸡表现有下痢，排灰白色或黄绿色粪。病鸡在濒死期或死后出现的典型症状是在胸腹部、大腿和翅膀内侧、头部、下颌部和趾部可见皮肤湿润、肿胀，相应部位羽毛脱落，或用手一摸羽毛就脱掉，皮肤呈青紫色或深紫红色，触摸有波动感，皮肤自然破溃的较少见，破裂后流出褐色或紫色有臭味的液体。有时仅见翅膀内侧、翅尖或尾部皮肤形成大小不等的出血斑，或在局部形成糜烂或坏死，局部干燥呈红色或暗紫红色，无毛。这种类型最为严重，造成的损失也最大，平均死亡率为 5%～10%，严重时高达 100%。

2. 脐炎型

俗称“大肚脐”。脐炎型多见于刚出壳不久的雏鸡，因脐部闭合不全而感染葡萄球菌。雏鸡表现为腹部膨大，脐孔发炎、肿胀、潮湿，局部呈黄色或紫黑色，触摸发硬。腹部皮下水肿，有波动感，穿刺有黄褐色液体流出。脐炎型的病鸡一般在出壳后 2～5 d 内死亡，一旦发病，存活的雏鸡很少。

3. 关节炎型

关节炎型多见于育成鸡和成年鸡。感染发病的关节主要是胫、跗关节、趾关节和翅关节。发病的关节肿胀，呈紫红色，破溃后形成黑色的痂皮，有的出现趾瘤。病鸡跛行，不愿走动，不喜欢站立，多伏卧，有食欲，但因采食困难，而逐渐消瘦或衰竭而死。

4. 眼型

眼型表现为头部肿大，眼睑肿胀，闭眼，有脓性分泌物，眼结膜化脓，时间长的眼球下陷，失明，多因饥饿、踩踏，衰竭而亡。

5. 脑骨髓炎型

脑骨髓炎型多见于 10 日龄内的雏鸡。病鸡表现为扭颈、歪头、仰头、两翅下垂、腿轻度麻痹等神经症状，有的病鸡以喙着地支持身体平衡，侧向劈叉，趾严重弯曲等共济失调的症状。一般发病后 3～5 d 死亡。

6. 肺型

肺型多见于中雏。病鸡表现为呼吸困难。死亡率为 10%左右。

7. 卵巢囊肿型

无明显症状。

(四)病理变化

1. 急性败血型

特征性的肉眼病变是胸部病变，可见死鸡胸部、前腹部羽毛稀少或脱落，皮肤呈紫黑色浮肿。切开皮肤可见皮下充血和溶血，皮下组织呈弥漫性紫红色或黑红色，积有大量胶冻样粉红色水肿液，水肿可自胸、前腹延至两腿内侧、后腹部，向前可达嗉囊周围。同时，胸、腹、腿内侧见有散在的出血斑点或条纹，特别是龙骨柄处肌肉弥漫性出血更为明显，病程长的，还可见轻度坏死。除胸部皮下出血和水肿的病变以外，有些病鸡可出现肝肿大，淡紫红色，有花纹或斑驳样变化，小叶明显。病程较长的病例，肝表面可见数量不等的白色坏死点。脾偶见肿大，紫红色，病程稍长者也有白色坏死点。心包扩张，积蓄有黄白色心包液，心冠脂肪和心外膜偶见出血点。

2. 关节炎型

可见关节和滑膜炎症，表现关节肿胀，滑膜增厚，关节腔内有浆液性或纤维素性渗出物。病程较长的病例，渗出物变为干酪样物，关节周围结缔组织增生及关节变形。

3. 脐炎型

脐部肿大，呈紫红色或紫黑色，有暗红色或黄红色液体，时间稍久，则为脓样干涸坏死物。卵黄吸收不良，呈黄红或黑灰色，并混有絮状物。

4. 眼型

病例病变与生前相似。剖检时可见眼炎。少数病鸡可见鼻腔蓄脓，气囊炎及口腔有小溃疡等。

5. 脑骨髓炎型

脑部炎症。

6. 肺型

剖检特征为肺淤血、水肿和肺实质变化等。

7. 卵巢囊肿型

剖检病变为卵巢表面密布着粟粒大或黄豆大的橘黄色囊泡，自卵巢实质内衍生出3～4个鸡蛋大小、界限明显、互相连接的葡萄囊状淡黄褐色囊肿，囊腔内充满红黄色积液。输卵管肿胀、湿润，黏膜面有弥漫性的针尖大的出血，泄殖腔黏膜弥漫性出血。少数病鸡的输卵管内滞留未完全封闭的连柄畸形卵，卵表面沾满暗紫色的淤血。

(五)诊断要点

根据流行病学、各型的临床症状和病理剖检变化进行综合分析，在现场可做出初步诊断。最后确诊，还需进行实验室检查。

实验室的细菌学检查是确诊该病的主要方法。取病鸡的皮下渗出物或肝、脾、卵黄囊等，涂片、革兰氏染色、镜检，根据该病的病原学知识进行判定。同时将病料接种于血液琼脂平板进行分离培养，37 ℃培养24 h，观察菌落的特征，最后做致病性试验。即给家兔静脉注射0.1～0.5 mL纯的培养液，家兔于24～48 h死亡。剖检可见浆膜出血，肾、心脏及其他脏器有大小不等的脓肿，取病料检查可见葡萄球菌。

应注意本病与病毒性关节炎、滑液囊支原体感染、硒缺乏症等进行鉴别诊断。

(1)病毒性关节炎多发生于肉用仔鸡，常见症状为关节肿大、腿外翻和跛行，死亡率较低；葡萄球菌病的发生没有明显的肉鸡和蛋鸡的区别，蛋鸡的发病率稍高，症状为关节肿大、发热、触摸时有疼痛感、卧地不起，常因不能采食被踩踏而死，经细菌学检查可确诊。

(2)滑液囊支原体感染多发生于 9～12 周龄的鸡，跛行，死亡率很低，经血清学检查可确诊。

(3)硒缺乏症多发生于 15～30 日龄的雏鸡，渗出液呈蓝绿色。且局部羽毛不易脱落，有明显的神经症状出现；葡萄球菌病多发生于 40～60 日龄的中鸡，渗出液呈紫黑色，局部羽毛易脱落，缺乏明显的神经症状。

(六)防制

由于葡萄球菌在环境中分布广泛，该病也是一种条件性疾病。所以，加强饲养管理，严格按照鸡场操作规程作业是预防该病的关键。

(1)避免鸡发生外伤，消除葡萄球菌侵入的门户。笼具、网具上不能有尖锐物，网眼不能过大，蛋用鸡及早断喙。皮肤有外伤时，及时进行消毒处理。

(2)搞好鸡舍的环境卫生，定期用适当的消毒剂进行带鸡消毒，可减少鸡舍环境中的细菌数量，降低感染机会。

(3)加强饲养管理，饲料必须全价，供给足够的维生素和矿物质，防止鸡发生啄癖。

(4)搞好其他疾病的预防工作，如鸡痘、法氏囊病等，适时做好鸡痘的预防接种，防止继发感染。

(5)加强孵化过程中的消毒卫生工作。

(6)免疫接种，给 20～30 日龄的鸡皮下注射葡萄球菌油剂灭活苗 1 mL，2 周后产生保护力，免疫保护期 6 个月，保护率 90%。

(7)一旦怀疑该病发生，应迅速确诊，及时治疗。投药前最好进行药物敏感试验，选择高敏药物全群投药。以下药物一般来说疗效好：

①庆大霉素　每千克体重 3 000 IU，肌内注射，每天 2 次，连用 3 d。

②卡那霉素　每千克体重 10～15 mg，肌内注射，每天 2 次，连用 3 d。

③氯霉素　每千克饲料加入 1 g，混饲。连用 3 d。

④环丙沙星　每千克饲料加入 100 mg，混饲。或每升水加入 50 mg 混饮。连用 3～5 d。

此外，还可选用中药治疗本病：急性败血型可用清热泻火、凉血解毒的加味二黄汤(黄芩、黄连叶、黄柏、焦大黄、板蓝根、茜草、大蓟、车前子、神曲、甘草各等份)，按每羽每天 2 g 计算，煎汁拌料，每天 1 剂，连用 3 d；慢性关节炎、眼炎型可用活血化瘀、清热利湿的金荞麦全草或根制剂，预防量以 0.1%拌料，连喂 3 d，治疗量以 0.2%拌料，连喂 3～5 d。

三、禽沙门氏菌病的诊断与防控(二维码 2-17)

禽沙门氏菌病(Avian salmonellosis)是由沙门菌属中的某一种或多种沙门菌(*Salmonella*)

引起的禽类急性或慢性疾病的总称。沙门菌是肠杆菌科中的一个大属，有 2 000 多个血清型，它们广泛存在于人和各种动物的肠道内。在自然界中，家禽是其最主要的贮存宿主。禽沙门氏菌病根据细菌的抗原结构不同可分为 3 类：由鸡白痢沙门菌引起的疾病，称为鸡白痢；由鸡伤寒沙门菌引起的疾病，称为禽伤寒；由其他有鞭毛能运动的沙门菌引起的疾病，称为禽副伤寒。

二维码 2-17
禽沙门氏菌病的诊断与防控

其中鸡白痢和鸡伤寒有宿主特异性，主要引起鸡和火鸡发病，而禽副伤寒则能广泛感染各种动物和人类。目前，受其污染的家禽和其产品已成为人类沙门菌感染和食物中毒的主要来源之一，因此，禽副伤寒具有重要的公共卫生意义。

(一)鸡白痢

鸡白痢(Pullorum Disease)是由鸡白痢沙门菌引起的各种年龄鸡只均可发生的一种细菌性传染病。本病特征为幼雏感染后常呈急性败血症，发病率和死亡率都高，雏鸡通常表现为急性全身性感染，病鸡以精神沉郁，白痢为特征，成年鸡感染后，以局部或慢性感染、隐性感染为主。鸡白痢沙门菌可随粪便排出，因卵巢带菌，严重影响孵化率和雏鸡成活率。成鸡目前在所有饲养鸡和火鸡的地区均有本病的发生和存在。本病在世界各地经常广泛流行，严重威胁着养鸡业的发展，且是人畜共患的传染病，所以还威胁着人类的健康。

1. 病原

鸡白痢指由鸡白痢沙门菌引起的禽类感染。本菌无荚膜，不形成芽孢，是少数不能运动的沙门菌之一，为两端钝圆的细小革兰氏阴性杆菌。该菌为需氧或兼性厌氧菌，在普通的琼脂培养基和麦康凯培养基上生长良好，形成细小、光滑、湿润、边缘整齐、圆形、半透明、灰白色菌落，直径为 1～2 mm。在普通肉汤培养基中生长呈均匀混浊。由于本菌对煌绿、胆盐有较强的抵抗力，故常将这类物质加入培养基中用以抑制大肠杆菌，有利于本病的分离。鸡白痢沙门菌在煌绿琼脂上的菌落呈粉红色至深红色，周围的培养基也变为透明的红色；在 SS 琼脂上形成无色透明，圆整光滑或略粗的菌落，少数产 H_2S 的菌株会形成黑色中心；在亚硫酸铋琼脂上形成黑色有金属光泽的菌落；在伊红-亚甲蓝琼脂上生长为淡蓝色菌落，不产生金属光泽。

本菌能分解葡萄糖、木胶糖、甘露醇等，产酸产气或产酸不产气；不分解蔗糖、乳糖等；能还原硝酸盐，不能利用枸橼酸盐，吲哚阴性，少数菌株产生 H_2S，氧化酶阴性，接触酶阳性，鸟氨酸脱羧酶阳性，M. R. 试验阳性，V-P 试验阴性。

本菌有 O 抗原，无 H 抗原。其 O 抗原组合为 O1、O9、O12，其中 O12 可发生变异。由于禽类在感染后 3～10 d 能产生相应的凝集抗体，因此临床上常用凝集试验检测隐性感染和带菌者。需指出的是，鸡白痢沙门菌与鸡伤寒沙门菌具有很高的交叉凝集反应性，可使用一种抗原检出另一种病的带菌者。

本菌在适合的环境条件下可存活数年，但对热、干燥、寒冷、化学药物和常规消毒剂抵抗力较低,70 ℃ 20 min,0.3%来苏儿均可将其杀死。在 0.1%石炭酸中 3 min、2%福尔马林中 1 min 即可致死。对各种抗菌药物都有敏感性,但是很容易产生抗药性。

2. 流行病学

各种品种的鸡对本病均有易感性,以 2～3 周龄以内雏鸡的发病率与病死率为最高。近年来 50～120 日龄中雏鸡也发生较为严重的鸡白痢,随着日龄的增加,鸡的抵抗力也增强。成年鸡感染常呈慢性或隐性经过。火鸡、珍珠鸡、鸭、鹅、鹌鹑、野鸡、麻雀也可感染。重型比轻型品种的鸡易感染,母鸡比公鸡易感,产褐壳蛋的鸡比白壳蛋的鸡敏感。

一向存在本病的鸡场,雏鸡的发病率在 20%～40%,但新传入发病的鸡场,其发病率显著增高,甚至有时高达 100%,病死率也比老疫场高。本病可经蛋垂直传播,也可水平传播。病鸡通过分泌物和排泄物向外排出病菌,污染饲料和饮水及用具后,通过健康鸡的接触而传播。带菌鸡所产的蛋中约有 1/3 带有细菌,这样可将该病传给下一代。被污染的种蛋在孵化时还可污染孵化器和育雏器,从而传染给健康鸡。此外,该病还可以通过交配和皮肤伤口传播。

该病一年四季均可发生,以冬春季节多发,其发病率和死亡率差异很大。从 0～100%不等。受年龄、品种、营养、环境因素的影响,及与支原体、大肠杆菌等混合感染,均可加重发病率和死亡率。

3. 临床症状

(1)雏鸡　蛋内感染,在孵化过程中可出现死胚、弱雏或在出壳后 7 d 内死亡。出壳后感染者见于 4～5 日龄,常呈无症状急性死亡。7～10 日龄者发病日渐增多,至 2～3 周龄达到高峰。病雏绒毛松乱,怕冷寒战,常成堆拥挤在一起,翅下垂,精神萎靡,食欲下降甚至废绝,闭眼嗜睡。突出的表现是下痢,排出白色、糊状稀粪,肛门周围的绒毛常被粪便所污染,干后结成石灰样硬块,封住肛门,造成排便困难。因此,排便时发出尖叫声。如果累及肺部,肺有较重病变时,表现呼吸困难及气喘症状。有些病鸡还会出现关节肿大,出现跛行。幸存的雏鸡大多生长很慢,发育不良。成为带菌者。病程短则 1 d,一般为 4～10 d,死亡率一般为 40%～70%或更多。

(2)中鸡　多发于 40～80 日龄的鸡群。地面平养的鸡较网上和育雏笼养的鸡多发一些。中鸡发生该病受应激因素的影响大,如密度过大、气候突变、卫生条件差等。最明显的是腹泻,排出颜色不一的粪便,病程比雏鸡白痢长一些,本病在鸡群中可持续 20～30 d,不断地有个别鸡只死亡,没有死亡高峰。

(3)成年鸡　成年鸡感染后,一般不表现症状,呈隐性或慢性感染,无任何症状或仅出现轻微的症状。病鸡表现精神不振,食欲降低,但渴欲增加,冠和眼黏膜苍白,常有腹泻,有些因卵巢或输卵管受到侵害而导致卵黄性腹膜炎,出现“垂腹”现象,但产蛋率下降,无产蛋高峰。种蛋受精率下降。部分鸡排白色稀便。

4. 病理变化

(1)雏鸡　育雏早期突然死亡的雏鸡,肝脏肿大、充血,并有条纹状出血。肺充血或出血。病程稍长的死亡雏鸡可见卵黄吸收不良，内容物呈带黄色的奶油状或干酪样。特征性病变是在肝、肺、心肌、肌胃、盲肠、脾、肾等处有黄白色坏死灶和灰白色坏死结节。肝脏肿大，有条状出血，胆囊充盈；心脏常因结节而变形，有时还可见心包炎和肠炎，盲肠膨大，内有干酪样物充满，形成所谓的“盲肠芯”；肠壁增厚，常有腹膜炎变化。脾脏肿大。肾脏充血或贫血，输尿管因充满灰白色尿酸盐而明显扩张。若累及关节，可见关节肿胀，发炎。日龄稍大的病雏肺有带黄灰色的肝变区。

(2)青年鸡　突出的变化是肝明显肿大，有的较正常肝脏大数倍。打开腹腔后可看到整个腹腔被肝脏覆盖。瘀血呈暗红色，或略呈土黄色，质脆易破，表面散在或密布灰白、灰黄色坏死点，有的肝被膜破裂，破裂处有凝血块，腹腔内亦有血块或血水。心肌上有数量不等的坏死灶。

(3)成年鸡　成年母鸡主要变化是发生在生殖系统。慢性经过的病鸡主要表现在卵巢，最常见的病变为卵泡变形、变色和呈囊状，卵泡的内容物变成油脂样或干酪样，卵黄性腹膜炎及腹腔脏器粘连，常有心包炎，心包液增多且浑浊，严重时心包膜增厚且不透明。公鸡的病变仅限于睾丸和输精管，睾丸极度萎缩，有小脓肿，输精管管腔增大，充满黏稠的渗出物。极少数病鸡肝脏显著肿大，质地极脆，往往发生肝脏破裂，引起急性内出血，造成病鸡突然死亡

5. 诊断要点

鸡白痢的诊断主要依据本病在不同年龄鸡群中发生的特点，以及病死鸡的主要病理变化，不难做出初步诊断。雏鸡白痢应与禽曲霉菌病进行鉴别诊断。两者肺部均有结节，但曲霉菌病的结节明显突出于肺表面，柔软有弹性，内容物呈干酪样，且肺、气囊、气管等处有霉菌斑。但成年鸡及青年鸡常为隐性带菌者，无可见症状，只有在鸡白痢沙门菌分离和鉴定之后，才能做出对鸡白痢的确切诊断。

(1)血清学诊断　主要用于鸡场鸡白痢的检疫。成年鸡及青年鸡常为隐性带菌者，无可见症状。必须对整个鸡群进行血清学诊断，才能查出感染鸡。常用的方法有全血平板凝集反应试验、血清或卵黄试管凝集试验、ELISA 等。可以根据不同的要求和目的选择使用，但临床上最常用的方法是全血平板凝集反应试验。

(2)细菌分离　主要用于实验室确诊，病料可取病死鸡的肝、脾、未吸收的卵黄、病变明显的卵泡等。雏鸡以肝为最好。一部分病料直接在 SS 琼脂或麦康凯琼脂平板上划线分离；另一部分接种于四硫磺酸钠煌绿增菌培养基或亚硒酸钠煌绿增菌培养基增菌液中，37 ℃培养 24～48 h，在麦康凯或 SS 琼脂平板上若出现细小、无色透明、圆形、光滑的菌落，即可判为可疑菌落。若在鉴别培养基上无可疑菌落出现时，应从增面培养基中取菌液在鉴别培养基上划线分离，37 ℃培养 24～48 h，若有可疑菌落出现，则做进一步鉴定，如果已用过大剂量抗生素治疗再取病料进行细菌的分离鉴定，则往往分离不到细菌。

(3)细菌的鉴定　将可疑菌落穿刺接种三糖铁琼脂斜面并在斜面上划线，同时接种半固体培养基，37 ℃培养 24 h 后观察，若无运动性，并且在三糖铁琼脂培养基上出现阳性反应

时，则进一步做血清学鉴定。

取可疑培养物接种三糖铁琼脂斜面，37 ℃培养 18～24 h，先用 A-F 多价 O 血清与培养物做平板凝集反应，若呈阳性反应，再分别用 O9、O12、H-a、H-d、H-g. m 和 H-g. p 单价因子血清做平板凝集反应，如果培养物与 O9、O12 血清呈阳性反应，而与 H-a、H-d、H-g. m 和 H-g. p 因子血清呈阴性反应，则鉴定为鸡白痢沙门菌或鸡沙门菌。

6. 防制

目前此病尚无有效疫苗。预防鸡白痢病的关键在于清除种鸡群中的带菌鸡，同时结合卫生消毒和药物防治，才能有效地防治本病。

(1)鸡白痢主要是通过种蛋传播的，因此，消灭种鸡群中的带菌鸡是控制本病的最重要措施。挑选健康种鸡、种蛋、建立健康鸡群，坚持自繁自养，慎重地从外地引进种蛋。在健康鸡群，定期用血清凝集试验抽查检疫。种鸡的第一次检疫在 140～150 日龄进行，若阳性率为 5%～10%，间隔 30 d 再进行一次普检，第二次普检阳性率没有达到规定的标准(0.1%～0.3%)，还需普检或抽检。若阳性率在 0.1%～0.3%范围内，建议在产蛋高峰后 300～350 日龄再进行一次普检。有必要的话，可以在产蛋后期进行一次抽检。检出的阳性鸡应坚决淘汰。

(2)孵化时，用季胺类消毒剂喷雾消毒孵化前的种蛋，拭干后再入孵。不安全鸡群的种蛋，不得进入孵房。孵化用的种蛋必须来自凝集试验阴性的母鸡和公鸡，要求种蛋每天收集 4 次(即 2 h 收集 1 次)，收集的种蛋放入种蛋消毒柜，用 40%甲醛溶液 30 mL/m^3，高锰酸钾 15 g/m^3，30 min 熏蒸消毒，然后再送入蛋库中贮存。种蛋入孵化器后进行第 2 次熏蒸，排气后按孵化规程进行孵化。当出雏 60%～70%时，用 40%甲醛溶液 7 mL/m^3 对雏鸡进行消毒。鸡舍及一切用具要经常清洗消毒，鸡粪要经常清扫，集中堆积发酵。

(3)加强育雏饲养管理卫生，鸡舍及一切用具要注意经常清洁消毒。

(4)药物预防，雏鸡出壳后用福尔马林 14 mL/m^3，高锰酸钾 7 g/m^3，在出雏器中熏蒸 15 min。用 0.01%高锰酸钾溶液作饮水 1～2 d。在鸡白痢易感日龄期间，用少量抗生素进行预防本病的发生。

(5)药物防治，青霉素、链霉素、土霉素对鸡白痢几乎无效，常用的敏感药物有氯霉素 0.1%，混饲，连用 5～6 d；呋喃唑酮 0.04%，混饲，连用 5～6 d；诺氟沙星每升水加入 0.1 g，混饮，连用 7 d；

(二)禽伤寒

禽伤寒(Avian typhoid)是由鸡伤寒沙门菌引起鸡、鸭和火鸡的一种急性或慢性败血性传染病。特征是黄绿色腹泻、肝脾肿大，呈青铜色(尤其是生长期和产蛋期的母鸡)。

1. 病原

伤寒沙门菌，为沙门菌属成员。本菌为革兰氏阴性、兼性厌氧、无芽孢菌，菌体两端钝圆、中等大小、无荚膜、无鞭毛、不能运动。

鸡伤寒沙门菌具有与鸡白痢沙门菌相同的菌体抗原 O1、O9、和 O12 但没有 O12 的变异发生，不过二者具有很高的交叉凝集反应，可使用一种抗原检出另一种病的带菌者。

本菌对干燥、腐败、日光等环境因素有较强的抵抗力，在水中能存活 2～3 周，在粪便中能存活 1～2 个月，在冰冻的土壤中可存活过冬，在潮湿温暖处虽只能存活 4～6 周，但在干燥处则可保持 8～20 周的活力。该菌对热的抵抗力不强，60 ℃ 15 min 即可被杀灭。对各种化学消毒剂的抵抗力也不强，常规消毒药及其常用浓度均能达到消毒的目的。

2. 流行病学

病鸡和带菌鸡是主要传染源。本病主要感染鸡，尤以 1～5 月龄青年鸡以及成年鸡最易感，种鸡群如有禽伤寒阳性鸡，像鸡白痢一样，死亡可从出壳时开始，1～6 月龄可造成严重损失，常被当作鸡白痢，与鸡白痢不同的是，伤寒病雏除急性死亡一部分外，其余还经常零星死亡，持续到产蛋年龄，而鸡白痢对年龄较大的雏鸡常不致死。火鸡、鸭、珍珠鸡、孔雀、鹌鹑、松鸡、雉鸡也可感染。

病鸡的排泄物含有病菌，污染饲料、饮水、栏舍等可散播此病。主要经消化道感染和通过感染种蛋垂直传播，也可通过眼结膜感染，带菌的鼠类、野鸡、蝇类和其他动物也是传播病菌的媒介。

3. 临床症状

潜伏期 4～5 d。发病率高，死亡率 10%～15%，有的达 90%。

(1)雏鸡与雏火鸡　如果在胚胎阶段感染，常造成死胚或弱雏，在育雏期感染，病雏表现为嗜睡、生长不良、虚弱、食欲不振、怕冷聚堆、排白色稀便，与肛门周围羽毛黏附着。由于疾病波及肺部，因而可见到呼吸困难或张口喘气，与雏鸡白痢不易区别。

(2)青年鸡与成年鸡　本病主要发生于青年鸡、成年鸡。鸡群中暴发急性禽伤寒时，最初表现为饲料消耗量突然下降、鸡的精神萎靡、羽毛松乱、头部苍白、鸡冠萎缩。感染后的 2～3 d 内，体温升高 1～3 ℃，并一直持续到死前的数小时。病鸡排黄绿色稀便。感染后 4 d 内出现死亡，但通常是死于感染后 5～10 d 之内，死亡率较低，康复鸡往往成为带菌者。亚急性或慢性经过者症状不典型，主要表现为长期腹泻、食欲不振、消瘦。

(3)火鸡　暴发禽伤寒时，表现为渴欲增加、食欲不振、无精打采、离群以及有绿色或黄绿色下痢。体温升高，可高达 44～45 ℃。死前体温可降到低于正常。没有明显的上述症状也可发生死亡。初发本病时死亡严重，随后便是间歇性复发，死亡也不太严重。

4. 病理变化

死于禽伤寒的雏鸡病变与鸡白痢时所见相似，成年鸡最急性病例无眼观变化，急性病例最特征的变化是肝、脾、肾充血肿大，亚急性和慢性病例，特征病变是肝肿大呈青铜色，其他病变包括：肝和心肌中有灰白色粟粒大坏死灶。卵泡破裂引起的腹膜炎，卵泡出血、变形变色。

5. 诊断要点

根据流行病学、临床症状及病理变化可以做出初步诊断，但确诊必须通过病原菌的分离培养鉴定、生化试验以及血清学试验，其方法与鸡白痢沙门菌诊断相同。

6. 防制

本病的防治措施可参考鸡白痢来进行，其关键在于：加强饲养管理，搞好环境卫生，最大限度地减少外来病菌的侵入；通过一系列净化措施，建立起健康种鸡群，从根本上切断本病传播的途径；合理使用药物进行预防和治疗。在本病发生时，隔离病禽，焚烧或深埋尸体，严密消毒鸡舍与用具，以防止禽伤寒及其他传染病引入禽群。

（三）禽副伤寒

禽副伤寒（Avian paratyphoid）是由除鸡白痢沙门菌和禽伤寒沙门菌之外的其他血清型的沙门菌引起的细菌性传染病，主要危害鸡和火鸡，其特征是下痢和内脏器官灶性坏死。常引起幼禽严重的死亡，母禽感染后会引起产蛋率、受精率和孵化率下降，往往引起严重的经济损失。由于除家禽外，人也能感染致病，引起人的食物中毒，并被认为是影响最广泛的人兽共患病之一。

1. 病原

引起禽副伤寒的沙门菌常见的有六七种，其中最主要的是鼠伤寒沙门菌。各种家禽都可感染，以鸡和火鸡最常见。

副伤寒沙门菌为兼性厌氧菌，10～42 ℃能生长，最适生长温度为 35～37 ℃，最适生长 pH 为 6.8～7.8。这一类细菌对营养的要求不高，能在普通牛肉浸液或琼脂培养基上生长。用煌绿、麦康凯琼脂可直接分离继代。该菌在营养琼脂上可形成圆形、光滑、湿润、微隆起、闪光、边缘光滑、直径 1～2 mm 的菌落。有时在新分离的菌株和保存于实验室人工培养基上的菌株中可见到粗糙型菌落，其边缘不整齐、表面干燥。光滑型的肉汤培养物出现没有菌膜和极少沉淀的均匀浑浊。粗糙型培养物在肉汤中培养后就有大量颗粒状沉淀，而且上清液澄清。

副伤寒沙门菌的抵抗力不强，在 60 ℃ 15 min 可被杀死；碱、酚类以及甲醛等常用消毒药对其也有很好的杀灭效果。但本菌在外界环境中生存和繁殖的能力很强，有报道，在粪便和蛋壳上能保持活力约 2 年，在土壤中可存活 280 d 以上，在水中可生存 119 d。这成为本病易于传播的一个重要因素。

2. 流行病学

在家禽中，副伤寒感染最常见于鸡和火鸡。常在孵化后两周之内感染发病，6～10 d 达最高峰。呈地方流行性，病死率从很低到 10%～20%不等，严重者高达 80%以上。1 月龄以上的家禽有较强的抵抗力，一般不引起死亡。成年禽往往不表现临床症状。火鸡的副伤寒感染，可偶尔经卵巢直接传递，卵感染率低。鸡经卵巢直接传递并不常见，在产蛋过程中蛋壳被粪便污染或在产出后被污染，对该病的传播具有极为重要的影响。感染鸡的粪便是最常见的病菌来源。

3. 临床症状及病理变化

中鸡和成年鸡的急性经过者突然停食，精神沉郁，羽毛松乱，排黄泥色稀粪，鸡冠和肉垂苍白，贫血、萎缩。体温上升1～3 ℃。病鸡迅速死亡，或在发病后4～10 d死亡。自然发病的死亡率为10%～15%或更高。2周龄以内的雏鸡发病症状与鸡白痢相似，但死亡率更高。

剖检发现急性病例的肝、肾肿大，暗红色。亚急性和慢性病例肝肿大，青铜色。脾脏肿大，表面有出血点，肝和心肌有灰白色粟粒状坏死灶，心包炎。小肠黏膜弥漫性出血，慢性病例盲肠内有土黄色栓塞物，肠浆膜面有黄色油脂样物附着。雏鸡感染见心包膜出血，脾轻度肿大，肺及肠呈卡他性炎症。成年鸭感染后，卵巢和卵黄与成年母鸡相似，都与成年鸡白痢相似。

4. 诊断要点

根据流行病学、临床症状和病理变化可以做出初步的诊断。确诊需做病原分离与鉴定。本病应注意与鸡白痢、鸡伤寒进行鉴别诊断(表2-4)。

表2-4　鸡副伤寒与鸡白痢、鸡伤寒的鉴别诊断

项目	鸡白痢	鸡伤寒	鸡副伤寒
发病日龄	3周龄内多发，死亡高峰在2～3周	3周龄以上多发，雏鸡死亡率高	3周龄内多发，死亡高峰在20日龄
主要症状	排绿色稀粪，易堵肛门，畏寒、扎堆、呻吟、缩头、闭眼、口渴	排黄绿色稀粪，精神萎靡、离群独立、冠髯苍白、嗜睡、饮欲增加	排水样稀粪、畏寒、扎堆、口渴、结膜炎、流泪、嗜睡
剖检变化	肝、脾、心肌有白色坏死灶。肿胀轻，肝有条状出血。卵黄吸收不良。呈黄绿色，肾淤血肿大，暗紫色，小肠可见到卡他性炎症，盲肠膨大。内有白色干酪样凝固物	肝肿大2～3倍，呈青铜色，脾肿大，胆囊充满胆汁，肝、脾、心肌有白色坏死灶。心包积液，卵黄凝固，肾土黄色。肠内容物黏稠呈黄绿色，肠道可见到卡他性炎症	肝、脾肿大，淤血，肝表面有纤维素性渗出，胆囊充盈膨大。卵黄吸收不好，心包粘连发炎，肠道可见到出血性炎症

5. 防制

药物治疗可以降低禽副伤寒的病死率，并可控制该病的发展和扩散。治疗方法与鸡白痢相同。但不能完全消灭本病。氟喹诺酮类药物、氨苄青霉素，磺胺类药物、多西环素、氟苯尼考、庆大霉素、阿米卡星、链霉素等对本病具有很好的治疗效果。由于不同的沙门菌对药物的敏感性不同，因此，有条件的禽场最好在药敏试验的基础上筛选最有效的药物。对急性病例，要迅速隔离、对死禽及病重濒死的禽只应立即淘汰、深埋或焚烧，并严格消毒防止疫情扩散。但治愈后家禽可成为长期带菌者，因此治愈的幼禽不能留作种用。

为了防止该病从畜禽传染给人，病畜禽应严格执行无害化处理。加强屠宰检验，特别是急宰病畜禽的检验和处理。向群众宣传，肉类一定要充分煮熟，家庭和食堂保存的食物注意防止鼠类窃食，以免其排泄物污染。饲养员、兽医、屠宰人员以及其他经常与畜禽及其产品接触的人员，应注意卫生消毒工作。

四、传染性鼻炎的诊断与防控（二维码 2-18）

鸡传染性鼻炎（Infectious coryza，IC）是由副鸡嗜血杆菌（*Haemophilus paragallinarum*，HPG）引起的鸡的一种急性呼吸道传染病，其特征是鼻腔和鼻窦黏膜发炎、流泪、打喷嚏、流鼻液，眼睑水肿、眶下窦肿胀、颜面肿胀，结膜炎等。本病可在育成鸡群和蛋鸡群中发生，其所造成的经济损失包括鸡只生长停滞、淘汰率增加，以及产蛋量显著下降（10%～40%），给养鸡业带来较大危害。本病呈世界性分布，最早于 1927 年发生于波兰，以后各地均有流行。以处于温带的国家和地区最常见。1960 年日本各地曾暴发流行。80 年代初期，我国极少有本病发生的报道。近年来，国内已有十多个省、市报道了本病不同程度的流行。且传播迅速，病程较长，损失较大。

二维码 2-18
传染性鼻炎的
诊断与防控

（一）病原

副鸡嗜血杆菌为革兰氏阴性的多形性两端钝圆的小杆菌，不形成芽孢，无荚膜、鞭毛，不能运动。有毒力的菌株可能带有荚膜。24 h 的培养物，菌体为杆状或球杆状，大小为（0.4～0.8）μm×（1.0～3.0）μm，并有成丝的倾向。本菌多呈单个存在，有时成对或成短链状排列。本菌为兼性厌氧菌，在含 5% CO_2 的条件下才能生长良好，最适培养温度为 34～42 ℃。副鸡嗜血杆菌还可在 7 日龄的鸡胚卵黄囊中生长，并于 24～48 h 内致死鸡胚，死胚的尿囊液和卵黄囊中含有大量细菌。该菌能发酵葡萄糖、半乳糖、甘露糖、果糖、蔗糖、麦芽糖等，产酸不产气，个别情况下还能发酵甘露醇和蕈糖，但不发酵乳糖、菊糖、木胶糖和杨苷。本菌不产生硫化氢和靛基质，不液化明胶，不还原硝酸盐，石蕊和亚甲蓝牛乳不变色，过氧化氢酶阴性等。

副鸡嗜血杆菌主要存在于病鸡的鼻、眼分泌物及脸部肿胀组织中。它对外界环境的抵抗力很弱，对热、阳光、干燥及常用的消毒药均十分敏感。在自然环境中数小时即死。在 45 ℃下存活时间不超过 6 min。但该菌对寒冷抵抗力强，低温下可存活 10 年，因此菌种的长期保存最好采用真空干燥形式。鼻液中的菌浮游在水中，4 h 就可死亡。病料暴露于 37 ℃的条件下，24 h 就可失去感染力。－20 ℃时能存活 1～3 个月。

（二）流行病学

本病发生于鸡和珍珠鸡，其他禽类不会感染。各日龄鸡均可感染，多发于育成鸡和成年鸡。产蛋鸡易感，2～6 周龄的雏鸡对其抵抗力较强，不易感，随着日龄的增加，易感性增强。

病鸡和带菌鸡是本病的主要传染源。健康鸡吸入病鸡咳出的病原菌通过飞沫、尘埃经呼吸道感染是其最重要的传播途径之一，也可通过污染的饲料和饮水经消化道传播，但不经蛋传播。

传染性鼻炎的一个特征是潜伏期短，接种培养物或分泌物后 24～48 h 内即可发病。发病率高而死亡率低，一旦发病，短时间内便可波及全群，同一鸡场中，一栋鸡舍发病，其他鸡舍几乎无一幸免。一般发病率可达70%～100%。但死亡率较低，当有其他疾病混合感染时，死亡率增加。

因此本病虽一年四季均可发生，但仍以寒冷的冬春季多见。

(三)临床症状

本病的潜伏期较短，自然感染时为1～3 d，经鼻腔和鼻窦人工感染时为16～48 h。主要表现为鼻炎和鼻窦炎。病鸡首先表现为甩头和流鼻涕，温和型的仅表现为轻微的呼吸道症状和产蛋量下降，鼻中流出浅灰色浆液性分泌物，没有全身反应。严重的病鸡表现为精神萎靡、羽毛蓬乱、蜷伏不动、食欲减少或不食。鼻中流出黏性分泌物，并有明显的臭味，在鼻孔周围形成淡黄色干痂。病鸡不断甩头、打喷嚏、结膜发炎、眼睑肿胀、面部水肿，公鸡可蔓延到肉垂、肉髯水肿。严重时眼睑分泌物粘连，而不能睁开，引起失明。与败血支原体病、鸡痘、传染性支气管炎等病并发感染时，上呼吸道的炎症可蔓延到气管和肺部，病鸡出现啰音和呼吸困难，从而使病情加重。病鸡可能出现腹泻，逐渐消瘦而衰竭，在发病初期鸡群死亡率不明显，但到病后期由于混合或继发感染，病鸡死亡率增加10%～20%。个别病鸡可能出现胸膜炎，伴发急性神经症状而死亡。

雏鸡和育成鸡患病后生长发育受阻，淘汰率显著增加。产蛋鸡的产蛋率急剧下降，一般下降10%～40%，严重时下降90%，甚至停止产蛋。若经过及时治疗，则产蛋量逐渐回升，但恢复不到原来水平。该病的病程长短不一，短的数天，长的可达数月。这取决于饲养管理水平、鸡的健康情况、鸡舍环境状况、有无并发症等。

(四)病理变化

本病的病理变化主要集中在面部、眼睑和肉髯等部位。病鸡面部肿胀，鼻腔和鼻窦发生急性卡他性炎症、黏膜充血、发红、肿胀，内有大量黏液和炎性渗出物的凝块。一侧或两侧眶下窦肿胀，窦腔内有大量的浆液性、黏液性或脓性的干酪样渗出物，严重的常使病鸡的眼睑明显肿胀、向外凸出，甚至眼球萎缩，眼睛失明。结膜有卡他性炎症、肿胀、眼睑粘连，肉垂皮下水肿。有时可见肺炎和气囊炎。有继发感染时则出现其他相应的病变。病的后期气管和支气管可见渗出物。其他器官如心、肺、肝、肾、胃肠等均无严重病变。

(五)诊断要点

根据流行病学、临床症状、病理变化可以做出初步的诊断。确诊需进行实验室检查，包括涂片、镜检、病原分离培养、血清学试验和易感鸡接种。

1. 病原的分离与鉴定

取病鸡眼、鼻腔、眶下窦分泌物，涂片，染色镜检，发现有革兰氏阴性球杆菌，且呈多形性存在，偶尔呈纤丝状；以无菌操作采集病鸡鼻腔分泌物直接划线接种于巧克力琼脂平板，经37 ℃、10% CO_2 环境中培养48 h，形成光滑、突起、淡灰、半透明、直径0.5～1.0 mm的菌落，挑取单个菌落涂片镜检，细菌仍为革兰氏阴性，多形性存在，有些呈丝状；挑取上面单个菌落接种于血琼脂平板上，再将金黄色葡萄球菌接种其上，于37 ℃、10% CO_2 条件下培养

24 h，发现葡萄球菌菌落近处的被检菌菌落呈明显卫星现象生长；将该菌接种生化培养基中，可分解葡萄糖、果糖、蔗糖、甘露醇、山梨醇，产酸，吲哚试验、尿素酶试验、过氧化氢酶试验均为阴性，能还原硝酸盐，不液化明胶；最后将细菌培养物经窦内途径接种 3 只健康易感鸡进行动物实验，48 h 后发现接种鸡出现流鼻液、面部水肿等典型鼻炎症状。

2. 血清学诊断

可用平板凝集试验、补体结合试验、琼脂扩散试验、血凝抑制试验、荧光抗体技术、ELISA 等方法进行实验室诊断。

3. 鉴别诊断

(1)鸡传染性鼻炎与传染性支气管炎鉴别诊断　传染性支气管炎时雏鸡发病重，呼吸症状明显，流鼻液，无头部肿胀。肾型传染性支气管炎，肾肿大、苍白，输尿管有多量尿酸盐沉积，药物治疗无效，病死率高，患病成年鸡呼吸症状不明显，产蛋量急剧下降，蛋品质下降，蛋清稀薄如水，浓蛋白层消失。蛋白稀薄如水，畸形蛋增多。

(2)鸡传染性鼻炎与传染性喉气管炎鉴别诊断　传染性喉气管炎多见于成年鸡，出血性炎症，呼吸困难，咯血，气管黏膜出血性坏死，久病鸡喉气管黏膜带一层干酪样假膜，无头部肿胀，抗生素和磺胺类药物治疗无效。

(3)鸡传染性鼻炎与支原体病鉴别诊断　支原体病发病慢，呼吸道症状明显且时间较长，一般数周或数月，并且精神和采食变化不大，气囊发炎、混浊、增厚，囊腔内附豆腐渣样分泌物，而传染性鼻炎气囊无此病变。

(4)鸡传染性鼻炎与维生素 A 缺乏症鉴别诊断　维生素 A 缺乏症的病鸡趾爪蜷缩，眼睛流出乳样分泌物，喙、小腿颜色变淡。剖检可见鼻腔、口腔、食道以致嗉囊的黏膜表面有大量白色小结节，严重时结节融合成一层灰白色的伪膜覆盖于黏膜表面。

(六)防制

1. 加强饲养管理

加强鸡群的饲养管理，搞好鸡舍通风和清洁卫生，这是控制该病的重点，诸如鸡舍注意通风、鸡群密度不能过大、防止寒冷和潮湿、饲养时适当添加维生素 A。鸡舍彻底消毒，空舍 1～2 周再进新鸡。病愈鸡与健康鸡隔离或淘汰，不留种用。本病发生后，应做好隔离和消毒工作。

2. 免疫接种

目前，主要使用的是鸡传染性鼻炎油佐剂灭活苗，该疫苗的免疫程序一般是雏鸡 30～40 日龄时首免，每只鸡皮下或肌内注射 0.3 mL。18～20 周龄进行第二次免疫接种，每只鸡注射 0.5 mL。疫区在免疫时应先投 5～7 d 的抗菌类药物，以防带菌鸡发病。可保护整个产蛋期。

3. 药物防治

鸡群一旦发病要及时治疗，虽不易根治，但可迅速控制病情蔓延，改善鸡群的精神和饮食状况，减少继发感染。治疗上首选磺胺类药物。大群治疗时，可在饲料中加入 0.5%磺胺二甲基嘧啶，或在水中加入 0.1%磺胺二甲基嘧啶。连续用药 3 d，再停药 3 d，再用药 3 d，可取得较满意的治疗效果。也可使用红霉素，饮水浓度为 0.4%，全群饮用，连续用 5 d。个别治疗时可采用肌内注射的方法。成年鸡每只每天注射 15 万～20 万 IU 链霉素或 2 000～3 000 IU 庆大霉素，雏鸡 10 万 IU 的量注射链霉素，连用 3 d，有较好的疗效。

各种磺胺类药物和抗生素对减轻本病的严重程度和缩短病程都有作用，但产蛋鸡禁止使用磺胺类药物。在饮水中添加电解多维或维生素 C 也有助于病鸡的康复。在治疗的同时采取带鸡消毒和饮水消毒，可减少该病的传播。

五、禽巴氏杆菌病的诊断与防控（二维码 2-19）

禽巴氏杆菌病（Avian pasteurellosis）又称禽霍乱（Fowl cholera，FC）、禽出血性败血症，俗称为禽出败。是由某些血清型的多杀性巴氏杆菌（*Pasteurella multocida*）引起的一种主要侵害鸡、鸭、鹅、火鸡等禽类的接触性传染病。急性病例主要表现为突然发病、下痢、败血症症状及高死亡率，剖检特征是全身黏膜、浆膜小点出血，出血性肠炎及肝脏的坏死点；慢性病例的特点是鸡冠、肉髯水肿，关节炎，病程较长，死亡率低。该病在世界上大多数国家都有分布，呈散发性流行，是家禽常见病之一。在我国，广大农村的鸡、鸭群中时有发生，造成一定的经济损失，是严重危害养禽业的一种传染病。

二维码 2-19
禽巴氏杆菌病的
诊断与防控

（一）病原

禽霍乱的病原体为多杀性巴氏杆菌，本菌为卵圆形的短小杆菌，少数近于球形，无鞭毛，革兰氏染色阴性，多呈单个或成对存在。在组织、血液和新分离培养物中的菌体呈明显的两极着色，许多血清型菌株有荚膜，用亚甲蓝、瑞氏染色均可着色。病料组织或血液涂片用亚甲蓝染色镜检，菌体两端浓染，呈明显的两极染色，这一染色特点有诊断意义。人工培养后的有荚膜菌株及弱毒株，荚膜不明显或消失。巴氏杆菌为需氧兼性厌氧菌。在普通培养基上可生长，经 37 ℃培养 18～24 h，可见灰白色、半透明、光滑、隆起、湿润、边缘整齐的露滴状小菌落。在鲜血琼脂、血清琼脂上培养，生长良好，不溶血。在肉汤中培养时，初期呈均匀混浊，24 h 后上清清亮，管底有灰白色絮状沉淀，轻摇时呈絮状上升。新分离的细菌接种在马丁琼脂平皿上，通过 45°折光观察，可见菌落有荧光，菌落呈橘红色带金光，边缘有乳白色光带，边缘整齐，称为 Fo 型菌落，致病力强；另一类菌落呈蓝绿色而带金光，边缘有红黄色光带，称为 Fg 菌落，致病力较弱。该菌可分解果糖、甘露糖、蔗糖，产酸不产气；不能分解肌醇、鼠李糖、乳糖；靛基质、过氧化氢酶、氧化酶和硝酸盐还原阳性，尿素酶阴性，不液化明胶。

巴氏杆菌根据不同株的荚膜抗原提取物附于红细胞上，做细胞被动凝集试验，可将其分为 A、B、C、D、E 等 5 型。禽霍乱主要由 A 型（菌）所致。巴氏杆菌对外界环境抵抗力不强，阳光照射、干燥、加热、常用消毒药均可将其杀死。60 ℃加热 20 min 死亡，直射阳光下 10 min 则被致死。在 1%福尔马林、5%的生石灰水、1%的漂白粉中 1 min 就能杀死，百毒杀、过氧乙酸等都可迅速杀灭该菌。本菌对大多数抗生素类、呋喃类及其他药物如喹乙醇、诺氟沙星等抗菌药物敏感，可用于防治本病。

（二）流行病学

各种家禽都能感染，以鸡、鸭最易感，鹅易感性较差。虽然成年禽与幼禽都感染，但 2 月龄以内的鸡很少发病，2～4 月龄的鸡和成年产蛋鸡较易感染。公鸡比母鸡易感。地面平养鸡和条件差的小型鸡场发病率高。鸭则是以 1 月龄以内雏鸭发病和死亡率高。鸡、鸭可互相传染。病禽和带菌禽是本病的主要传染源，其排泄物和分泌物都含有大量病菌。本病传播途径较多，主要是消化道，其次是呼吸道，也可经皮肤伤口和带菌的吸血昆虫叮刺皮肤感染。病源菌随着病鸡的分泌物和排泄物排出，污染的饲料、饮水、禽舍、器具、车辆等均可引起传染。本病一年四季都可发生，但在高温、潮湿、多雨的夏、秋两季最容易发生。病的传播比鸡新城疫稍缓慢，且有间隔，往往鸡群中有部分鸡发病死亡后，间隔数日后再有病死鸡出现，或每日发现少数鸡死亡。

病原体在自然界和健康禽体的呼吸道中存在，正常情况下并不发病，一旦遇到饲养管理不当、气候变化、通风不良、营养缺乏等不良因素的影响，使禽体抵抗力降低时，病原菌毒力增强，便可发病。本病可通过病禽和带菌禽的排泄物和分泌物、污染的饲料、饮水经消化道传染，也可通过病禽咳出的飞沫经呼吸道和创伤传染。昆虫、鸟类，甚至人都是机械的带菌者。该病发病季节不明显，有的地方以春、秋两季多发，有的地区以夏末秋初多发。

（三）临床症状

自然感染的潜伏期为 2～9 d。按病程一般分为最急性型、急性型和慢性型 3 种。

1. 最急性型

常于流行初期，以肥壮鸡和产蛋高的鸡最常见。发现禽群突然死亡，有时只见病禽沉郁，不安，倒地挣扎，拍翅抽搐而死。该型最大特点是生前看不到任何症状，突然倒地，翅膀拍打几下即死亡。或死前不久体温升高，鸡冠呈紫色。病程短者数分钟，长者也不过数小时。

2. 急性型

此型最为常见，病鸡体温升高到 43～44 ℃，精神沉郁，缩头闭眼，离群呆立，羽毛松乱，不食，口渴，缩颈闭眼，头藏于腹下。鸡冠及肉髯发钳呈黑紫色，呼吸急促，口、鼻中流出带泡沫的黏液，呼吸困难，张口吸气时发出“咯咯”声；病鸡腹泻，排出污黄色、灰白色或绿色，甚至混有血液的腥臭稀粪。最终衰竭死亡，病程仅 1～3 d，病死率很高，侥幸耐过的鸡可能转为慢性感染，也可能康复。鸭常以病程短促的急性型为主，症状与鸡基本相似。病鸭还表现为不愿下水，精神沉郁，停止鸣叫，眼半闭，少食或不食，口渴，鼻和口中流出黏液，呼吸困难，张口呼吸，常常摇头企图排出积在喉头的黏液，故有“摇头瘟”之称。个别病鸭两脚瘫痪，不能行走，一般于发病后1～3 d死亡。成鹅的症状与鸭相似。仔鹅的发病率和死亡率较成鹅严重，以急性为主，不采食，精神委顿，拉稀，咽喉部有分泌物，喙和蹼发紫，1～2 d死亡。

3. 慢性型

多见于流行后期，或由急性病例转来，也可能由低毒力菌株的感染所致。一般表现为局部感染。病鸡表现食欲不振，精神沉郁，鼻有黏性分泌物，鼻窦肿大，喉头积有分泌物而影响呼吸。经常腹泻，逐渐消瘦。局部关节发炎，常局限于脚或翼关节和腱鞘处，关节肿大，跛行，以至瘫痪。有些鸡的肉髯、耳片或其他部位肿胀、苍白，随后坏死、脱落。病程达1个月以上，康复后长期带菌，生长发育和产蛋长期不能恢复。

(四)病理变化

1. 最急性型

病鸡无特殊病变，有时只能看见心外膜有少量针尖大出血点。

2. 急性型

大多可见明显病变，病变较为特征。主要病变是出血和坏死，皮下组织、腹膜和脂肪常见小点出血(鸭更明显)。心包发炎、变厚，心包内积有多量不透明淡黄色液体，并混有纤维素性凝块。心外膜有出血，特别是在心冠部脂肪出血点最明显。肺有充血和出血点。小肠前段尤以十二指肠的病变最显著，发生急性卡他性和出血性肠炎，肠黏膜充血、出血，布满小出血点，肠内容物含有血液。肝脏肿大，棕红色，质脆，表面可见许多灰白色针头大的坏死点，这是本病的特征性病变。腹腔内常有破裂卵黄存在，或在其他器官上附着干酪样的卵黄物质。

3. 慢性型

其特征为局限性感染，其病理变化因感染部位不同而不同。呼吸系统感染的可见肺上有黄色干酪样坏死灶，鼻腔和鼻窦内有大量的黏液性渗出物。喉部也有多量的分泌物。关节炎型的可见关节肿胀，在关节周围和关节囊内有黏稠或干酪样物。有的病鸡冠、肉髯或耳片水肿并坏死。有的病鸡表现为腹膜炎，气囊炎，卵泡变形。病变常局限于某些器官。

(五)诊断要点

根据发病特点、临床症状、剖检病理变化等可做出初步诊断，确诊则需要进行实验室检查。微生物学诊断是禽霍乱常用的诊断方法。

1. 涂片镜检

取病死鸡的肝、脾制成匀浆，接种于血琼脂平皿上，37 ℃培养24 h后，长出的菌落较小，圆形光滑，呈淡灰色，黏稠状，如露珠样，不溶血。涂片染色镜检时呈革兰氏阴性。

2. 细菌培养

将病死鸡肝、脾、心血等分别接种于血琼脂平板、普通营养琼脂平板、麦康凯琼脂平板、马丁血清琼脂平板上进行分离培养。观察培养结果。培养物制作涂片、染色、镜检，大多数细菌呈球杆状或双球状。必要时可进一步做培养物的生化特性鉴定。

3. 动物接种试验

取一接种环多杀性巴氏杆菌血琼脂平板培养物，混于 2 mL 灭菌生理盐水中，分别给小白鼠皮下注射 0.2 mL、家兔皮下注射 0.5 mL、鸽或鸡胸肌内注射 0.3 mL，接种后 24～48 h 即可能死亡。死后剖检，观察病理变化。同时取心血、肝、脾分别涂片，以亚甲蓝、瑞氏染色或革兰氏染色，查看细菌的形态及染色特性。并分别取病料在血琼脂平板上划线，37 ℃培养 24 h 后，观察其菌落特征及生长情况。试验结果与原病例一致，即可确诊。本病的急性型与鸡新城疫极易混淆，在诊断时应注意区分(表 2-5)。

表 2-5　禽霍乱与鸡新城疫鉴别要点

区别点	禽霍乱	鸡新城疫
病原	禽多杀性巴氏杆菌	新城疫病毒
易感动物	鸡、鸭、鹅均易感	鸡最易感、鸭鹅可带菌
流行特点	传播较缓慢，且有间隔，散发性或地方流行	传播迅速，流行性
咯咯声	无	有
神经症状	有	流行后期常有
下痢带血	常见	流行后期常有
腺胃出血	无	不常见
坏死	常有	无
肝脏坏死点	明显	无
心外膜出血	常见	有
心包液中纤维素炎症	没有。有纤维素性炎症	少见
肠道局灶性溃疡	无	常有枣核形溃疡
抗菌药物治疗	有效	无效

(六)防制

1. 加强饲养管理

消除降低机体抵抗力的因素。保持好鸡场、鸡舍的环境卫生，定期严格消毒。如发生本病，立即对群鸡进行封锁、隔离、检疫和消毒。对假定健康鸡，用禽霍乱抗血清进行紧急预防注射。做好平时的饲养管理工作，避免或杜绝引起发病的诱因是预防本病的最关键措施。

2. 严格执行卫生消毒制度

养禽场应建立和完善卫生消毒措施，定期进行环境和禽舍的消毒。尽量做到自繁自养，引进种禽时必须从无病禽场购买。新引进的鸡、鸭等要隔离观察半个月，确实无病时方可混群饲养。

3. 预防接种

在禽霍乱常发或流行严重的地区，可以考虑接种疫苗进行预防。目前，国内使用的疫苗有弱毒疫苗和灭活疫苗两种。弱毒苗有禽霍乱 731 株、禽霍乱 $G_{190}E_{40}$ 株活疫苗，免疫期为 3～3.5 个月。灭活苗有禽霍乱氢氧化铝佐剂灭活苗、油佐剂灭活苗、蜂胶佐剂灭活苗等。

免疫期为3～6个月。一般要求90日龄首免,间隔4周(活苗)或6周(灭活苗)加强免疫。氢氧化铝佐剂灭活苗供预防禽霍乱用,可用于3月龄以上的鸡、鸭、鹅。根据瓶签注明的鸡羽份数,按每羽份加入0.5 mL的20%氢氧化铝胶生理盐水稀释摇匀后在鸡、鸭、鹅的胸肌内接种0.5 mL。本菌苗接种后3 d即可产生免疫力,免疫期为3.5个月,在有禽霍乱流行的禽场,可每3个月预防接种一次。禽多杀性巴氏杆菌病油乳剂灭活疫苗,一般颈下部皮下注射,用于2月龄以上禽只,每只0.5 mL,4～6周后再进行1次加强接种。

这些疫苗的共同缺点是免疫期较短,效力均不十分理想。一般从未发生本病的鸡场不进行疫苗接种,在常发或流行严重的地区,药物治疗效果日渐降低,本病很难得到有效控制,可考虑应用疫苗进行预防。

4. 药物预防

本病只要做好卫生防疫工作,一般不要进行药物预防,以免长期用药而产生耐药性。当邻近发生禽霍乱使本场鸡群受到威胁时,或者本场曾发生过,并有带菌鸡存在时,在秋末至春初天气骤变、阴雨连绵时,可于每千克饲料中加入奎乙醇0.05～0.10 g,连用3～5 d,必要时间隔2～4周重复1次。也可以用土霉素、磺胺类药或环丙沙星预防。

5. 药物治疗

禽群一旦发生本病,必须立即采取有效的措施,病死鸡应全部深埋或烧毁,鸡舍及一切用具要彻底消毒,粪便经发酵后利用。对发病鸡群要严格检查,病鸡及可疑病鸡应及时隔离,重症者急宰,轻症可以治疗。治疗时,有条件的地方应通过药敏试验选择有效药物全群给药。磺胺类药物、红霉素、庆大霉素、诺氟沙星均有较好的疗效,同时,搞好舍内外消毒工作,对及早控制本病有重要作用。

治疗禽霍乱的药物很多,包括抗生素、磺胺类药物、喹乙醇及喹诺酮类药物,都有不同程度的治疗效果。

(1)氯霉素　每千克饲料加入1 g,混饲,连用5 d。也可先用氯霉素3 d再用喹乙醇(每千克饲料加0.2 g),连用3 d。

(2)喹乙醇　每千克饲料加入0.15～0.20 g,混饲,或每千克体重20～30 mg,口服,每日1次,连用3～5 d。

(3)链霉素　成年鸡、鸭每只10万IU(0.1 g),肌内注射,每日2次,连用2～3 d。

(4)诺氟沙星　每千克饲料加入0.2 g,混饲,连用7 d。

(5)环丙沙星　每升水加入50 mg,混饮,连用7 d。

(6)恩诺沙星　每升水加入50 mg,混饮,连用7 d。

(7)磺胺二甲基嘧啶、磺胺-5-甲氧嘧啶、磺胺甲基异噁唑等,一般连用3 d,停药1～2 d,再用3 d。或0.1%,混饮,连用3～4 d。

六、鸡坏死性肠炎的诊断与防控

鸡坏死性肠炎(Chicken necrotizing enteritis)又称肠毒血症，是由产气荚膜梭菌(*Clastridium perfringens*)引起的一种急性非接触性传染病。其特征是突然发作，暴发性死亡，主要表现为病鸡排出黑色间或混有血液的粪便，及小肠后段黏膜坏死。近年来，本病的发病率明显增加，特别是亚临床型发生增多。该病在我国也时有发生，随着在饲料中限制使用抗生素，本病发病率有继续升高的趋势。

(一)病原

鸡坏死性肠炎病原菌的菌体较大，大小为(0.9～1.3) μm×(3.0～9.0) μm，无鞭毛，有荚膜。芽孢椭圆形，位于次级端。厌氧不严格。菌落直径 2～5 mm，血琼脂平板上有溶血圈。糖发酵能力强，产酸产气。本菌的特征之一是在牛乳培养基中呈暴烈发酵现象。形成的毒性物质有 12 种，可损伤细胞膜、血管内皮细胞并使糖类分解，导致细胞坏死、组织水肿、充气等病变。根据产生毒素种类和致病性的不同，本菌有 A、B、C、D、E、F 6 个型。有些菌株产生肠毒素，可引起食物中毒。本菌广泛存在于土壤、人和动物的肠道以及动物和人类的粪便中，会散发臭味。常因深部创伤而感染。

(二)流行病学

在禽类中，仅有鸡自然感染本病，多见于平养鸡，蛋鸡的发病日龄为 2 周龄至 6 月龄，肉鸡发病日龄一般为 2～5 周龄。产气荚膜梭菌是肠道的正常寄生菌，粪便、土壤、污染的饲料、垫料或肠内容物均含有产气荚膜梭菌，主要通过饲料经消化道摄入致病菌而感染。

本病多为散发，一年四季均可发生，但以炎热潮湿的夏季多发。本病的发生与饲料的种类有很大关系。高鱼粉、小麦日粮，有利于产气荚膜梭菌的过量繁殖，是导致本病暴发的潜在因素，由球虫病导致肠黏膜损伤也是发生本病的一个重要因素。一般情况下该病的发病率和死亡率都不高，但有时肉仔鸡的发病死亡率高达 40%。

(三)临床症状

本病的经过较急，常突然发病。最急性病例，病鸡往往未表现症状就突然死亡。急性病例，病鸡精神沉郁，食欲减退，不愿走动，羽毛蓬乱，粪便稀薄，含有较多水分，其上部有黏液。有时排出黑褐色煤焦油样粪便，有的可见脱落的肠黏膜，病程短，常呈急性死亡。

亚临床型主要发生于肉用仔鸡，使其 20 多日龄以后的生长速度明显变慢，特别是 24～30 日龄。虽然没有可见的症状，但肠道有轻微的病变，影响消化和吸收，使鸡的生长速度减慢。一般情况下发病鸡只减少，如治疗及时，1～2 周即告停息，死亡率 2%～3%，如治疗不及时或有并发症则死亡明显增加，最高可达 50%。

(四)病理变化

打开腹腔尸体有腐臭味。本病最特征的病变部位集中在肠道，以空肠和回肠最明显。小肠显著肿大至正常的 2～3 倍，肠管变短、肠壁变薄，肠道表面呈污灰黑色或污黑绿色，肠黏膜附着疏松或致密伪膜，伪膜外观呈黄色或黄褐色。小肠内有消化不良的食物残渣及大量的红褐色、黑色含有血液的内容物，呈“西红柿样”。有些病例在肠黏膜可见散在的灰白色坏死点。与小肠球虫病并发时，肠内容物混有碎的小血凝块呈柿黄色，肠壁有大头针帽大的出血点或坏死灶。

(五)诊断要点

根据临床症状和剖检变化做出初步诊断，确诊需要进行实验室病原学检查。取肠内容物，或刮取病变肠黏膜组织做成涂片，革兰氏染色，镜检见到大量的着色均匀、有荚膜、两头圆钝短粗的菌体，在陈旧培养物涂片偶见芽孢。结合临床症状和病理变化即可判断，也可用肠内容物划线接种血平板，37 ℃厌氧培养 24 h，可形成典型的大菌落，即可分离到病原菌进行鉴定确诊。

由于球虫病常与本病同时发生，诊断时应加以注意。鸡溃疡性肠炎是由肠道梭菌引起的，粪便呈绿色、粉红色，剖检肝肿大，呈砖红色或紫褐色，有粟米大到蚕豆大坏死灶，脾呈黑褐色，出血、淤血，十二指肠发黑有出血，而坏死性肠炎的盲肠和肝脾一般无明显病变。球虫病主要以肠黏膜严重出血为特征，可通过细菌培养、球虫卵囊检查、药物治疗来加以区分。

(六)防制

(1)预防主要是加强饲养管理，搞好卫生工作。饲养密度要合适，使用乳头式饮水器，重视垫料的质量，控制饲料的能量和蛋白质水平，喂以玉米为主要成分的日粮，或从日粮中去掉鱼粉可减少发病率。在饲料中加碳水化合物酶等酶制剂可降低小麦的黏度，能减少发病。本菌芽孢对消毒药不敏感，故消毒的作用不大。

(2)乳酸杆菌、粪链球菌能抑制产气荚膜梭菌的繁殖，可减轻坏死性肠炎的危害。

(3)在平养鸡，控制球虫病的发生对防制本病有重要意义。抗球虫药物，例如多醚离子载体类抗生素，不但能作用于球虫同时也能作用于本病原菌，所以能减少本病的发生率。但当用球虫疫苗代替药物预防球虫病时，本病的发生率可能增加。

(4)青霉素、四环素、杆菌肽锌等能抑制本菌的繁殖，所以能减少发病。特别是在发生亚临床型坏死性肠炎时，在饲料或饮水中添加上述药物，能明显提高生长速度和改善饲料转化率，但不能经常添加，应尽量少用。

(5)治疗。主要用抗生素，林可霉素、杆菌肽、土霉素、青霉素以及泰乐菌素对本病有良好的治疗作用。给药方法最好是同时使用两种药物，直到停止死亡为止，随后几天只在饲料中添加预防剂量的药物以巩固治疗效果。

①林可霉素　每千克体重 20～30 mg，混饲，每日 1～2 次，连用 3～5 d。

②甲硝唑　每升水加入 0.5 g，混饮，连用 7 d。

③杆菌肽　雏鸡每只每次 0.7～3.6 mg，青年鸡 3.6～7.2 mg，成年鸡 7.2 mg，混饲，每天 2～3 次，连用 5 d。

七、鸡绿脓杆菌病的诊断与防控

鸡绿脓杆菌病(Pseudomonas aeruginosa disease)是由绿脓杆菌(又称铜绿假单胞菌,pseudomonas aeruginosa)引起的一种急性、败血性传染病。特征是发病急、病程短、发病率和死亡率均很高。症状为呼吸困难、严重腹泻、睑部水肿、衰竭、脱水、角膜混浊,很快死亡。该病在世界各地都有发生。

(一)病原

鸡绿脓杆菌病的病原体是假单孢菌属的绿脓杆菌,为革兰氏染色阴性杆状菌,大小为(1.5～3.0)μm×(0.5～0.8)μm,常单在、成对排列,偶尔呈短链状排列。不形成芽孢和荚膜,有鞭毛,能运动,为需氧菌。营养要求不高,在普通琼脂、鲜血琼脂、麦康凯琼脂上生长良好。在肉汤培养物中可看到长丝状形态,液面处有菌膜,长时间培养整个肉汤呈绿色。在普通琼脂上培养,菌落形态为光滑、圆形、湿润扁平、边缘不整齐、大小不一,琼脂被绿脓杆菌产生的绿脓素染成蓝绿色。

绿脓杆菌在自然界中分布广泛,存在于土壤、水和空气中,以及正常人、动物肠道和皮肤上。抵抗力较强,很多抗生素及消毒药的效果均不理想。对潮湿、紫外线不敏感,55 ℃ 1 h才能灭活。消毒剂可选用过氧乙酸、百毒杀、甲醛、高锰酸钾等。

(二)流行病学

禽类中以雏鸡发病最为常见,多为1～35日龄。鸡、火鸡是最常见禽类宿主。种蛋在孵化过程中受污染,通过创伤和外伤感染,例如,在注射疫苗和注射药物时注射器消毒不严格,以及其他原因造成的外伤,雏鸡脐带愈合不良等。另外,正常鸡体内的肠道、呼吸道等部位有绿脓杆菌存在,在各种应激因素的刺激下,如通风不良、气温突变、长途运输、其他疾病存在等,也可引起该病的发生。

鸡绿脓杆菌病一年四季均可发生,但以春季出雏季节多见,且病程短、死亡率高。7日龄的雏鸡多呈暴发性发生,病雏成批死亡,死亡率一般为30%～50%,严重时可高达85%以上。发病特点是多在1日龄注射了鸡马立克病疫苗时,由于注射器、针头、注射部位消毒不彻底或疫苗稀释液污染造成绿脓菌感染,雏鸡最早在注射疫苗当晚即开始死亡,而且在同批鸡中公雏发病少,母雏发病多。

(三)临床症状

鸡绿脓杆菌病潜伏期为0.5～2 d,病程3～14 d。因鸡的年龄不同,症状也有很大的差别。雏鸡感染后,最急性的常不见任何症状而突然死亡。急性症状较典型,最常见的症状表现为精神沉郁、食欲下降或废绝、体温升高到43 ℃以上、羽毛蓬乱、两翅下垂,结膜充血、化脓,有干酪样物。腹部膨大,柔软,外观呈绿色,排泄黄绿色或白色水样稀粪,并出现呼吸困难,很快死亡。有的病鸡眼睑、面部、肉髯甚至颈部皮下水肿。部分病鸡表现为倒地不起、颤抖、抽搐等运动失调症状,最后衰竭而死。成年鸡感染以慢性、局部感染为主。如眼炎型病鸡则可见到眼睑肿胀，有角膜炎和结膜炎，则引起眼部突出形成所谓“金鱼眼”样，严重的引起一侧或两侧眼睛失明。关节炎型的鸡关节肿大，跛行。若是创伤感染则伤口处流出黄绿色脓液。

（四）病理变化

早期最急性死亡的病雏剖检后肉眼看不到明显变化。大多数急性死鸡可见到头、颈部皮下有淡黄色或黄绿色胶冻样渗出物，皮肤、肌肉有出血点或出血斑，以颈部最明显。脑膜水肿，实质有点状出血。腹部膨大、腹水增加，呈绿色、混浊，卵黄吸收不良，呈黄绿色。肺部有炎性病变，呈紫红色或大理石样变化。肝脏肿大、质脆，呈黄红色或淡黄色，有大小不等的出血点或出血斑。心包积液、混浊，心冠脂肪、心内外膜有出血点。脾脏充血、肿大。肾脏淤血、肿大、色浅，输尿管有尿酸盐沉积。肌胃黏膜有出血斑，消化道呈卡他性或出血性炎症。如有大肠杆菌混合感染时，可见纤维素性心包炎和肝周炎。

（五）诊断要点

根据该病的流行特点、特征症状和剖检变化可做出初步诊断，确诊需要进行实验室的病原分离和鉴定。

1. 病原的分离培养

无菌条件下取肝脏、脾脏等病料，接种于普通琼脂平板和普通肉汤中，37 ℃培养 24 h。根据菌落的形态和培养基变为黄绿色，以及涂片、革兰氏染色、镜检为阴性，单个或成对，偶尔呈短链状排列，可初步怀疑为该病。分离培养可用鲜血琼脂、麦康凯琼脂培养基。

2. 动物接种试验

取 24 h 肉汤培养物 0.2 mL 接种 1 日龄雏鸡，并观察症状，最后雏鸡会在 8 h 内死亡。同时设立对照。从试验死鸡的心、肝、脾等器官能重新分离到该菌，亦可确诊。

（六）防制

1. 预防

关键在于平时要加强孵化的卫生和消毒工作，做好对种蛋的熏蒸消毒和鸡舍带鸡消毒。马立克病疫苗稀释和注射，必须做好消毒工作。

2. 治疗

绿脓杆菌很容易产生耐药性，因此最好进行药敏试验。一般可用庆大霉素、丁胺卡那霉素、诺氟沙星、链霉素等进行拌料、紧急注射或饮水治疗可很快控制疫情。部分发病雏鸡可采用庆大霉素针剂注射的方法进行治疗。

八、禽支原体病的诊断与防控（二维码 2-20）

禽支原体病（Avian mycoplasmosis）是由支原体引起的禽类的一种慢性呼吸道病，主要包括鸡慢性呼吸道病、传染性滑膜炎以及火鸡支原体病。其主要特征是咳嗽、流鼻涕和呼吸啰音。该病广泛分布于全世界，是鸡场的多发病，可造成鸡的胴体等级下降、饲料报酬降低、生长速度缓慢、产蛋量减少等。病程发展缓慢，病原在鸡群中长期存在。

二维码 2-20
禽支原体病的
诊断与防控

(一)鸡慢性呼吸道病

鸡慢性呼吸道病(CRD)是由败血支原体引起的一种接触性慢性呼吸道感染的疾病，特征是呼吸道症状明显、病程长、发展缓慢、剖检有气囊炎。本病是危害肉仔鸡生产的主要疾病。

1. 病原

该病的病原体是鸡败血支原体，是介于细菌和病毒之间的一种微生物，形状为细小球杆状，构造简单，无细胞壁。大小 0.25～0.5 μm。吉姆萨染色效果良好，革兰氏染色呈弱阴性。鸡败血支原体对培养基的要求很苛刻，通常添加 10%～15%的鸡、猪或马血清，37 ℃潮湿环境下培养 2～5 d，可长出特征性的菌落。该菌落细小(0.2～0.3 mm)、光滑、圆形透明、中央有一点状突起。鸡败血支原体对外界环境的抵抗力低，在 20 ℃鸡粪中可存活 1～3 d；在鸡舍内可存活 6 d，37 ℃时体外可存活 1 d，在卵黄中 37 ℃时存活 18 周或 20 ℃时存活 6 周。4 ℃冻干保存可存活 7 年。多数常用的化学消毒剂均可将其杀灭。该病原对泰乐菌素、红霉素等敏感，对青霉素具有抵抗力。

2. 流行病学

(1)主要易感动物是鸡和火鸡，各种日龄的鸡均能感染该病，以 4～8 周龄时最易感，成年鸡多呈隐性经过。

(2)病鸡和带菌鸡是传染源，本病的自然带菌现象比较普遍，当鸡群接种新城疫疫苗或传染性支气管炎疫苗时，就可引起支原体病的暴发。

(3)该病的传播途径主要有两种方式。一种是直接接触传播，是感染禽经呼吸道、消化道、交配直接接触传播传染给易感鸡群。另一种是经蛋传播，这种方式可能更为重要。在一些发展中国家，经常使用非 SPF 鸡胚制造禽用活疫苗，经蛋传播的支原体污染了疫苗，经过疫苗接种传染给被接种鸡群，导致鸡群发病。

(4)本病的发生原因主要是饲养管理不良，环境卫生条件差、鸡群密度过大、鸡舍通风不良、气候骤变、营养缺乏等均可促使该病的发生或加剧疾病的严重程度，使死亡率增加。该病发生没有明显的季节性，具有发病快、传播慢、病程长等特点。发病率和死亡率的高低取决于是否有其他病毒病或细菌病的并发或继发感染。一般发病率为 10%，有继发感染的情况下，发病率可达 70%，死亡率 20%～40%。除了与各种不良应激因素密切相关外，还与其他病原的混合和继发感染有关。

3. 临床症状

潜伏期 6～12 d 或更长，生产中 5～7 日龄的鸡常因接种新城疫疫苗而暴发，幼鸡感染症状较重。单纯感染时，最初症状是呼吸道症状，表现流鼻涕、打喷嚏，然后出现咳嗽、气喘、从鼻孔流出黏液堵塞鼻孔、病鸡甩头、有气管啰音等呼吸困难症状，眼睛流泪、带泡沫的分泌物增多，逐渐变为脓性分泌物，眼睑肿胀、眼球萎缩，后期，一侧或两侧眶下窦及面部肿胀。肿胀轻者，及时治疗可以恢复。若病程过长，因窦内渗出物呈干酪样，则不可恢复。严重时，一侧或两侧眼睛失明。病鸡精神和食欲差，生长发育迟缓，最后衰竭而死。成年鸡的症状与幼鸡相似，但症状轻，一般很少发生死亡。病鸡表现为食欲不振，体重减轻。蛋鸡的产蛋量急剧减少，孵化率下降，呼吸道症状明显，公鸡常有明显的呼吸道症状，而且在冬季比较严重。若该病继发于其他疾病，病鸡主要表现为原发病的主要症状。病愈鸡可产生一定程度的抵抗力，可长期带菌。一般慢性经过，病程长达 1 个月以上，如无继发感染，死亡率不高。

4. 病理变化

一般病死鸡消瘦、发育不良，病变主要表现在鼻腔、喉、气管气囊及眼部等。鼻腔、气管、支气管黏膜上有含气泡的黏液性渗出物，气管壁略水肿。鼻腔和眶下窦内有较多的灰白色或红褐色黏液或干酪样物。喉头、气管黏膜肿胀、充血、出血，黏膜表面有灰白色黏液，喉头部常见黄色纤维素性渗出物，病情严重的呈干酪样物。气囊膜浑浊、增厚，气囊壁上出现干酪状渗出物，开始时如珠状，表面呈黄白色豆渣样，严重时成堆成块。随着病程的发展，囊腔内积有大量的黄白色黏液或干酪样渗出物。有的病鸡表现为肺部有炎性充血，有纤维素性化脓性心包炎和肝周炎，此时也可分离到大肠埃希氏杆菌。

5. 诊断要点

根据该病的流行特点、临床症状及病理剖检可以做出初步诊断。在鉴别诊断方面应与鸡的其他呼吸道病，如传染性鼻炎、新城疫、传染性支气管炎、传染性喉气管炎、曲霉菌病等相区别。若要确诊，需进行血清学试验和病原体的分离培养。因为病原分离需要特殊的培养基，且需要花费较长的时间，所以在实践中一般用血清学诊断进行确诊。

(1)细菌分离鉴定　病料采集气囊、气管、鼻腔及窦腔渗出物。

(2)血清学试验　血清学方法主要是凝集试验(平板、试管)，血凝抑制试验和酶联免疫吸附检测(ELISA)等。最常用的是快速平板凝集试验。其操作方法与鸡白痢病相似，取全血或血清、或卵黄液 1 滴于玻板上，然后加一滴有色抗原，充分混匀，轻轻摇动反应板 1～2 min，发现凝集者为阳性。

6. 防制

由于鸡慢性呼吸道病在鸡场中普遍存在，而且传播方式多样，所以在预防方面必须采取综合的控制措施。

(1)预防

①建立无病鸡群　引进种鸡或种蛋必须从确实无支原体病的鸡场购买，平时定期用平板凝集试验方法对鸡群进行检疫，淘汰病鸡和带菌鸡。种鸡在 2 月龄时，每隔 1 个月抽检一次，每次检出的阳性鸡应做淘汰处理，留下无病鸡作为种用。坚持搞好净化鸡群工作，培育健康种鸡群。对于健康鸡群必须注意饲养和管理，严格执行消毒制度，饲料全价，采用“全进全出”制的饲养方式，避免或减少一切不良应激因素。

②种蛋处理　因为垂直传播也是该病的主要传播方式。种蛋收集完后，在 2 h 之内用甲醛进行熏蒸消毒，然后贮存于蛋库内。入孵前用甲醛和高锰酸钾进行熏蒸消毒，密闭 2～6 h 后通风。入孵前还要先将种蛋预热至 37.8 ℃，然后放入冷的 0.1%红霉素溶液内，浸泡 15～20 min，这样可明显降低种蛋的带菌率。

③预防接种　国内研制的鸡慢性呼吸道病灭活油苗对于幼鸡和成年鸡均可使用。7～15 日龄雏鸡颈部皮下注射 0.2 mL，成年鸡颈部皮下注射 0.5 mL，免疫期为 5 个月。进口苗有禽脓毒支原体弱毒苗和禽脓毒支原体灭活苗。前者用于 2 周龄雏鸡饮水免疫，后者适用于各种年龄鸡，1～10 周龄的鸡颈部皮下注射。10 周龄以上的鸡可肌内注射 0.5 mL/次，连续使用 2 次，中间间隔 4 周。

④药物预防　由于该病可垂直传播，刚出壳的雏鸡有少部分被感染，若不及时采取控制措施，则会很快感染其他鸡。所以需要早期用药进行预防。雏鸡出壳后的数天内，可用泰乐菌素、红霉素、北里霉素等药物饮水，连用 3～5 d，可有效控制该病，提高雏鸡的成活率。

(2)治疗　确诊后应根据药物敏感试验选择用药。没有条件进行药物敏感试验时，可以选择使用的药物有：泰乐菌素、红霉素、北里霉素、高力米先、链霉素等，其中以泰乐菌素纯粉的疗效最好。其用法是每 50 g 泰乐菌素纯粉兑水 250～500 kg，每天 2 次，连续使用 3～5 d。在临床上经常见到该病与大肠杆菌混合感染，或继发于其他疾病。对于这种情况，应以控制大肠杆菌或原发病为主。

(二)鸡传染性滑膜炎

鸡传染性滑膜炎又叫鸡传染性滑液囊支原体病，是由滑液囊支原体引起的鸡和火鸡的一种急性或慢性传染病。其主要特征可见关节肿大、跛行，关节滑膜炎。

1. 病原

滑膜支原体与败血支原体在许多方面都相似。滑膜支原体比败血支原体略小，直径约 0.2 μm，菌落特征为圆形隆起、略似花格状，有凸起的中心或无中心。在抵抗力方面也与败血支原体相似。

2. 流行病学

该病主要感染禽类，特别是感染 4～6 周龄的鸡和 10～24 周龄的火鸡。偶尔见于成年鸡。传播途径主要是经垂直传播，也可经呼吸道和直接接触传播。

3. 临床症状和病理变化

病原体主要侵害鸡的关节。发病初期表现跛行、喜卧地、飞节和趾关节肿大变形、鸡冠苍白、生长停滞，严重的鸡冠萎缩、发绀，全身羽毛蓬乱、精神萎靡、食欲差、消瘦，排泄混有大量尿酸盐的青绿粪便。有时可见鸡轻度的呼吸道症状。成年鸡产蛋量下降 20%～30%，死亡率一般低于 10%。剖检时可见关节和足垫肿胀，在关节的滑膜、滑膜囊和腱鞘内有大量炎性渗出物，初期渗出物黏稠、灰白色或黄色，慢性病鸡后期变为干酪样渗出物。肝脏、脾脏肿大，肾脏肿大呈苍白的斑驳状，呼吸道一般无明显变化。

4. 诊断要点

根据该病特点可做出初步诊断。实验室诊断与鸡慢性呼吸道病的诊断方法相同。

5. 防制

(1)平时的预防措施

①加强饲养管理和环境卫生工作。

②对种鸡应进行反复检疫,淘汰阳性鸡,逐步净化鸡群。

③加强对种蛋的消毒,切断垂直传播途径。

④使用鸡滑膜支原体病菌苗免疫接种。

(2)发病后控制措施

①隔离发病鸡群,紧急投服敏感抗菌类药物。

②消毒污染环境。

九、鸭疫里默氏杆菌病的诊断与防控

鸭疫里默氏杆菌病又称鸭传染性浆膜炎,该病是雏鸭、雏火鸡和其他多种禽类的一种接触性、急性或慢性、败血性传染病。病鸭主要临床特点为倦怠、眼与鼻孔有分泌物,绿色下痢,共济失调和抽搐。病变特征为纤维素性心包炎、纤维素性肝周炎、纤维素性气囊炎、干酪性输卵管炎、关节炎及麻痹。由于该病的高死亡率,高淘汰率,已成为养鸭业经济损失的重要疫病之一。

(一)病原

鸭疫里默氏杆菌(*Riemerella anatipestifer*)为革兰氏阴性、无鞭毛、无芽孢的小杆菌。用印度墨汁染色可见有荚膜,瑞氏染色时呈两极着色,该菌镜检时呈单个、成双,偶尔呈链状排列。

该菌在普通培养基上不生长,巧克力琼脂、血液琼脂或胰酶大豆琼脂可用于分离培养。在血液琼脂上培养 24 h,形成凸起、透明、有光泽的奶油状、边缘整齐、无色素的菌落,无溶血现象;在胰酶大豆琼脂中添加 0.05%酵母浸出物、5%新生牛血清以及含有 5%～10%的 CO_2 环境可促进其生长;在麦康凯琼脂上不生长。

该菌发酵糖的能力弱,只有少数菌株发酵葡萄糖、麦芽糖、肌醇和果糖,产酸不产气;不利用柠檬酸盐,不产生吲哚和 H_2S,M. R. 和 V-P 试验均为阴性,不能将硝酸盐还原为亚硝酸盐,不水解淀粉,氧化酶和过氧化氢酶阳性。

本菌对理化因素的抵抗力不强。37 ℃或室温条件下,大多数菌株在固体培养基中存活不超过 3～4 d,肉汤培养物贮存于 4 ℃则可以存活 2～3 周,55 ℃作用 12～16 h,细菌全部失活。欲长期保存菌种,需冻干保存。

(二)流行病学

1. 易感动物

樱桃谷鸭、番鸭、麻鸭等各种品种的鸭均易感。鹅、火鸡、水禽等也有致病性,其中以雏鹅易感性较强,并表现出症状。该菌主要侵害 1～8 周龄的鸭,尤以 2～3 周龄雏鸭最易感,一般症状出现后 1～2 d 死亡,1 周龄内幼鸭和 8 周龄以上大鸭少见发病,在污染鸭场的感染率可达 90%以上,病死率达 5%～75%。耐过鸭生长不良,发育受阻,饲养价值不大。临床上常见在发生过本病后的鸭场,几乎批批鸭都会再感染此病。

2. 传播途径

主要是污染的饲料、饮水、飞沫、尘土等通过呼吸道和消化道,以及损伤的皮肤等途径传播。因此,鸭舍和活动场的粗糙不平或存在锋利物,都可能造成外伤而导致感染和传播。本病常继发于鸭传染性窦炎和鸭大肠杆菌病。

3. 流行形式

本病一年四季都可发生,但冬季发病率和死亡率最高。发病率和死亡率也与环境卫生有关系。卫生条件好、饲养管理较好的鸭场,本病多呈散发性发生,其发病率和死亡率较低,不超过 5%;环境条件差或并发其他疾病时常常促进鸭疫里默氏杆菌感染的暴发,死亡率最高达 75%～80%。通过改善饲养管理条件,可大大降低发病率和死亡率。

4. 应激对该病的发生和流行影响较大

感染本病而无应激的鸭通常不表现临床症状。若受应激因素,如饲养条件差、饲料营养物质缺乏、惊吓、其他疾病(鸭大肠杆菌病、沙门氏菌病、鸭病毒性肝炎等)的影响,可引起本病暴发流行,加剧本病的发生和病鸭死亡。

(三)临床症状

1. 最急性型

常见不到任何明显症状而突然死亡。

2. 急性型

急性型病例的临床症状表现为精神倦怠、厌食、闭目缩颈。眼流出浆液性或黏性的分泌物,常使眼周围羽毛粘连或脱落,眼周围羽毛黏结形成“眼圈”。鼻孔流出浆液或黏液性分泌物,有时分泌物干涸,堵塞鼻孔,引起咳嗽和打喷嚏。下痢拉稀,初为粪便稀薄呈淡黄白色,后为绿色或黄绿色。嗜睡,缩颈或喙抵地面,病鸭脚软无力,不愿走动、步态蹒跚。濒死前出现痉挛、背脖、前仰后翻,翻倒后划腿,两腿伸直呈角弓反张状,尾部摇摆等神经症状,不久抽搐而死,病程一般 2～3 d。

3. 亚急性或慢性型

多见于 7～8 周龄的鸭,病程 1 周以上。病鸭表现精神沉郁,少食或不食,腿软弱,卧地不走,共济失调,前仰后翻,痉挛性点头运动等症状。少数鸭出现脑膜炎症状,头颈歪斜,遇惊吓时出现鸣叫和转圈、倒退等，而安静时头颈稍弯曲，犹如正常，因采食困难，逐渐消瘦而死亡。

(四)病理变化

病理变化可见全身浆膜表面附有渗出物，主要形成纤维素性心包炎，心包膜外面覆盖纤维素性渗出物，使心外膜与心包膜形成粘连，心包液增多；形成纤维素性肝周炎，在肝表面覆盖一层易剥离的灰白色或灰黄色纤维素膜，肝肿大呈土黄色或棕红色；形成纤维素性气囊炎，气囊浑浊增厚。慢性病例可见到纤维素性化脓性肝炎和脑膜炎；脾肿大，表面有灰白色斑点；个别慢性病例出现干酪性输卵管炎和关节炎。

(五)诊断要点

根据流行病学、临床症状和病理变化，可做出初步诊断，确诊需进行实验室诊断。鸭疫里默氏杆菌与多杀性巴氏杆菌、大肠杆菌、沙门菌和粪链球菌感染引起的败血性相似，其诊断必须根据病原的分离与鉴定。

1. 涂片镜检

取脑、心包渗出物或肝脏做涂片，瑞氏染色镜检，可见两端浓染的小杆菌。

2. 细菌的分离与鉴定

无菌取脑、心包渗出物或肝脏等病料，分别接种于鲜血琼脂平板、麦康凯琼脂平板和巧克力琼脂平板上，37 ℃培养 24～48 h。鲜血琼脂平板上长出凸起、边缘整齐、透明、有光泽、奶油状菌落，不溶血；在巧克力琼脂平板上形成圆形、凸起、半透明、微闪光、直径 1～1.5 mm 的菌落；在麦康凯琼脂平板上不生长。

取 24 h 巧克力琼脂培养物进行生化试验。多数菌株不发酵碳水化合物，但少数菌株对葡萄糖、果糖、麦芽糖、肌醇发酵，产酸不产气。

由于本菌不同分离株的生化持性差异很大，因此，在鉴定时，不仅要做生化实验，还要进一步做血清型的鉴定。

3. 荧光抗体法检查

取肝或脑组织做触片，火焰固定，用鸭疫里默氏杆菌特异的荧光抗体染色，在荧光显微镜下检查，鸭疫里默氏杆菌呈黄绿色环状结构，多为单个散在，其他细菌不着染。

(六)防制

最有效的预防措施是加强饲养管理，搞好环境卫生，保持适当的通风换气，避免过度拥挤，减少炎热或寒冷等各种应激因素。受本病污染的鸭场，可在其易感年龄前 2～3 d 用敏感药物进行预防。常用的敏感药物有林可霉素、氟苯尼考、环丙沙星、氧氟沙星等。本菌极易产生耐药性，应通过药敏试验选择敏感药物进行治疗。

目前预防本病的菌苗有灭活菌苗、弱毒菌苗。在 7～10 日龄一次注射即可，接种灭活菌苗可有效地预防和降低鸭疫里默氏杆菌感染的死亡率。

[技能训练]

技能 1　鸡大肠杆菌病的诊断

(一)技能目标

掌握鸡大肠杆菌病的病理剖检特征。掌握鸡大肠杆菌病的微生物学诊断方法。

(二)教学资源准备

大肠杆菌病死鸡、剪刀、镊子、接种环、普通琼脂斜面、普通肉汤、麦康凯琼脂平板、革兰氏染色液、三糖铁琼脂、糖发酵培养基、蛋白胨水、葡萄糖蛋白胨水、明胶培养基、普通半固体培养基、柠檬酸盐斜面培养基、吲哚试剂和 V-P 试剂等。

(三)操作方法与步骤

1. 病理剖检

鸡大肠杆菌病具有诊断意义的剖检病变是纤维素性心包炎和肝周炎。

2. 微生物学诊断

(1)病料采集　应从新鲜尸体中采样。如疑为急性大肠杆菌败血症,应无菌采集血和肝脏,用注射器自心脏采血 1 mL 用于细菌分离培养和肉汤增殖。用烧过的外科刀烧烙肝被膜后,再用灭菌棉拭子或接种环刺入肝实质取肝样做分离培养。如出现脓性纤维性渗出物,应用棉拭子从心包腔、气囊以及关节腔中取样做细菌分离。如果发病超过 1 周,一般分离不到细菌,对于死后剖检病变明显的病例,可采集骨髓作为分离样品。敏感药物投服后,往往也不容易分离到大肠杆菌。

(2)分离培养　初次分离可同时使用普通肉汤、普通琼脂斜面和麦康凯琼脂平板。无菌采集病料,直接接种于上述培养基。置 37 ℃温箱培养 24 h。大肠杆菌在麦康凯琼脂培养基上长出中央凹,直径 1～2 mm 的粉红色圆形菌落。在普通琼脂培养基上形成中等大小、灰白色、圆形菌落。在肉汤中生长良好,浑浊。

(3)染色镜检　将病料和分离到的细菌涂片,用革兰氏染色后镜检。大肠杆菌为粗短、两端钝圆的小杆菌,革兰氏染色阴性,多单个散在,个别成双排列,无芽孢。

(4)生化试验　从麦康凯琼脂平板中挑取菌落接种于三糖铁琼脂上,置 37 ℃温箱中培养 24 h,如底部产酸、产气,不产生硫化氢,斜面上产酸则可疑为大肠杆菌,需利用生化试验继续鉴定。其生化特性如表 2-6 所示。

表 2-6 生化试验鉴定结果

项目	葡萄糖	乳糖	甘露醇	阿拉伯糖	吲哚	V-P	明胶液化	硫化氢	运动	柠檬酸盐
结果	⊕	⊕	⊕	＋	＋	－	－	－	＋/－	－

注：⊕产酸产气。＋只产酸不产气。＋/－菌株有时运动，有时不运动。—无反应。

(5)致病性试验　将分离菌株的 18 h 肉汤培养物，每只 0.2 mL 分别皮下接种 5 只健康 10 日龄雏鸡或小白鼠，接种动物均在接种后 24～72 h 内死亡。

通过上述几个步骤，即可确定所分离到的是否为大肠杆菌以及是否属致病性菌株。

(四)结果与分析

记录鸡大肠杆菌剖检变化和细菌分离培养、生化试验结果，写出诊断报告。

技能 2　鸡大肠杆菌病的药敏试验

(一)技能目标

能正确进行试验操作，能正确报告结果；能根据药物敏感试验结果推荐如何用药。

(二)教学资源准备

大肠杆菌菌种(经分离和鉴定的纯培养菌株)、营养肉汤、普通琼脂平板、药敏纸片、链霉素、新霉素、金霉素、红霉素、青霉素、磺胺类等抗菌药物。中药煎剂、打孔器、灭菌试管、接种环、灭菌棉拭子、镊子、酒精灯、无菌蒸馏水、直尺和温箱等。

(三)操作方法与步骤

1. 纸片法

(1)含药纸片的制备

①制备滤纸片　用打孔机在滤纸上打成直径 6 mm 的孔，挑选完整、边缘整齐的滤纸片放于小平皿内，应用高压蒸汽灭菌器 121.3 ℃，作用 15 min，取出后再置 100 ℃干燥箱内烘干备用。

②配制药液　用无菌蒸馏水将各药稀释成以下浓度：磺胺 100 mg/mL、青霉素 100 IU/mL，链霉素、金霉素、新霉素、红霉素、多黏菌素 1 000 μg/mL。

对于目前生产实践中常用的复方药物，多含 2 种或 2 种以上的抗菌成分，稀释时可根据其治疗浓度或按一定的比例缩小后用蒸馏水进行稀释。

③制备含药纸片　将灭菌的滤纸片用无菌的镊子摊布于灭菌平皿中，按每张滤纸片饱和吸水量为 0.01 mL 计算，50 张滤纸片加人药液 0.5 mL。要不时翻动，使纸片充分吸收药液，浸泡 1～2 h 后于 37 ℃温箱中烘干备用。对青霉素、金霉素纸片的干燥宜采用低温真空干燥法，干燥后立即放入瓶中加塞，放干燥器内或置于－20 ℃冰箱中保存。纸片的有效期一般为 4～6 个月。

(2)将分离的大肠杆菌用接种环均匀地涂布于营养琼脂表面(磺胺类药物的敏感试验要用大豚肉汤琼脂平板)。为了尽快得到结果,也可直接用典型病料无菌操作涂于营养琼脂表面,可提前 24 h 确定用药。

(3)待培养基表面稍干后,用无菌尖头镊子夹取各种干燥抗菌药物纸片,分别紧贴于培养基表面,轻按下纸片。一般在中央贴一种纸片,周围以等距离贴若干种纸片,之间距离应在 3 cm 以上。药敏纸片应有标记,以免混淆。

(4)最后盖上平皿盖,翻转平皿置 37 ℃温箱培养 10～18 h,取出观察结果。

(5)结果判定,用直尺测量抑菌圈直径(包括药敏纸片直径),按其大小(以 mm 作计量单位)作为判定敏感度高低的标准(表 2-7)。

表 2-7 药敏试验判定标准

抑菌圈直径/mm	敏感度
＞20	高敏
15～20	中敏
10～14	低敏
＜10	耐药

2. 试管法

此法虽然比纸片法复杂,但试验结果准确可靠,并可用于定量检查。

(1)取灭菌的试管 10 支,置于试管架上。

(2)用灭菌的吸管于第 1 管中加入肉汤 1.9 mL,其余各试管均加 1 mL。吸取配好的抗生素,磺胺类或中草药原液 0.1 mL 加入第 1 管,混合好吸取 1 mL 移入第 2 管,混合后再移 1 mL 入第 3 管,以此类推,直到第 9 试管,吸 1 mL 弃掉,第 10 试管不加药液做对照。

(3)然后各管加入幼龄试验菌 0.05 mL(培养 18 h 的菌液做 1∶1 000 稀释),于 37 ℃培养,18～24 h 观察结果。

(4)结果判定 凡无菌生长的药物的最高稀释管,即为该菌对药物的敏感度。若由于药物本身混浊,肉眼不易观察时,可将各稀释度再接种到新的培养基或涂片镜检、以每毫升肉汤中所含抗菌药物的微克数,作为判定敏感度高低的标准(表 2-8)。

3. 平板挖洞法

挖洞法是在接种的营养琼脂平板上挖洞,然后把药放在洞内,因此,也称琼脂孔法,适用于中草药煎剂、浸剂或不易溶解的药物。

(1)药物的准备 有水煎剂和粉剂两种,粉剂可直接进行试验,水煎剂多配成 1 g/mL 的溶液,即取定量的中草药,磨粉后加 5～10 倍的水,如中药质轻,体积较大时,水量以淹没药物为止,煮沸 1 h,滤渣,再加同量水,再煮沸 1 h,滤过。将两次药液混合,加热浓缩至每毫升含 1 g 生药的浓度,经 0.057 MPa 灭菌 15 min,即为中草药原液,置冰箱中备用。

表 2-8 抗菌药物的敏感试验 μg/mL

药物名称	敏感度		
	高敏	中敏	抗药
磺胺药	<50	50～100	>1 000
链霉素	<5	5～20	>20
青霉素	<0.1	0.1～2	>2
多黏菌素、庆大霉素	<1	1～10	>10
金、四、土、新、红霉素	<2	2～6	>6

(2)用接种环取被试菌均匀地涂布于营养琼脂平板上。

(3)以直径 3 mm 的金属打孔器在培养基上打孔，用针头挑去孔内琼脂，在平板底部置酒精灯上方微微加热，使琼脂略融以密封孔底。

(4)加药于孔内，其剂量为 0.025 mL，粉剂则加满。

(5)将平板置 37 ℃温箱中，培养 24～48 h。

(6)观察结果时，按纸片法测量抑菌圈的直径。

(四)结果与分析

经药敏试验后，要根据药物的敏感程度、用药途径、能否购到、是否有用药限制以及价格等选择高敏或中敏药物进行治疗。也可选用两种药物协助应用，以减少耐药菌株的产生。在确定药物时，特别要考虑病原体在体内的存在部位，如果病原体在消化道，要用难吸收的药物，以达到肠道中药物的浓度，又能减少药物在体内的残留；如果在呼吸道或关节，或有败血症则要用易吸收的药物，做到药到病处才能病除。

技能 3 鸡白痢抗体监测技术

(一)技能目标

鸡白痢抗体监测技术是防制鸡白痢的重要措施之一，要求学生掌握鸡白痢的血清学检疫方法及其判定标准，为预防和治疗鸡白痢奠定基础。

(二)教学资源准备

清洁玻璃板、针头、玻璃铅笔、接种环(环直径 4.5 mm)、橡胶乳头滴管(尖端每滴 0.5 mL)、吸管(0.5 mL、5 mL)、小试管等，生理盐水、70%酒精、来苏儿、鸡白痢阳性血清和阴性血清、鸡白痢全血平板凝集抗原和血清凝集抗原等，被检鸡只适量。

(三)操作方法与步骤

1. 全血平板凝集反应

(1)操作方法　将玻璃板擦拭干净，用玻璃铅笔划成 1.5～2 cm 的方格，并编号。将抗原充分振荡后，用滴管吸取 1 滴(0.05 mL)滴于玻板方格内，随即以针头刺破被检鸡冠或翼下静脉，用接种环取血液 1 满环(0.02～0.04 mL)，立即与方格内的抗原混匀，扩散至整个方格，置室温(20 ℃左右)下或在酒精灯上微加温，2 min 内判定结果。

(2)判定标准

阳性反应(＋)：出现明显的颗粒或块状凝集。

阴性反应(－)：不出现凝集或呈均匀一致的微细颗粒或边缘由于干涸形成细絮状物。

疑似反应(±)：不易判定阳性或阴性者。

2. 血清试管凝集反应(单管法)

采鸡血分离血清，吸取被检血清 0.02 mL 于小试管内，加上述稀释抗原 2 mL 与血清混合，置 37 ℃ 24 h，再在室温放置 12～24 h，发生凝集者为阳性反应。

3. 血清平板凝集反应

在玻板上滴 1 滴血清和 1 滴抗原，混匀，30～60 s 出现凝集者为阳性，试验应在 10 ℃以上室温中进行。

注意事项：

(1)本实验只适用于母鸡和一岁以上公鸡的检疫，对幼龄仔鸡不适用。

(2)反应应在 20 ℃左右进行。

(3)检疫开始时，必须用阳性和阴性血清对照。

(4)操作用过的用具，经消毒后方可再用。

(四)思考题

(1)鸡白痢的主要特征是什么？

(2)用平板凝集试验和试管凝集试验检疫鸡白痢时对被检鸡群有什么要求？

(3)如何对鸡场进行鸡白痢的检疫？

技能 4　禽巴氏杆菌病的诊断

(一)技能目标

掌握禽巴氏杆菌病的临床诊断要点。利用实验室进行巴氏杆菌的分离培养并进行确诊。

(二)教学资源准备

剪刀、酒精灯、载玻片、镊子、亚甲香柏油、二甲苯、显微镜、擦镜纸、吸水纸、革兰染色液、亚甲蓝染色液、接种环、血琼脂平板、麦康凯琼脂、葡萄糖发酵管、甘露醇发酵管、蔗糖发酵管、麦芽糖发酵管、乳糖发酵管、蛋白胨水、禽霍乱病死鸡(鸭)等。

(三)操作方法与步骤

1. 临床诊断

除鸡发病外，鸭、鹅也可同时发病；常有降低禽群抵抗力的不良因素存在。多突然发病，急性死亡，且病死率很高；临床上表现严重下痢；剖检可见皮下、腹膜及腹部脂肪有小点出血点；十二指肠黏膜有明显的出血性炎症，肠内容物含有血液；心包液增多，并混有纤维素；心冠脂肪及心外膜出血严重；肝脏稍肿大，表面有多量灰白色针头大的坏死点。

2. 实验室诊断

(1)形态观察　剖检禽霍乱病死鸡(鸭)，用心血、肝脏等涂片，经甲醇固定后用亚甲蓝染色，镜检。用同样的方法镜检病料。

(2)培养

①分离培养　取心血、肝脏、脾等同时划线接种于血液琼脂平板和麦康凯琼脂平板，37 ℃温箱培养 24 h，观察其生长特性。

②纯培养　钩取可疑菌落接种于血琼脂平板，置于 37 ℃温箱进行纯培养，对纯培养物进行菌落荧光性观察、运动性及生化特性鉴定。

(3)菌落荧光性观察　巴氏杆菌在血清琼脂平板上，37 ℃温箱培养 24 h，生长的菌落有荧光。将生长的菌落置于解剖显微镜载物台上，使光源 45°角折射于菌落表面，用低倍镜观察。可见菌落发出不同颜色的荧光。菌落呈橘红色带金光的荧光，边缘有乳白色光带，菌落结构致密、边缘整齐，即为 Fo 型菌落，对禽鸟类致病力强；菌落呈蓝绿色带金光，边缘有红黄色光带，称为 Fg 型菌落，对禽类致病力较弱；另一类菌落则无荧光无毒力，称为 Nf 型。

3. 生化试验

(1)糖发酵试验　取纯培养物分别接种葡萄糖、甘露醇、蔗糖、麦芽糖、乳糖于发酵管，37 ℃培养 2～3 d，观察结果。

(2)吲哚试验　取纯培养物接种蛋白胨水，37 ℃培养 2～3 d，加入吲哚试剂，观察结果。

(四)结果与分析

1. 形态观察

巴氏杆菌为两极浓染的形态较小的球杆菌，在新鲜的病料中常带有荚膜。

2. 培养

巴氏杆菌在血液琼脂平板上形成淡灰色、圆形、湿润、露珠样小菌落，不溶血。在麦康凯琼脂平板上不生长。钩取典型菌落涂片，革兰氏染色后镜检，表现为革兰阴性两极浓染的球杆菌。

3. 生化试验(表 2-9)

表 2-9　巴氏杆菌生化试验

细菌名称	葡萄糖	乳糖	麦芽糖	甘露醇	蔗糖	吲哚试验	H_2S
巴氏杆菌	+	−	−	+	+	+	+

注：+阳性；−阴性。

根据剖检病理变化及实验室检查结果可以确诊禽感染了巴氏杆菌，可以针对该病制定合理的防制措施。

4. 注意事项

(1)新鲜病料中巴氏杆菌常带有荚膜。慢性病例及腐败的病例镜检常见不到典型的菌体。

(2)巴氏杆菌对营养要求较高，糖发酵试验时，可向糖培养基中加入3%无菌马血清促进其生长繁殖。

任务3 禽常见寄生虫病的诊断与防控

一、鸡球虫病的诊断与防控(二维码2-21)

二维码2-21
鸡球虫病的诊断与防控

鸡球虫病(Coccidiosis in chicken)是由孢子虫纲艾美耳科艾美耳属(*Eimeria*)中的一种或数种单细胞寄生原虫寄生于鸡肠道上皮细胞所引起的以下痢、血便、死亡为特征的寄生虫性疾病。鸡球虫是一种全球性分布的寄生虫。几乎可以说，凡养鸡的地方，就有鸡球虫。无论鸡场设备及管理技术多么先进，防疫措施多么严格，鸡球虫病还是照样发生。设施及管理落后的地方就更不用说了。鸡球虫的发育方式为直接型，鸡是唯一的宿主，因此球虫病的流行不受中间宿主分布的限制；球虫卵囊具有极强抵抗力，常用的消毒剂没有一种能杀灭球虫卵囊，常规的卫生防疫制度不能阻止球虫卵囊的散播，鸡的集约化饲养为球虫病的暴发创造了有利条件。

雏鸡的发病率和致死率均较高。病愈的雏鸡生长受阻，增重缓慢；成鸡没有明显的临床症状，但增重和产蛋会受到一定影响，且易诱发其他疾病，也是传播球虫病的重要病源。无症状的球虫感染并不是对鸡只完全无害，因为球虫是一种细胞内寄生虫，主要寄生在肠上皮细胞中，肠道是重要的消化吸收器官，肠上皮细胞遭受球虫寄生后，消化吸收能力必然受到影响，致使饲料转化率下降，肉鸡饲养效益变差，甚至无利可图。所以慢性经过时也会明显影响鸡的生长发育和生产性能，给养鸡业带来巨大的经济损失。

(一)病原

病原为艾美耳科艾美耳属的球虫，我国目前发现了9种。不同种类的球虫，在鸡肠道内寄生部位不一样，其致病力也不同。其中有两种致病力最强，分别为柔嫩艾美耳球虫(又叫盲肠球虫)和毒害艾美耳球虫(又叫小肠球虫)。柔嫩艾美耳球虫(*E. tenella*)寄生于盲肠，致病力最强；毒害艾美耳球虫(*E. necatrix*)寄生于小肠中三分之一段，致病力较强；堆型艾美耳球虫和巨型艾美耳球虫具有中等的致病力，主要引起慢性球虫病，巨型艾美耳球虫(*E. maxima*)寄生于小肠中段，有一定的致病作用；堆型艾美耳球虫(*E. acervulina*)寄生于十二指肠及小肠前段，也有一定的致病作用；而其他5种球虫的致病力低或没有致病性。它们分别是和缓艾美耳球虫(*E. mitis*)、早熟艾美耳球虫(*E. praecox*)和哈氏艾美耳球虫(*E. hagani*)寄生在小肠前段，致病力较低；布氏艾美耳球虫(*E. brunetti*)寄生于小肠后段，盲肠根部，有一定的致病力；变位艾美耳球虫(*E. mivati*)寄生于小肠、直肠和盲肠，有一定的致病力。在临床上往往多种球虫混合感染。

(二)球虫发育史

鸡球虫的发育过程共两个阶段、三种繁殖方式，即在鸡体内进行裂殖生殖和配子生殖；在外界环境进行孢子生殖。

1. 无性繁殖阶段

球虫卵囊随鸡的粪便排出，刚排出的卵囊无致病力，在外界温暖、潮湿的环境中经1～3 d发育成熟为孢子卵囊，即具有了致病力。每个成熟的卵囊中含有4个孢子囊，每个子孢子囊内有2个子孢子。当鸡吃下成熟的卵囊后，在肠道消化液的作用下，卵囊壁被溶解，子孢子溢出，随即侵入肠壁上皮细胞，发育为裂殖体。裂殖体大量繁殖，形成许多的裂殖子。每个裂殖子又侵入新的肠上皮细胞，发育为裂殖体，然后又产生许多的裂殖子。它们再次侵入新的肠上皮细胞，如此反复数次，进入有性生殖阶段。

2. 有性生殖阶段

裂殖子发育成雄性配子和雌性配子，雄性配子具有两根鞭毛，能够活动，雌性配子较大，两种配子结合后即成为合子。合子很快形成一层厚的被膜而随粪便排出体外。这种有被膜的合子即卵囊，卵囊排出体外，在适宜条件下，卵囊内发育形成孢子囊和子孢子，含有成熟子孢子的卵囊称为感染性卵囊，被鸡食入后重新进入新一轮的发育。

球虫卵囊对外界因素的抵抗力较强，卵囊对一般常用的消毒剂有较强的抵抗力。但卵囊对高温和干燥的抵抗力很低，0 ℃ 2～4 d后灭活，55 ℃ 10 min可全部灭活，部分卵囊在土壤及鸡舍中可存活一年以上。

(三)流行病学

(1)各个品种的鸡均有易感性，主要发生于3个月以内的幼鸡。11日龄以下的雏鸡有母源抗体的保护，很少发病。15～50日龄的鸡发病率和致死率较高，成年鸡对球虫有一定的抵抗力。成年鸡感染后很少发病，产蛋会受到一定的影响，且成为带虫者。但临床上最早可见8日龄的雏鸡发病，且产蛋鸡小肠球虫在一些地区也很流行。

(2)本病多发生于春、夏季节，这时气候温暖，雨量较多，利于卵囊的生存繁殖。此外，在饲养管理条件差，鸡舍潮湿、卫生条件恶劣等情况下发病率高。大棚饲养的肉鸡一年四季均高发球虫病。

(3)病鸡和带虫鸡是主要传染源，通过被病鸡和带虫鸡污染的饲料、饮水、用具和场地等进行传播。其他鸟类、家畜和某些昆虫以及饲养管理人员，都可以成为球虫病的机械传播者。

(4)球虫虫卵的抵抗力较强，在外界环境中一般的消毒剂不易破坏，在土壤中可保持生活力达4～9个月。卵囊对高温和干燥的抵抗力较弱。

(四)临床症状

球虫病常因病鸡的感染程度、鸡的日龄、球虫种类和饲养条件等而不同。

1. 急性型(盲肠球虫)

对雏鸡危害最大，多见于3～6周龄的幼鸡感染柔嫩艾美耳球虫引起。病鸡表现为精神不振，缩颈闭眼，羽毛蓬乱，食欲减退，嗉囊内充满液体；鸡冠和可视黏膜苍白，逐渐消瘦；病鸡常排红褐色血样粪便。若多种球虫混合感染，粪便中含有血液，并含有大量脱落的肠黏膜；此外，在病的后期常引起严重的神经症状，如运动失调、昏迷、翅轻瘫、直伸或痉挛性收缩，病情发展迅速，很快死亡。病程1～3周，雏鸡死亡率可达到50%以上，严重的可达90%以上。

2. 慢性型(小肠球虫)

由毒害艾美耳球虫引起，其症状与盲肠球虫相似。多见于3个月以上的鸡，病程缓慢，可延续数周至数月。病鸡食欲逐渐减少，消瘦，生长缓慢，下痢，但血便不常见，只是粪便的颜色发暗。

(五)病理变化

(1)病理变化主要发生在肠管，病变部位和程度与球虫的种类有关。

(2)盲肠球虫感染时，两支盲肠显著肿大，可为正常的3～5倍，外观呈暗红色，肠管上见有针尖大至小米粒大小的白色或红色斑点，剪开肠腔可见肠腔内充满暗红色的血凝块，或含有血液的干酪样物，膜上有点状出血，肠壁增厚，质地坚实。

(3)小肠球虫感染时，主要损害病鸡的十二指肠、小肠前段和中段，导致小肠肠管扩张，肠壁增厚，弹性丧失，黏膜层变薄，有严重的坏死。在裂殖体繁殖的部位，有明显的淡白色斑点，黏膜上有许多小出血点。肠管中有凝固的血液或有胡萝卜色胶冻状的内容物。浆膜面点状出血，并可透视到肠内容物出血。

(六)诊断要点

根据流行病学、临床症状和病理变化可做出初步诊断，确诊需进行实验室诊断。

对慢性病鸡或进入康复阶段的病鸡，可取粪便检查，发现大量卵囊即可确诊。

球虫卵囊的检查方法是：用竹片或合适的器械刮取肠黏膜表层或病鸡的少量粪便，放于洁净的载玻片上，滴1～2滴蒸馏水，用牙签充分混合均匀，加上盖玻片，置于显微镜下检查。若粪便或肠内容物中有卵囊，则可在视野中看到一种圆形或卵圆形的卵囊，整个卵囊的外面包裹着一个双层的壳膜。在镜下找到其他发育阶段的发育体如裂殖子、配子体等，即可确诊。也可用饱和盐水漂浮法检查粪便中的卵囊。

对急性病鸡应检查肠道的病理变化，同时由病灶部刮取病料，通过检查是否有裂殖体、裂殖子或配子阶段的虫体来判断是否感染。

(七)防制

鸡球虫的生活史中既有体外阶段也有体内阶段。因此,必须采取包括药物、环境检测和饲养管理等综合性的防制措施。

1. 加强饲养管理

成鸡与雏鸡分开喂养,以免带虫的成年鸡散播病原导致雏鸡暴发球虫病;合理搭配日粮,供给鸡以富含维生素 A、维生素 D、维生素 K 的饲料;鸡群饲养密度不宜过大,及时、合理分群,让鸡群有一个充足的活动空间。减少鸡只与球虫卵囊的接触机会,以增强鸡的抵抗力。及时让鸡群上棚(一般在 15 日龄),使鸡只在球虫病发生危险期内吞食球虫卵囊的数量减少,进一步预防球虫病的发生。

2. 搞好环境卫生

做好环境卫生,坚持对笼具、料槽、水槽定期消毒。鸡舍中的粪便最好每天清除,进行堆积生物热处理,并保持鸡舍干燥,通风良好。对鸡舍、地面、饲养管理用具等用热碱水消毒。病鸡尸体要烧掉或深埋。保持垫料的干燥,有效控制球虫卵囊的发育。

3. 做好预防工作

目前,鸡球虫疫苗的免疫接种较少,主要依靠药物进行预防。生产中常用的药物有磺胺类药物、马杜拉霉素等,在使用时应选择合适的抗球虫药并抓住最佳用药时机。

(1)药物预防　在球虫病流行的季节和幼鸡易感日龄,在饲料中添加预防剂量的敏感药物,进行药物预防。对于一直饲养在金属网上的蛋鸡,不需采用药物预防。对于从平养移至笼养的后备母鸡,在上笼之前,需使用常规用量的抗球虫药进行预防,但在上笼之后就不需再使用药物预防。在蛋、肉品中往往残留微量抗球虫药,长期食用,可影响人体健康,药物残留还影响禽类产品出口贸易,故国际有关组织对畜产品中抗球虫药及其代谢产物的含量做了限制性规定,并规定了各种抗球虫药的休药期,使用上述药物时,应遵守休药期规定。

①氨丙啉　按 0.012 5%混入饲料,鸡整个生长期均可用。

②马杜拉霉素　按 0.005%～0.007%混入饲料,无休药期。

③莫能菌素　按 0.000 1%混入饲料,无休药期。

(2)疫苗预防　使用球虫疫苗可避免药物残留对环境和食品的污染以及耐药虫株的产生。国内外均有多种疫苗可以使用,但最大的问题是免疫剂量不易控制均匀,无论活毒苗、弱毒苗还是混合苗,使用超量都会致病。

4. 治疗

一旦鸡群发生球虫病,应及时选用敏感药物进行治疗。因为病鸡食欲减少但饮欲增加,所以最好选用水溶性好的抗球虫药。

(1)抗球虫药物使用方案　在抗球虫药物的使用上要制定具体使用方案,目前是多种方案并用,即单一用药、穿梭用药及诱导免疫等。肉仔鸡生产周期短、密度大,饲养场地长时间反复使用,都会导致球虫病的发生。即使低水平的球虫感染也会造成经济损失,特别是出栏前2周左右发生时的影响更大，因而决定了肉仔鸡用药方案的严密性，后备鸡和种鸡的生长周期长，用药费用大，且有药物残留等许多弊端。因此，应考虑建立球虫的自然免疫力。

①单一用药　用单一药物连续使用到肉鸡宰前3～7 d，用药最好不超过3个批次，就轮换用另一种药物。

②穿梭用药　是在一批鸡中应用两种不同类型的药物。即雏鸡阶段使用一种药物，至生长期时使用另一种药物，如在1～4周龄时使用一种化学药物（如球病灵或尼卡巴嗪），自4周龄至屠宰前使用一种聚醚类离子载体抗生素（如盐霉素或马杜拉霉素）。

③诱导免疫　让鸡群在自然接触球虫卵囊后，采用球虫抑制药物，控制并维持亚临床状态，以不断诱导机体产生有效的免疫反应，不断获得对球虫的免疫力，通过递减用药，或感染后低浓度用药可达到上述目的。在饲料中加入低于肉鸡用药浓度的抗球虫药，连用6～22周，一般为14周后停药。蛋鸡和种鸡常选用尼卡巴嗪、球痢灵、氯苯胍等，肉仔鸡可选用克球粉、盐霉素、莫能菌素、马杜拉霉素等。

(2)抗球虫药物使用方法

①氨丙嘧吡啶　用法是每50 kg水加药30 g，连用5～7 d，然后剂量减半，再用3 d。

②氨丙啉　按0.024%浓度饮水，连用3 d，剂量减半后，再连用7 d。

③磺胺二甲嘧啶　以0.1%浓度饮水2 d，剂量减半后再用4 d。

二、禽组织滴虫病的诊断与防控（二维码2-22）

二维码2-22
禽组织滴虫病的诊断与防控

禽组织滴虫病（histomoniasis）又名盲肠肝炎、传染性盲肠肝炎或黑头病，是由火鸡组织滴虫寄生于禽类盲肠和肝脏中引起鸡和火鸡的一种急性原虫病，其特征是以肝的表面产生坏死溃疡病灶和盲肠溃疡发炎为特征，也发生于野雉、孔雀和鹌鹑等鸟类。对本病的首次描述是在1895年，随后在1964年后的十年间对本病有了进一步的认识，组织滴虫可发生于任何适合鸟类宿主生存的地方。目前本病仍是鸡、火鸡和其他家禽的一种重要疾病。

(一)病原

火鸡组织滴虫（*Histomonas meleagridis*）属于鞭毛变形科，是一种很小的原虫。该原虫有两种形式：一种是组织型原虫，寄生在细胞里，虫体呈圆形或卵圆形，没有鞭毛，大小为6～20 μm；另一种是肠腔型原虫，寄生在盲肠腔的内容物中，虫体呈阿米巴状，直径为5～30 μm，不规则形，具有一根鞭毛，在显微镜下可以看到鞭毛的运动。

(二)组织滴虫发育史

组织滴虫在鸡体内以二分裂方式繁殖，原虫随病鸡粪便排出体外，在外界环境中抵抗力不强，可迅速死亡。但若鸡采食到未死亡的原虫，即被感染。另一种感染方式是在盲肠内有组织滴虫寄生，同时感染鸡异刺线虫时，组织滴虫进入异刺线虫卵内（约0.5%的异刺线虫卵中带有这种组织滴虫）。这些组织滴虫在异刺线虫卵壳的保护下，再随病鸡粪便排出体外，在外界环境中能生存 2～3 年。当鸡吞食了这样的虫卵后，卵壳被消化，线虫的幼虫和组织滴虫一起被释放出来，共同移行至盲肠部位繁殖，进入血流。幼虫对盲肠黏膜的机械性刺激，促进盲肠肝炎的发生。组织滴虫钻入肠壁繁殖，进入血流，寄生于肝脏。

(三)流行病学

鸡组织滴虫的主要宿主是火鸡，鸡也可被感染，以火鸡的易感性最强。组织滴虫病最易发生于两周至三四月龄以内的雏鸡和育成鸡，特别是雏火鸡易感性最强，病情严重。本病也见于肉用仔鸡和许多被捕获的野鸟。成年火鸡呈隐性感染，成为带虫者。

本病一年四季均可发生，主要发生于春、夏潮湿温暖季节。病鸡和带虫鸡是主要的传染源，通过消化道感染为主，病鸡排出的粪便中含有大量的原虫，污染饲料和饮水，当鸡食入后便可感染本病。鸡排出的异刺线虫卵是本病传播的主要媒介，此外，蚯蚓、蝇、蚌、蝠、土鳖、螺、蝉等也是本病的机械传播者。鸡群拥挤，通风及光线不足，饲料营养缺乏，尤其是维生素 A 不足，是本病发生的重要诱因。

(四)临床症状

本病的潜伏期一般为 7～12 d。病鸡初期表现为呆立，采食减少甚至停止，羽毛蓬乱，无光泽，两翅下垂，身体蜷缩，头下垂贴近身体或插入翅下，排出淡黄色或淡绿色粪便，又称“硫黄屎”，严重病例粪便中带血。发病后期，病鸡因血液循环障碍，鸡冠呈暗黑色，甚至头部皮肤发青、发紫，所以又有“黑头病”之称。病程通常为 1～3 周，病愈康复鸡的粪便中仍有原虫，带虫可达数月。成年鸡感染后，很少表现临床症状。

(五)病理变化

组织滴虫病的损害常限于盲肠和肝脏，盲肠的一侧或两侧发生病变，盲肠粗大，粗细不均，触摸坚硬，发炎、坏死，肠壁增厚或形成溃疡，有时盲肠穿孔，引起全身性腹膜炎，盲肠表面覆盖有黄色或黄灰色渗出物，并有特殊恶臭。剪开盲肠，可见内容物坚实干燥，形成一段干酪样的凝固栓子，堵塞在肠腔内。横切凝固栓子其断面呈同心层状，中心是黑红色的凝血块，外层是灰白色或淡黄色的渗出物和坏死性物质。直肠黏膜潮红。其他脏器也有不同程度地肿大、淤血和出血性炎。肝出现颜色各异、不整圆形稍有凹陷的溃疡灶，通常呈黄灰色，或是淡绿色。溃疡灶的大小不等，一般为 1～2 cm 环形病灶，多少不一，可散发，也可能相互融合成大片的溃疡区。经过治疗或发病早期的雏火鸡，可能不表现典型病变，大多数感染鸡群通常只有剖检足够数量的病死禽只，才能发现典型病理变化。

(六)诊断要点

根据本病的流行病学、临床症状和病理变化可做出初步诊断。一是鸡常排出淡黄色或淡绿色粪便。取病鸡粪便做显微镜检查，在粪便中发现虫体即可确诊；二是采集病鸡的新鲜盲肠内容物，置于载玻片上，用温生理盐水均匀稀释后，制成悬滴标本，在 400 倍显微镜下观察，看到活动的原虫呈钟摆式往返运动即可确诊；三是通过剖检病鸡发现典型病变即可确诊；四是将病变边缘刮落物做涂片，或在肝病变组织切片中，镜下可发现虫体即可确诊。

本病的症状易与盲肠型球虫病相混淆，应加以鉴别。鸡盲肠型球虫病没有肝脏的典型病变及由于盲肠穿孔引起的腹膜炎。

(七)防制

1. 预防

本病的预防措施主要是加强饲养管理和卫生消毒工作。由于组织滴虫的主要传播方式是通过盲肠体内的异刺线虫虫卵为媒介，排除虫卵，减少虫卵的数量，以降低这种病的传播感染。因此，在进鸡和火鸡以前，必须清除禽舍杂物并用水冲洗干净，然后严格消毒。火鸡饲养场内，禁止同时养鸡，以防止寄生在鸡体内的大量的组织滴虫感染火鸡。严格做好禽群的卫生管理，饲养用具不得乱用，饲养人员不能串舍，免得互相传播疾病。及时检修供水器，定时移动饲料槽和饮水器的位置，以减少局部地区湿度过大和粪便堆积。饲料槽、饮水器和鸡笼等用具要经常清洗消毒。鸡群密度要合理，保证鸡舍内通风换气良好。定期用驱虫药驱除鸡群体内的异刺线虫，对防制本病也有重要作用。

2. 治疗

(1)甲硝唑　每千克饲料加入 250 mg，混饲，连用 5 d。预防可按每千克饲料加入 200 mg，混饲，连用 3 d 为一个疗程，停药 3 d，再用下一个疗程，连续 5 个疗程。

(2)二甲基咪唑　治疗按每千克饲料加入 600 mg，混入饲料，疗程不得超过 5 d，预防可按每千克饲料加入 150 mg，混入饲料，休药期为 5 d。

三、鸡蛔虫病的诊断与防控(二维码 2-23)

鸡蛔虫病(Ascaridiosis galli)是由禽蛔虫科的禽蛔虫寄生于鸡的小肠内而引起的一种常见的寄生虫病。鸡、鹅和鸽子等多种禽类都可发生蛔虫病，本病遍布全国各地，鸡感染后若不及时治疗，常影响雏鸡的生长发育，成年鸡产蛋量下降，饲料报酬降低，甚至发生死亡，造成经济损失。

二维码 2-23
鸡蛔虫病的诊断与防控

(一)病原

鸡蛔虫(*Ascaridia galli*)是寄生在鸡体内最大的一种线虫，呈黄白色。像细豆芽梗一样。雄虫长 5～7 cm，雌虫长 6～11 cm，表面有横纹，头部有 3 个唇片，尾部稍尖。寄生于鸡的小肠，偶见于食道、嗉囊、肌胃、输卵管和体腔中。虫卵呈扁椭圆形，灰褐色，壳厚而光滑，大小为(70～90) μm×(47～51) μm，新排出时内含单个胚细胞，随粪便排出，在外界温暖、潮湿、空气充足的环境中经 10～12 d 的发育即可具有致病力。

虫卵对寒冷和常用消毒剂的抵抗力很强。但在干燥和高温(>50 ℃)，特别是在阳光直射、沸水处理、粪便堆积发酵等情况下会很快死亡。感染性虫卵在土壤中一般能生存 6 个月。

(二)蛔虫发育史

为直接发育型，不需要中间宿主。雌虫在鸡的肠道成熟、交配后，在小肠每天可产约 5 000

个虫卵，产出的虫卵随粪便排出体外，此时的虫卵尚无感染力。虫卵在适宜的温度、湿度和充足氧气等条件下，在外界再经过 10～12 d 的发育成为具有致病力的感染性虫卵。鸡食入感染性虫卵后，雌幼虫在鸡的腺胃和肌胃逸出，钻入肠黏膜，发育一段时间后，再回到肠腔发育为成虫，成虫主要寄生在鸡的小肠中，感染严重时在嗉囊、肌胃、盲肠和直肠中亦有寄生。从鸡吃入感染虫卵到在小肠内发育为成虫，需 35～50 d。蛔虫在小肠内以黏膜表层物质和肠内容物为食，在鸡体内可生存 6 个月，然后可自行随粪便排出。

（三）流行病学

禽的各种蛔虫的发育宿主有鸡、火鸡、珍珠鸡和野鸡等。一般情况下，3～4 月龄以内的雏鸡易感性高，感染后病情严重，雏鸡只要体内有 4～5 条成虫寄生即可发病。超过 5～6 月龄的鸡抵抗力较强。不同品种鸡的抵抗力也不同，肉用鸡比蛋用鸡的抵抗力高。本病的传播主要是雌虫在鸡的小肠内产卵，卵随鸡粪排到体外。虫卵在适宜的温度和湿度等条件下，经 1～3 周发育为感染虫卵。通过鸡食入被感染性虫卵污染的饲料和饮水实现，或由于鸡啄食体内含有感染性虫卵的蚯蚓或蚱蜢而感染。饲养条件与易感性也有很大的关系。饲料中含有动物性蛋白充足，或含有足够的维生素 A 和维生素 B 的饲料，可使鸡具有较强的抵抗力。此外，蚯蚓可作为贮藏宿主传播鸡蛔虫病，虫卵在蚯蚓体内可长期保持其生命力和感染力，并依靠蚯蚓可避免干燥和直射日光的不良影响，在传播上起重要作用。

（四）临床症状

雏鸡常表现为精神萎靡，行动迟缓，呆立不动，双翅下垂，羽毛蓬乱，鸡冠和可视黏膜苍白，贫血，消化机能紊乱，食欲减退，下痢和便秘交替，有时粪便中含有带血的黏液，生长发育不良。若不及时治疗，则逐渐衰竭死亡。成年鸡感染时多不表现症状，严重者下痢，贫血，产蛋量下降。

（五）病理变化

感染早期，幼虫破坏病鸡肠黏膜、肠绒毛和肠腺，造成发炎、充血、出血、水肿，并易导致病菌继发感染，幼虫在寄生部位大量集中可见结缔组织增生，肠壁上形成颗粒化脓肚或形成寄生性结节，有时肝有淤血。成虫大量寄生时可阻塞肠道，甚至引起肠破裂、腹膜炎。剖开肠管即可发现大量虫体。

（六）诊断要点

根据流行病学和临床诊断症状可初步诊断，确诊需做实验室检查。主要依据粪便检查或剖检发现大量虫卵或虫体才可确诊。

1. 粪便检查

粪便检查可采用直接涂片法和漂浮法。取鸡粪便数克置于小杯或小试管中，加少量饱和盐水仔细混合，并逐渐加入饱和的盐水，静置 30 min，虫卵大部分漂浮在液体表面，用铁丝做成直径 5～10 mm 的小圈，与液面平行接触以蘸取表面液膜，抖落于载玻片上，盖上玻片，用显微镜观察，寻找蛔虫卵。

2. 剖检

剖杀病鸡，仔细检查小肠能发现数量不等的虫体，少则 4～5 条，多则数十条，虫体呈细豆芽状，体表有横纹，黄白色。

3. 鉴别诊断

鸡蛔虫和鸡异刺线虫的幼虫和虫卵很相似，应注意区别。鸡蛔虫卵长 70～80 μm，宽 47～51 μm，椭圆形，较扁圆，鸡异刺线虫卵长 50～70 μm，宽 30～39 μm，椭圆形，但较长。鸡蛔虫幼虫尾部短，急行变尖，鸡异刺线虫幼虫尾部较长，逐渐变尖。

（七）防制

1. 加强饲养管理，定期驱虫

本病的预防措施主要是加强饲养管理。成年鸡和幼龄鸡分群饲养。鸡舍要保持干燥，清洁，饮水器和饲槽每隔 10 d 清洗一次，并用沸水消毒。及时清除粪便，粪便堆积利用生物热杀灭虫卵。供给鸡全价饲料，增强鸡群的抵抗力等。同时在蛔虫流行的鸡场，每年进行 2～3 次定期驱虫，雏鸡第 1 次驱虫在孵化后的两个月左右进行，第 2 次驱虫在冬季，成年鸡第 1 次驱虫在 10—11 月份，第 2 次在春季进行。也可在饲料中加预防量的驱虫药如 0.25% 吩噻嗪，长期饲喂。

2. 治疗

（1）硫化二苯胺（吩噻嗪）　成年鸡按每千克体重 0.5～1.0 g。幼鸡用量减半，与饲料 1∶15 混合饲喂，每只鸡不超过 2 g。

（2）驱虫净（四咪唑）　按每千克体重 40～60 mg 混于饲料中，一次喂服，安全、副作用小。

（3）驱蛔灵（枸橼酸哌嗪）　按每千克体重 200 mg 混于饲料中，一次内服，或配成 0.1%～0.2% 水溶液饮服。

（4）丙硫苯咪唑　每千克体重 5 mg，拌入饲料，一次内服。

（5）左旋咪唑　每千克体重 10 mg，喂服或肌内注射。

（6）伊维菌素　每千克体重 0.3 mg，1 次皮下注射。

（7）中药方剂　槟榔子 125 g、南瓜子 75 g、石榴皮 75 g，共研为末，按 2% 的比例拌于饲料中，空腹喂给，每日 2 次，连用 2～3 d。效果较好。

四、鸡绦虫病的诊断与防控（二维码 2-24）

二维码 2-24

鸡绦虫病的诊断与防控

鸡绦虫病（cestodosis）是由戴文科赖利属的棘沟赖利绦虫、四角赖利绦虫、有轮赖利绦虫和戴文属的节片戴文绦虫等多种绦虫引起的鸡的一种寄生虫病。赖利属的 3 种绦虫寄生于鸡和火鸡的小肠中，在我国最为常见且最为严重；节片戴文绦虫寄生于鸡、鸽、鹌鹑的十二指肠内，可引起贫血，消瘦，下痢，产蛋减少或停止。

(一)病原

绦虫是一些白色、扁平、带状而分节的蠕虫。虫体由一个头节和多个体节构成。头节上绝大多数都有4个吸盘和顶突。有的在吸盘上有小钩。绦虫就利用这些特殊的结构把身体吸附和钩着在禽类肠壁上。绦虫没有消化器官,营养靠从体表吸收。

寄生于鸡的常见绦虫有4种,即四角赖利绦虫、棘沟赖利绦虫、有轮赖利绦虫和节片戴文绦虫。以上4种均寄生于小肠,主要是十二指肠内。

1. 四角赖利绦虫和棘沟赖利绦虫

四角赖利绦虫和棘沟赖利绦虫是鸡体内大型绦虫,两者虫体大小、形态相似,白色、扁平带状,长可达250 mm,宽10～40 mm。棘沟赖利绦虫头节上的吸盘呈圆形,四角赖利绦虫头节上的吸盘呈卵圆形,顶突和吸盘上都有钩。孕节中每个卵囊内含虫卵6～12个,虫卵直径为25～50 μm。

2. 有轮赖利绦虫

有轮赖利绦虫虫体较短小,长度一般不超过40 mm。头节上的吸盘呈圆形,无钩,顶突宽大肥厚,形似轮状,突出于虫体前端。孕节中含有多个卵囊,每个卵囊内仅有一个虫卵。虫卵直径75～88μm。

3. 节片戴文绦虫

虫体短小,外形似舌状,长度仅0.5～3 mm,4～9个节片,节片由前往后逐个增大。孕节中每个卵囊内仅有一个虫卵。虫卵直径为28～40 μm。

(二)绦虫发育史

鸡绦虫的发育都需要有中间宿主才能完成。棘沟赖利绦虫和四角赖利绦虫的中间宿主是蚂蚁,戴文绦虫的中间宿主是蛞蝓,有轮赖利绦虫的中间宿主是甲虫、家蝇等。成虫寄生于鸡小肠内,成熟孕卵节片脱落,随粪便排至外界,被中间宿主吞食了虫卵或节片后六钩蚴在其体内发育为似囊尾蚴,鸡吞食了含有似囊尾蚴的中间宿主而感染,似囊尾蚴在小肠内发育为成虫。

(三)流行病学

鸡绦虫病分布十分广泛,与中间宿主的分布广有关。感染多发生在中间宿主活跃的4—9月份。各种年龄的鸡均可感染。但以雏鸡的易感性更高。25～40日龄的雏鸡发病率和死亡率最高,成年鸡多为带虫者。饲养管理条件差、营养不良的鸡群,本病易发生和流行。四种绦虫常发生混合感染。鸡绦虫病对养鸡业危害较大,在流行区,能造成放养的雏鸡大群感染并引发死亡。

(四)临床症状

病鸡轻度感染症状不明显。严重感染时,绦虫头节破坏肠壁,引起出血性肠炎,呈现消化障碍,腹泻。粪便变稀,有时混有血样黏液。羽毛蓬乱,食欲减退,饮水增多,呼吸加快,消化障碍，头颈扭曲，消瘦，贫血。雏鸡生长停滞或死亡。母鸡产蛋量明显下降或停产。当赖利绦虫大量感染时虫体积聚成团，导致肠阻塞，甚至肠破裂而引起腹膜炎。节片戴文绦虫病有时发生麻痹，从两腿开始，逐渐波及全身，这是由于虫体的毒素被鸡吸收后引起的。

(五)病理变化

病死鸡尸体消瘦，剖检可见黏膜增厚、十二指肠黏膜潮红、有散在出血点，肠腔中含淡红色恶臭的黏液，大量虫体固着于黏膜上，导致肠阻塞，甚至肠破裂引起腹膜炎。可视黏膜苍白或黄染。

(六)诊断要点

根据鸡群的临床诊断症状，通过粪便检查，发现粟粒大、乳白色、肉质样的孕卵节片或虫卵为根据，用饱和盐水漂浮法检查粪便，发现虫卵即可确诊。由于虫体较小，通常一条成虫每天仅排出 1 个孕节。且往往在下午或夜间，所以在鸡粪中不易找到，故应注意收集全粪检查。但此法检出率不高。剖检是最可靠的诊断方法。棘沟赖利绦虫感染时，除可在小肠内发现虫体外，肠黏膜有针尖大褐色结节，结节中央凹陷。检查节片戴文绦虫时，可将剖开的肠管在水中漂洗，孕卵节片明显地突出于十二指肠绒毛上。

(七)防制

1. 预防

对鸡群进行定期驱虫，雏鸡 2 月龄左右进行第一次驱虫。以后每隔 1.5～2 个月驱虫一次，转舍或上笼之前必须进行驱虫。及时清除粪便并做无害化处理。发现病鸡及时治疗。雏鸡和成鸡要分开饲养，新购入的鸡应先隔离驱虫后再并群。鸡舍内外地面要坚实，使得甲虫的幼虫不能生活。鸡舍附近不能堆积垃圾等杂物，以减少蚂蚁建筑巢穴。定期杀灭鸡舍内外的昆虫，以防止中间宿主吞食虫卵。

2. 药物治疗

(1)硫双二氯酚　剂量为每千克体重 80～100 mg，1 次口服。

(2)氯硝柳胺(灭绦灵)　每千克体重 50～60 mg，一次口服。

(3)丙硫咪唑　每千克体重 15～20 mg，一次口服。

(4)吡喹酮　每千克体重 15～20 mg，一次口服。

[技能训练]

技能 1　鸡球虫病的诊断

(一)技能目标

使学生掌握鸡球虫病的流行特点、症状和病理剖检诊断要点。会用粪便涂片法和漂浮法诊断鸡球虫病。

(二)教学资源准备

显微镜、粪盒、铜筛、玻璃棒、铁丝圈(直径 5～10 mm)、镊子、烧杯、漏斗、载玻片、盖玻片、培养皿、试管、剪刀、肠剪、饱和盐水、50%甘油生理盐水(等量混合液)、球虫病雏鸡和球虫形态图。

(三)操作方法与步骤

1. 临床诊断

本病多发生在温暖季节,以 3～6 周龄的雏鸡易感染,发病率和死亡率都高。病雏衰弱和消瘦,鸡冠苍白,排出血便。对病鸡进行剖检,仔细检查盲肠、小肠的病变。

2. 球虫卵囊的检查方法

(1)直接涂片法　在载玻片上滴加 1～2 滴 50%甘油生理盐水,取少许粪便加入其中,混匀,然后除去粪渣,涂抹成一层均匀的粪液,加上盖玻片,先用低倍镜检查,发现卵囊后再用高倍镜检查。

(2)饱和盐水漂浮法　饱和盐水的制备是在大烧杯内将水煮沸加入食盐,直到食盐不再溶解为止(1 000 mL 水中加入 400 g 食盐)。然后过滤,冷却,装瓶备用,若溶液中出现食盐结晶沉淀时,即证明为饱和盐溶液。取新鲜鸡粪便或死鸡肠内容物约 5 g,放入 50 mL 烧杯内,再加入 40 mL 饱和盐水,搅拌均匀,用铜筛或两层纱布过滤到另一个 50 mL 烧杯中,加饱和盐水到满杯,静置约 30 min,用一铁丝圈与液面平行接触,蘸取表面液膜,抖落于载玻片上,加盖玻片镜检有无球虫卵囊。

3. 球虫的鉴定

鸡球虫卵囊一般呈卵圆形、椭圆形或近似圆形,有的略带淡绿色或黄褐色,或淡灰白色。中央有一个深色的圆形部分,周围是透明区,整个卵囊外面有一个双层的壳膜。刚从机体内排出的卵囊,内含一个球形的合子。

(四)结果与分析

描绘出当地鸡球虫的形态简图,用文字说明其形态特征。

技能 2　禽绦虫病与蛔虫病的虫体形态观察及粪便检查

(一)技能目标

熟悉禽常见绦虫、蛔虫的形态特点,掌握饱和盐水漂浮法检查粪便虫卵的方法。

(二)教学资源准备

鸡常见绦虫、蛔虫的形态图和浸渍标本,常见绦虫卵和蛔虫卵形态图,显微镜、镊子、载玻片、盖玻片、平皿、铜筛、玻璃棒、铁丝圈、漏斗、纱布、饱和盐水、鸡(鸭)的粪便材料。

(三)操作方法与步骤

1. 禽绦虫、蛔虫形态观察

利用挂图和标本讲述绦虫、蛔虫的形态构造特点。学生分组观察虫体形态。

2. 粪便检查法

(1)粪便肉眼检查法　该法多用于绦虫病的诊断,检查粪便中是否有虫体或孕卵节片。粪便中较大型虫体和较大的绦虫节片很易被发现,先检查粪便的表面,然后将粪便轻轻捣碎,认真进行观察。

对于较小的虫体或节片,应先将取粪便 5～10 g 收集于较大的容器(桶或盆)中,加入5～10 倍清水,搅拌均匀,静置 10～20 min,然后倾去上层液体,重新加清水,搅拌均匀,沉淀,反复数次,直至上层液体清澈为止。最后将上层液体倾去,取少量沉渣置较大玻璃平皿内,先后在白色背景和黑色背景上,以肉眼或借助于放大镜寻找虫体或节片。孕卵节片一般为黄白色或淡黄色,像碎米粒。

(2)漂浮法　漂浮法对大多数线虫卵、绦虫卵运用该方法检出率较高。本方法常用饱和盐水溶液。具体方法为:取新鲜的粪便或病死鸡的肠内容物约 2 g 放入 5 mL 的安瓿瓶内,加满饱和盐水,以液面突出安瓿瓶而未流出为宜。静置 30 min 左右,用铁丝圈与液面平行接触,蘸取表面的液膜,抖落在载玻片上,加盖玻片镜检,检查有无球虫的卵囊。

(四)结果与分析

1. 绦虫的形态

(1)成虫瓶装标本　虫体很小,大小 5～80 mm(平均 20 mm 左右),最宽处不超过1 mm,乳白色,所有的节片均宽大于长,生殖孔皆开口于节片的同侧。

(2)绦虫卵　低倍镜下为圆形,似水中小气泡,比受精蛔虫卵小。在高倍镜下常见外层较厚的胚膜,呈褐色,具有放射状条纹,其内可见六钩蚴,可见 3 对透明的小钩,外有卵壳。

2. 蛔虫的形态

(1)成虫　形似蚯蚓,雌虫长 20～40 cm,乳白色,两端略尖,表面光滑,尾部挺直而钝圆。雄虫较小,长 15～30 cm,尾端向腹侧弯曲,在近尾的泄殖腔开口处,可见一交合刺。

(2)蛔虫卵　虫卵类圆形或宽椭圆形,卵壳厚而透明,是所有蠕虫卵中最厚的,壳外附有一层棕黄色的蛋白质膜,蛋白质膜常有脱落,因而虫卵的颜色常深浅不一,卵内为一未分裂的卵细胞,卵壳与卵细胞之间形成新月形的间隙。

(3)未受精蛔虫卵　虫卵外形变化较大,为长圆形或窄椭圆形,与受精蛔虫卵相比,卵壳较薄,卵内充满大小不等的曲光颗粒。其余与受精蛔虫卵相似。

[项目小结]

- 禽场传染病的诊断与防控
  - 禽常见病毒性传染病的诊断与防控
    - 新城疫的诊断与防控
    - 禽流感的诊断与防控
    - 鸡传染性支气管炎的诊断与防控
    - 鸡传染性喉气管炎的诊断与防控
    - 鸡马立克病的诊断与防控
    - 传染性法氏囊病的诊断与防控
    - 产蛋下降综合征的诊断与防控
    - 禽痘的诊断与防控
    - 禽传染性脑脊髓炎的诊断与防控
    - 禽白血病的诊断与防控
    - 禽病毒性关节炎的诊断与防控
    - 鸭瘟的诊断与防控
    - 鸭病毒性肝炎的诊断与防控
    - 小鹅瘟的诊断与防控
  - 禽细菌性传染病的诊断与防控
    - 禽大肠杆菌病的诊断与防控
    - 鸡葡萄球菌病的诊断与防控
    - 沙门氏菌病的诊断与防控
    - 传染性鼻炎的诊断与防控
    - 禽巴氏杆菌病的诊断与防控
    - 鸡坏死性肠炎的诊断与防控
    - 鸡绿脓杆菌病的诊断与防控
    - 禽支原体病的诊断与防控
    - 鸭疫里默氏杆菌病的诊断与防控
  - 禽常见寄生虫病的诊断与防控
    - 鸡球虫病的诊断与防控
    - 鸡组织滴虫病的诊断与防控
    - 鸡蛔虫病的诊断与防控
    - 鸡绦虫病的诊断与防控

[项目测试]

一、填空题

1. 新城疫也叫(　　　)或(　　　)，本病常呈(　　　)经过，其特征是(　　　)，下痢，神经机能紊乱，(　　　)和(　　　)出血。

2. 发生新城疫病后的紧急接种顺序为(　　　)群、(　　　)群、(　　　)群。

3. 新城疫在临床上根据病程长短和病势的缓急，可分为(　　　)型、(　　　)型、(　　　)或(　　　)，根据症状又可分为(　　　)和(　　　)型两种。

4. 近年来，在一些接种过(　　　)的鸡群内，由于多种原因造成了一部分鸡(　　　)不足，不能完全抵抗(　　　)的自然感染，发病后(　　　)、(　　　)较轻，(　　　)也低，称之为非典型新城疫。

5. 新城疫油佐剂灭活苗的优点是(　　　)、(　　　)、容易(　　　)，与Ⅱ系苗联合进行(　　　)鸡的首免可减少(　　　)的干扰，提高免疫效果。

6. 禽流感病毒的突出特点之一是(　　　)性和(　　　)性容易发生变异。

7. 禽流行性感冒简称(　　　)，曾被称为(　　　)鸡瘟、(　　　)鸡瘟或(　　　)。该病是由(　　　)病毒引起的一种禽类烈性传染病。

8. 禽流感的症状表现多种多样，可涉及(　　　)道、(　　　)道、(　　　)道，及(　　　)系统。

9. 鸡传染性支气管炎可分为(　　　)型、(　　　)型和(　　　)型。(　　　)型表现为(　　　)肿大，有尿酸盐沉积。

10. 鸡传染性支气管炎呼吸型表现为(　　　)、喷嚏、喘气和(　　　)。肾型表现为(　　　)肿大，有(　　　)沉积。

11. 鸡传染性喉气管炎的特点是(　　　)困难，(　　　)和咳出含有(　　　)的渗出物，剖检时可见喉部气管黏膜(　　　)、(　　　)、糜烂。

12. 鸡马立克病根据病毒侵害的部位和症状可分为(　　　)型、(　　　)型、(　　　)型和(　　　)型。

13. 鸡马立克病疫苗接种的时间是(　　　)。

14. 传染性法氏囊病临床上以(　　　)、(　　　)损害为主要特征。

15. 传染性法氏囊病主要发生于(　　　)周龄的鸡，(　　　)周龄的鸡最易感，(　　　)周龄以下的雏鸡感染后不表现症状，但导致严重的(　　　)。

16. 禽传染性脑脊髓炎是侵害(　　　)鸡的病毒性传染病，其特征是(　　　)，以及(　　　)和(　　　)震颤，故常称为流行性震颤。

17. 产蛋下降综合征发于产蛋的鸡，但(　　　)的鸡最易感。但病毒的自然宿主是

(　　　)和(　　　)。

18. 产蛋下降综合征主要表现为鸡群产蛋(　　　)，软壳蛋和(　　　)蛋增加，褐色蛋壳颜色(　　　)。

19. 禽痘可分为(　　　)型、(　　　)型、(　　　)型。

20. 鸭瘟又叫(　　　)，是鸭和鹅的一种急性、(　　　)性传染病，其特征是(　　　)，排(　　　)色稀粪，(　　　)麻痹，流泪和部分病鸭(　　　)肿大。

21. 禽白血病主要传播方式是(　　　)。

22. 小鹅瘟主要的传播方式是经(　　　)传播，流行有明显的(　　　)性。

23. 禽病毒性关节炎的主要传播方式是(　　　)。

24. 鸡痘疫苗的接种方法是(　　　)，首免应在(　　　)日龄，二免在(　　　)日龄。

25. 鸡白痢最重要的传播方式是(　　　)。

26. 鸡白痢是由(　　　)引起的传染病，雏鸡以急性(　　　)和排(　　　)色糨糊粪便为特征。

27. 禽巴氏杆菌亚甲蓝染色特点是(　　　)。

28. 鸡球虫病最特征的症状是(　　　)。

29. 鸡球虫病可分为(　　　)球虫和(　　　)球虫。

30. 禽组织滴虫病又称(　　　)或(　　　)，是由火鸡组织滴虫寄生于禽类的(　　　)和(　　　)引起的疾病。

二、判断题

1. 不论禽流感病毒毒力高低，均可用分离到的毒株制成油乳剂灭活苗进行预防。(　　)
2. 肾型传染性支气管炎无呼吸道症状。(　　)
3. 禽曲霉菌病特征症状是呼吸困难，但不发出明显的“咯咯”声。(　　)
4. 鸡毒支原体能够垂直传播也能水平传播。(　　)
5. 新城疫疫苗气雾免疫效果优于滴鼻、饮水、肌内注射免疫方法。(　　)
6. 鸡新城疫Ⅰ系苗只能用于20日龄以下的鸡。(　　)
7. 传染性支气管炎H52疫苗常用于雏鸡免疫。(　　)
8. 小鹅瘟只发生于雏鹅。(　　)
9. 禽白血病、脑脊髓炎、传染性贫血、产蛋下降综合征均可垂直传播。(　　)
10. 传染性喉气管炎病变主要是在肺。(　　)
11. 禽大肠杆菌最好不用青霉素治疗。(　　)
12. 禽霍乱不能传染给鸭。(　　)
13. 禽巴氏杆菌病最急性型的病死鸡有很多特殊的病变。(　　)
14. 鸡葡萄球菌病的发生与外伤环境不良有关，与鸡痘无关。(　　)

三、选择题

1. 鸡产蛋下降综合征对蛋鸡在(　　)造成危害。

A. 刚开产时　　B. 产蛋下降时　　C. 产蛋高峰前后

2. 病鸡呼吸带有明显的啰音多见于(　　)。

A. 鸡马立克病　　B. 支原体感染　　C. 传染性法氏囊病

3. 病鸡呼吸困难,张口喘气,咳出带血的黏液,多见于(　　)。

A. 传染性支气管炎　　B. 传染性喉气管炎　　C. 鸡新城疫

4. 鸡接种马立克病疫苗的日龄是(　　)。

A. 1 日龄　　B. 1 周龄　　C. 1 月龄

5. 鸡马立克病最典型的症状是(　　)。

A. 劈叉姿势　　B. 转圈运动　　C. 头颈扭转

6. 禽痘的接种方式是(　　)。

A. 滴鼻或点眼　　B. 肌内注射　　C. 刺种

7. 鸡传染性法氏囊肾病变与(　　)的肾病变相似。

A. 新城疫　　B. 传染性支气管炎　　C. 马立克病

8. 发生新城疫后应最先接种(　　)。

A. 病鸡群　　B. 假定健康鸡群　　C. 可疑鸡群

9. 下列疾病中呈垂直传播的病原是(　　)。

A. 鸡白痢　　B. 禽霍乱　　C. 传染性法氏囊

10. 禽霍乱的流行特点是(　　)。

A. 大流行　　B. 传播迅速　　C. 散发或地方性流行

11. 治疗鸡大肠杆菌病最好选用的药物是(　　)。

A. 青霉素　　B. 庆大霉素　　C. 链霉素

12. 随着日龄的增加,鸡的易感性增强的疾病是(　　)。

A. 大肠杆菌病　　B. 鸡传染性鼻炎　　C. 鸡白痢

13. 垫料潮湿(　　)鸡球虫卵囊的发育。

A. 不利于　　B. 有利于　　C. 不影响

14. 鸡球虫发育史有(　　)中间宿主。

A. 一个　　B. 两个　　C. 不需要

四、简答题

1. 根据病变部位的不同,马立克病可分为几种型？各型的主要变化是什么？

2. 传染性支气管炎分几种型？各型的特征是什么？

3. 高致病性禽流感和低致病性禽流感的主要特征是什么？

4. 新城疫的主要剖检变化是什么？

5. 影响新城疫免疫的因素是什么？

6. 鸡大肠杆菌病的 7 种病变是什么？

7. 鸡球虫病广泛流行的原因是什么？

8. 简述鸡球虫生活史。

9. 简述传染性脑脊髓炎与新城疫、马立克病、传染性支气管炎、维生素 E 缺乏症的区别。

10. 如何对新城疫与禽霍乱进行鉴别诊断？

11. 如何防治鸡大肠杆菌病？

项目三

禽场普通病的诊断与防控

项目描述

本项目是根据《国家职业技能标准——动物疫病防治员(2020 年版)》《国家职业技能标准——动物检疫检验员(2020 年版)》工作要求和执业兽医师资格考试大纲要求分析，通过对禽场普通病的诊治与防控的学习，使学生能够掌握禽场普通病的诊断和综合防治措施。

知识目标

通过本项目的学习后，能熟悉禽常见普通病的种类及发病原因；掌握常见普通病的临床症状、病理变化和诊断方法。熟悉生产中常用的药物中毒种类，用药中毒的原因、临床表现和病理变化，充分理解药物在生产中应用的合理性和重要性。

技能目标

通过本项目的学习，能分析出鸡群发病的原因。能通过临床诊断缩小普通病的发病范围，通过剖检病鸡正确识别其病变表现，能科学地进行诊断，会开写处方。

案例导入

鸡场黄羽蛋鸡存栏约 100 000 羽，400 d，部分鸡只关节肿胀，跛行。剖检见肾脏肿大，色泽变淡，表面有尿酸盐沉积形成的白色斑点。输尿管扩张变粗，管腔中充满石灰样的沉淀物，严重的病鸡在心、肝、脾、肺、胸膜和肠系膜表面散在许多石灰样的白色絮状物，结合所学知识，对该病例进行诊断，并提出防制措施。

任务1 禽营养代谢性疾病的诊断与防控

一、维生素 A 缺乏症的诊断与防控（二维码 3-1）

维生素 A 具有保护上皮组织的完整性、维持正常视觉、提高动物繁殖力和免疫功能、维护骨骼的正常生长和修补等作用。维生素 A 缺乏症是由于日粮中供应不足或消化吸收障碍引起的以黏膜、皮肤上皮角质化，生长发育不良，免疫力下降，干眼症和夜盲症为主要特征的营养代谢性疾病。

二维码 3-1 维生素 A 缺乏症的诊断与防控

（一）病因

（1）饲料中维生素 A 添加量不足或需要量增加。日粮中维生素 A 或其前体胡萝卜素添加不足，维生素 A 完全依靠外源供给，必须从饲料中采食。不同生理阶段的鸡对维生素 A 的需要量不同，应分别供给质量较好的成品料，否则就会引起严重的缺乏症。

（2）维生素 A 性质不稳定，非常容易失活，饲料调制加工不当，损失很大。饲料贮存时间过长，发霉变质，日晒等皆可造成维生素 A 和类胡萝卜素损坏。

（3）日粮中蛋白质、脂肪、维生素 E 不足，不能合成足够的视黄醛结合蛋白质去运送维生素 A，脂肪不足会影响维生素 A 在肠中溶解和吸收。

（4）肝脏疾病和慢性消化道疾病也会造成维生素 A 和类胡萝卜素的吸收障碍。

（二）临床症状

本病雏鸡和初开产的母鸡常易发生本病。雏鸡一般发生在 3～7 周龄，若 1 周龄的鸡发病，则与母鸡缺乏维生素 A 有关。轻度缺乏维生素 A，往往不被察觉。维生素 A 缺乏较严重时，才出现明显的症状。病雏鸡消瘦，喙和小腿部皮肤的黄色消退。流泪、眼睑内有干酪样物质积聚，角膜混浊不透明。口腔黏膜有白色小结节或覆盖层白色的豆腐渣样的薄膜，但剥离后黏膜完整并无出血溃疡现象。食道黏膜上皮增生和角化。

成年鸡发病通常在 2～5 个月内出现症状，呈慢性经过。轻度缺乏维生素 A，鸡的生长、产蛋、种蛋孵化率及抗病力受到一定影响，往往不易被察觉，使养鸡生产在不知不觉中受到损失。病鸡食欲不振、消瘦、精神沉郁、鼻孔和眼睛常有水样液体排出，眼睑常常黏合在一起，严重时可见眼内乳白干酪样物质（眼屎），角膜发生软化和穿孔，最后失明。鼻孔流出大量黏稠鼻液，病鸡呈现呼吸困难。鸡群呼吸道和消化道黏膜抵抗力降低，易诱发传染病。继发或并发家禽痛风或骨骼发育障碍导致运动无力、两腿瘫痪。偶有神经症状，运动缺乏灵活性。冠白有皱褶，爪、喙色淡。母鸡产蛋量和孵化率降低，公鸡性功能降低。发病后如饲料不加改进，死亡率可达 50%以上。

(三)病理变化

特征性病变为口腔、咽部及食道黏膜上出现许多灰白色小结节，有时融合成片，成为假膜。黏膜有小脓包样病变，并波及嗉囊。此外，在雏鸡还出现肾脏损害和尿酸盐沉积，表现为肾肿大，色变淡，呈灰白色，表面有灰白色网状花纹，输尿管增粗，充满尿酸盐，心包、肝和脾表面也常有尿酸盐沉积。小脑肿胀，脑膜水肿，有微小出血点。母鸡比公鸡更明显。

(四)诊断要点

1. 病因调查

饲料中维生素 A 供给不足或消化吸收障碍。

2. 临床症状诊断

根据病鸡眼的典型症状及消化道、泌尿道的典型病变，一般可做出诊断。其要点是：急性或严重维生素 A 缺乏可出现眼或面部肿胀，眼睑下有乳白色干酪样物，眼球凹陷、失明。口腔、咽部及食道黏膜上有灰白色小结节。雏鸡肾脏肿胀，输尿管有尿酸盐沉积。

3. 实验室化验

血浆和肝脏中维生素 A 和胡萝卜素的含量都有明显变化。正常动物每 100 mL 血浆中含维生素 A 10 μg 以上，如降到 5 μg 则可能出现症状。另外，测定血液尿酸含量明显增高，以及用维生素 A 试验性治疗，疗效显著，亦都可确诊。

(五)防制

(1)根据生长与产卵不同阶段的营养要求特点，调节维生素、蛋白质和能量水平，保证其生理和生产需要。

(2)在采食不到青绿饲料的情况下，日粮中添加需要量的维生素 A。正常情况下，每千克日粮的最低添加量为雏鸡和青年鸡 1 500 IU，产蛋鸡和种鸡 4 000 IU。多种维生素的添加量为 1 000 kg 饲料加入 300～400 g。当遇到疾病或应激时还应当增加。

(3)防止日粮发霉变质、日晒贮存时间过久，不能饲喂变质劣质鱼粉。适当多喂各种谷物和青绿饲料。尤其是夏季，应补充损耗的维生素 A。

(4)改善饲料加工调制条件，尽可能缩短必要的加热调制时间。

(5)治疗时要先消除致病的病因，急性病例必须立即对病禽用维生素 A 治疗，剂量为正常量的 3～4 倍，连喂大约 2 周后，再恢复到正常需要量的水平。对大群发病鸡，可在每千克饲料中加入 2 000～5 000 IU 的维生素 A，对小群或个别鸡，可投服鱼肝油，每只每天喂 1～2 mL，雏鸡则酌情减少。

二、钙磷缺乏与钙磷失调症的诊断与防控(二维码 3-2)

钙磷缺乏与钙磷失调症是一种以雏禽佝偻病、成禽骨软症为其特征的重要营养代谢性

二维码 3-2
钙磷缺乏与钙磷失调症的诊断与防控

疾病。

鸡所摄入的钙约有99%用于构成骨骼和蛋壳,其余的钙以游离状态分布于体液中,对维持神经、肌肉和心脏的正常功能,维持体内的酸碱平衡等具有重要作用。鸡所摄入的磷约有80%同钙一起构成骨骼(骨骼中含钙36.5%、磷17%)及分布全身组织中,具有广泛的生理作用。钙磷缺乏症是由于钙、磷缺乏或钙磷比例不当所造骨髓形成障碍和产蛋异常为特征的疾病。幼鸡表现为佝偻病,成年鸡表现为骨软症和产软壳蛋、无壳蛋等。钙和磷是矿物质中的主要成分。它们除了是骨骼等的重要成分之外,钙对维持神经和肌肉组织的正常功能起重要作用。此外,钙还参与凝血过程,并是多种酶的激活剂。磷主要以磷酸根形式参与许多物质代谢过程,如糖代谢,还参与氧化磷酸化过程。植物中以豆科牧草的含钙量较高,谷实类和块根块茎类饲料中钙贫乏,含磷量虽很丰富,但绝大部分不能被鸡所利用。动物性饲料如鱼粉、肉骨粉中含钙和磷丰富。常用来补充钙和磷的矿物质饲料有石粉、贝壳粉、蛋壳粉、骨粉和磷酸氢钙等。在补充钙、磷时,其比例应控制2.1∶1.1的范围之内,这样吸收率更高。饲料中如果钙的含量过高,可干扰其他元素如磷、锌、锰等的吸收和利用。

(一)病因

1. 饲料中钙和磷的含量不足

一是设计配方时没有满足鸡对钙、磷的需要量。二是因为饲料原料质量低劣,致使配方计算值和原料实际含量不符,特别是磷不足更为常见。一般雏鸡和青年鸡饲料中钙的含量应为0.9%左右,有效磷应为0.55%~0.65%,产蛋鸡饲料中含钙量为3%~3.5%,有效磷含量0.4%左右,即可基本上符合鸡的需要。

2. 钙磷比例失调

钙、磷在饲料中要有适当的比例才有利于吸收。钙过多的常见原因是产蛋鸡的饲料喂给雏鸡或青年鸡,或是饲料中贝壳粉或石粉添加过多。

3. 饲料中维生素D缺乏

维生素D能够调节钙、磷的代谢,促进钙、磷的吸收。当饲料中维生素D供应不足时,可引起钙、磷的吸收和代谢发生障碍。即使钙、磷的含量足也不能完全吸收。

4. 氟过量

作为钙、磷来源的磷酸氢钙含氟量超标,过量氟可影响骨的钙化,使骨骼脱钙。

5. 其他因素

饲料中蛋白质过高,或脂肪、植酸盐过多,或者环境温度高、运动少、光照不足等因素,都可造成本病的发生。

(二)临床症状

雏鸡和育成鸡缺乏钙、磷时发生佝偻病。一般在1月龄左右出现症状。

1. 钙缺乏

雏禽的典型症状是佝偻病，多发于1～25日龄。病雏禽主要表现为厌食，生长发育受阻，两腿变软，站立不稳，跛行，常走路蹲下，呈企鹅姿势，严重者卧地不起，两肢呈"S"形，易骨折。雏鸡还见强行站立时两腿强直叉开呈"八"字形，或向外弯曲呈"O"形，精神沉郁，食欲废绝，最后衰竭死亡。成禽缺钙时易发生骨软症，主要见于产蛋鸡。特征是骨质疏松，骨骼变形，两腿变软无力，卧地不起，重者瘫痪，爪、喙变软，胸骨弯曲，产蛋量下降，蛋壳变薄或产软壳蛋。

2. 磷缺乏

雏禽突然发病，病初便出现明显跛行和站立困难，病程进展快，死亡率高。其症状与钙缺乏相似。

(三)病理变化

1. 钙缺乏

雏鸡喙壳变软，胸骨弯曲变形，严重者呈"S"形。翅、腿部长骨质软易弯曲，其中股骨、腔骨和跖骨近端切面可见生长盘增宽。脊柱骨质变软呈"S"形弯曲。最具诊断意义的病变是肋骨增粗变圆，质软弯曲呈"V"形或波浪状，对折不断。成年鸡钙缺乏的病变为骨骼变薄甚至发生骨折，尤以椎骨、肋骨、胫骨和股骨为最常见。雏鸭剖检特征为肋骨质软易弯，骨干内表面出现绿豆大、白色半球状突起的佝偻病串珠。

2. 磷缺乏

雏鸡最具特征性的病变是肋骨扁平质软但不弯曲，肋骨头(近端)梭形肿大呈串珠状，灰白色。雏鸭特征性病变是肋骨自然外翻，质软，中部弯曲突入胸腔，用力难以使其恢复原状，上颌骨极度柔软似橡皮，对折不断，胫骨多呈弓形弯曲，骨干增粗，中部多见骨折且呈球状膨大，质硬。

(四)诊断要点

根据发病特点、症状、病理剖检变化及骨骼硬度检查，可做出初步诊断，结合分析饲料中钙、磷、维生素D的配方设计量及比例，或饲料的化验分析测定病鸡血钙和血磷水平确诊本病。正常幼鸡、中鸡的血钙含量为9～12 mg/100 mL，成年蛋鸡为14～17 mg/100 mL，病鸡血钙、血磷水平低于正常值。

(五)防制

(1)保证日粮中适当的钙、磷和维生素D，而且钙、磷比例适当。生长鸡日粮中钙最适需要量为0.9%～1%，产蛋的鸡最适需要量为2.25%～3.25%，磷的最适需要量为0.55%～0.65%。用时需化验所用原料(如骨粉、鱼粉、贝壳粉、石粉等)的钙、磷含量，根据鸡的需要量，算出实际添加量，而且要调整好钙、磷间的比例，一般来说，生长期家禽日粮的钙、磷比例以2∶1为宜，产蛋鸡较高，约为3.5∶0.4，所用原料要保证质量，不合格的不用。

(2)发病后先化验饲料，确定钙、磷和氟的含量，若日粮中钙多磷少，则在补钙的同时要重点补磷，以磷酸氢钙、过磷酸钙等补磷。若日粮中磷多钙少，则主要是补钙，用贝粉。

(3)在缺乏化验条件的情况下，可添加 1%～2%的优质骨粉，同时补充维生素 D_3(3 倍于平时剂量)，连用 2～3 周，恢复到正常剂量，必要时可添加鱼肝油，按 0.5%～1%的浓度拌料口服，个别较重的鸡，可喂服鱼肝油 2 滴，每日 1～2 次，连喂 2～3 d。

(4)禽舍安装紫外线灯，从 10 日龄开始照射，每天照射 10 min，可防止维生素 D 缺乏。如果让鸡多晒太阳，也有很好的效果。

三、硒-维生素 E 缺乏症的诊断与防控(二维码 3-3)

鸡硒-维生素 E 缺乏症是由于日粮中硒-维生素 E 供给不足或消化吸收障碍，引起的以脑软化、渗出性素质及肌营养不良为主要病变特征且表现形式多样的营养代谢性疾病。

二维码 3-3
硒-维生素 E 缺乏症的诊断与防控

维生素 E 是抗不育维生素的总称，是一种脂溶性维生素。它不仅为正常的繁殖所需要，而且作为自然的最有效的抗氧化剂可防止脑软化。硒是家禽所必需的微量元素，分布于全身所有组织细胞，以肝脏、肾脏和肌肉中硒含量最高。硒是谷胱甘肽过氧化物酶的主要成分，和维生素 E 协同阻止脂类代谢产物对细胞膜的氧化作用，保护细胞膜不受损害。硒还有助于维生素 E 的吸收和利用，与维生素 E 有互补作用，两者之间如果一方缺乏，另一方充足有余，则因缺乏引起的症状就会较轻。

(一)病因

(1)饲料本身含硒不足(地方性缺硒或来自缺硒地区)。土壤含硒量低于 0.5 mg/kg 的地区容易发生本病。这些地区出产的饲料也缺硒。或者用低硒饲料喂鸡，未及时补充含硒添加剂。硒在酸性土壤中变成亚硒酸铁，不能被植物吸收；由于工业的发展，煤炭等燃料燃烧后的大量的硫散落在土壤中，从而引起土壤中硫硒比例失调而使硒缺乏。此外，饲料中含硫增多，也会降低硒的吸收。

(2)饲料中含硫氨基酸、不饱和脂肪酸、某些抗氧化剂、维生素 E 缺乏时，更容易发病。

(3)维生素 E 和硒之间有一定的互补作用，任何一方的缺乏，都会造成机体另一方的需要量增加。

(4)本病多集中发生于每年冬末和春季，一般以 2—5 月为发病高峰。这与缺乏青绿饲料有关，如春季阴雨时期或饲料收割季节多雨，可使植物的含硒量降低，导致第二年本病的发生增多。

(5)球虫病及其他慢性胃、肠道疾病，可使维生素 E 的吸收利用率降低而导致缺乏。

(二)临床症状

1. 渗出性素质

多发于 20～60 日龄禽，以 20～30 日龄为多，由于维生素 E 和硒同时缺乏所致，本病的特点是发病突然，病程短，病鸡多在 1～3 d 内死亡。其特征性症状是皮下组织水肿，以腹部和腿部明显，皮肤呈淡蓝绿色。

2. 雏鸡脑软化症

在 7～56 日龄内均可发生，但 15～30 日龄多发。主要是维生素 E 缺乏所致。本病主要特征性症状为共济失调，丧失平稳，头向后或向下弯曲挛缩，有时向一侧扭转，向前冲，两腿阵发性痉挛抽搐，不完全麻痹，行走不稳，最后瘫痪。

3. 白肌病(肌营养不良)

本病多见于 1 月龄前后，主要是由于维生素 E 缺乏又伴有含硫氨基酸(蛋氨酸、胱氨酸)缺乏而引起的肌肉营养障碍。雏鸡在 4 周龄时易发病，其特征是全身衰弱，运动失调，无力站立，可造成大批死亡。

4. 繁殖障碍

成年公鸡可因睾丸退化变性而生殖机能减退，精液品质变差，致使鸡蛋受精率显著降低。成年种母鸡无明显症状，但母鸡所产的蛋受精率和孵化率降低；胚胎常于 1～7 日龄时开始死亡。

一般认为单一的维生素 E 缺乏时，以脑软化症为主；在维生素 E 和硒同时缺乏时，以渗出性素质为主；而在维生素 E、硒和含硫氨基酸同时缺乏时，以白肌病为主。

(三)病理变化

1. 渗出性素质

病鸡可见腹部和腿部皮下水肿，皮下胶冻样或流出黏稠的蓝绿色渗出液。心包内也积有大量液体，还可见肌肉有条纹状出血。

2. 雏鸡脑软化症

病雏可见小脑肿胀、柔软，脑膜水肿。小脑表面有散在出血点，脑回展平，严重病例小脑软化，脑内可见黄绿色浑浊的坏死区。

3. 白肌病(肌营养不良)

病鸡消瘦、无力，运动失调，可见肌肉，尤其是胸肌和腿肌苍白、贫血，并有灰白色条纹状变性坏死。

(四)诊断要点

本病根据症状不难诊断，当怀疑硒和维生素 E 缺乏时，应将饲料送实验室进行分析。或做机体组织和血液中硒和维生素 E 水平的测定就可确诊。但应注意相类似病症鉴别，渗出性素质和葡萄球菌病症状很相似，区别在于前者皮肤多不破溃，皮下有胶冻样淡绿色液体，而后者体温升高，全身症状严重，水肿部位破溃污秽的比较多。脑软化症与脑脊髓炎的区别是患脑脊髓炎的雏鸡在刚出壳时就有少数瘫痪，脑脊髓炎经蛋传播的使雏鸡在 7 日龄之前大量发病，头颈有震颤，但一般不扭头，不向前冲。脑部无肉眼可见病变。脑软化症的病变是脑实质发生严重变性。

(五)防制

1. 预防

(1)饲料中保证硒的含量，一般在雏鸡饲料中每千克饲料添加 0.1～0.2 mg 的亚硒酸钠和 20 mL 维生素 E 即可保证鸡的正常需要。但添加时也不能超过太多，而且要搅拌均匀，以防中毒。

(2)饲料中添加抗氧化剂。防止饲料贮存时间过长，或受到无机盐、不饱和脂肪所氧化及颉颃物质的破坏。

2. 治疗

本病要及时发现，及时治疗，治愈率才会高，反之预后不良，严重的甚至造成死亡。

(1)对于发病鸡群，可在每千克饲料中添加 0.2～0.5 mg 亚硒酸钠和 20～40 mL 维生素 E，连用 7～10 d，停药 6 d，再用 7～10 d。

(2)也可采用 0.005%亚硒酸钠溶液肌内注射，成年鸡 1 mL，雏鸡 0.1～0.3 mL，连用 5～7 d。除补充硒和维生素 E 以外，在饲料中添加占饲料量 0.45%的蛋氨酸和 0.33%的胱氨酸，疗效更佳。对于脑软化病鸡，治疗时应以补充维生素 E 为主。

(3)注射用维生素 E-硒制剂，每毫升含维生素 E 50 IU，硒 1 mg。使用时，将 1 mL 本品加 19 mL 灭菌水稀释 20 倍后，每只肌内或皮下注射 1 mL，注射 1 次即可。针对具体病症可采用以下方法：

①雏鸡脑软化症　每只鸡每日 1 次口服维生素 E 5 IU(维生素 E 醋酸酯 5 mg)，连服 3～4 d。也可在日粮中添加 0.5%的植物油。

②渗出性素质　每千克日粮添加维生素 E 20 IU(或植物油 5 g)，亚硒酸钠 0.2 mg (0.1%的针剂 0.2 mL)、蛋氨酸 2～3 mg，连用 2 周。

③缺硒　用饮水配制成每升水含 0.1～1.0 mg 的亚硒酸钠溶液，给雏禽饮用，5～7 d 为一个疗程。

四、禽痛风的诊断与防控(二维码 3-4)

禽痛风(Avian gout)又称尿酸盐沉着症，是一种蛋白质代谢障碍引起的高尿酸血症(Hyperuricemia)。由于尿酸在体内的大量蓄积及其盐沉积在关节、内脏表面和其他间质组织中，临床上以病禽行动迟缓、腿与翅关节肿大、厌食、跛行、衰弱和腹泻为特征。因粪尿中尿酸盐增多，肛门周围羽毛上常为多量白色尿酸盐黏附。禽痛风遍布于世界各地，为家禽常见、多发病之一。鸡、火鸡、水禽、鸽、鹌鹑等均有发生，具有很高的发病率和死亡率。

二维码 3-4
禽痛风的诊断与防控

(一)病因

可引起禽痛风的原因有20多种，归纳起来可分为3类：一是体内尿酸生成太多，二是高钙低磷和维生素A缺乏，三是尿酸排泄障碍。

1. 体内尿酸生成太多

主要是由于饲喂富含核蛋白和嘌呤碱的蛋白质饲料。这些饲料是动物内脏、肉屑、鱼粉、大豆和豌豆等。如饲料中鱼粉用量超过8%，或尿素含量达13%以上饲喂动物；饲料中粗蛋白含量过高，导致尿酸生成太多，引起尿酸血症。当动物极度饥饿又得不到能量补充时，体蛋白大量分解，体内尿酸盐生成增多。

2. 饲料高钙低磷和维生素A缺乏

含钙太多，含磷不足，或钙、磷比例失调引起钙异位沉着，形成肾结石或积砂，使排尿不畅；维生素A缺乏引起的肾小管、输尿管上皮代谢障碍，使尿酸排泄受阻。

3. 尿酸排泄障碍

肾功能不全。凡具嗜肾性，能引起肾炎、肾损伤的病原微生物都能造成尿酸盐排泄受阻，引起典型的痛风，如传染性法氏囊病毒、肾型传支病毒等引起的痛风。食盐过多，饮水不足，尿量减少，尿液浓缩；药物中毒引起肾损伤；霉菌毒素损伤肾脏，引起肾机能障碍等均可导致痛风。另外，年老、纯系育种、运动不足、受凉、孵化时湿度太大，都可促使痛风发生。

(二)临床症状

本病发生于生长期的鸡和成鸡，多呈慢性经过，分为内脏型痛风和关节型痛风。病禽食欲减退，消瘦，精神萎靡，羽毛松乱，禽冠苍白，排出大量白色黏液状稀粪，含有多量尿酸盐。两种类型的痛风发病率、临床表现有较大的差异。

1. 内脏型痛风

比较多见，但临床上通常不易被发现。病禽表现主要是营养障碍，腹泻，排出白色黏液状稀粪，肛门周围羽毛上常被多量白色尿酸盐黏附，厌食、虚弱、贫血，有的突发死亡。

2. 关节型痛风

较少见，病鸡趾跗关节、翅关节等关节肿胀、疼痛，运动迟缓，跛行，不能站立。

(三)病理变化

1. 内脏型痛风

剖检可见肾脏肿大，色淡或苍白，肾小管因蓄积尿酸盐而变粗，使肾表面呈花斑状。输尿管明显变粗，充满白色尿酸盐或形成尿酸盐结石。在心包、肝、脾、肠系膜的表面散布一层白色石灰粉样物质。

2. 关节型痛风

剖检时切开肿胀关节，关节腔内有白色石灰乳样尿酸盐沉着或有白色黏性液体流出，关节周围软组织以至于整个腿部肌肉组织中都可见到白色尿酸盐沉着。

(四)诊断要点

根据病因分析、结合典型的临床症状和病理变化可做出初步诊断。确诊依赖于血液尿酸和尿酸盐浓度升高,内脏表面有尿酸盐沉着,关节腔液呈白色浑浊及痛风石生成等特征性变化。必要时采病禽血液检测尿酸的量,或采取肿胀关节的内容物进行化学检查,即可进一步确诊。

(五)防制

由于本病的发生原因比较复杂,治疗效果较差,因而应以预防为主。

(1)加强饲养管理,保证饲料的质量和营养全价。由于痛风的发生大多与营养性因素有关,因此应根据鸡的品种和不同的生长发育阶段,合理配制全价饲料。饲料蛋白质含量要适当。确保日粮中钙、磷的比例。禁止饲喂发霉变质的饲料。在鸡的管理方面应该按照鸡的不同生长阶段,确定合理的光照制度、适宜的环境温度和供给充足的饮水。

(2)病鸡不宜长期或过量使用对肾有损害作用的药物,如磺胺类、链霉素和庆大霉素等药物。但大群鸡用肾解毒类或利尿类药物饮水,可提高对尿酸盐的排泄能力。

五、鸡脂肪肝综合征的诊断与防控(二维码 3-5)

鸡脂肪肝综合征又叫脂肝病、脂肪肝出血综合征,是由于采食高能量饲料,又缺乏微量元素,使鸡体内脂肪代谢障碍,大量脂肪沉积在肝,引起肝脏发生脂肪变性和肝被膜下出血为特征的一种营养代谢性疾病。

二维码 3-5
鸡脂肪肝综合征的
诊断与防控

(一)病因

饲料中碳水化合物过多,而蛋白质含量低易引起脂肪贮存于肝、腹部和皮下。反之,饲料中蛋白质含量过高,造成蛋白质过量,转化为脂肪蓄积。饲料中缺乏胆碱、蛋氨酸、维生素 B_{12} 和维生素 E 等易引起鸡脂肪肝综合征的发生;饲喂发霉变质的饲料也能引发鸡脂肪肝综合征。此外,饲养密度大,环境温度过高,应激频繁都会影响鸡脂肪肝综合征的发生。遗传因素对发病也有一定的影响,同一饲料,在相同饲养管理条件下,肉种禽高于蛋种禽,高产蛋鸡高于低产蛋鸡。本病多发生于夏季,或在高温过后发病率最高。

(二)临床症状

该病多发生于重型鸡、肥胖鸡、笼养产蛋鸡,但平养的肉用型种鸡也有发生。病鸡生前肥胖,在下腹部可以摸到厚实的脂肪组织。发病鸡群产蛋率往往突然下降,可比正常低20%~40%。发病鸡群精神状态良好,无明显临床症状,多在夜间、午后突然死亡,尤其在出现异常应激时死亡率增高。病鸡喜卧、腹大而软绵下垂,死亡鸡的冠髯褪色苍白。

(三)病理变化

病死鸡的皮下、腹腔及肠系膜均有多量的脂肪沉积。肝脏明显肿大,呈浅褐色至黄色,质地松软易碎,有时可见到肝包膜破裂而致内出血,体腔内充满血样液体或见包膜下形成的血肿。少数有肝周炎和心包炎病变，有的有少量腹水，卵泡变形、变性，严重时呈卵性腹膜炎。其他器官通常无明显异常。

（四）诊断要点

根据病因、发病特点、临床症状及病理变化特征即可确诊，其特征性病变为肥胖母鸡腹腔内或肝被膜下有凝血块。

（五）防制

目前对这种病还没有有效的治疗方法，主要采取以预防为主的方法。

（1）要严格控制日粮的能量水平和采食量，使体重符合标准要求，根据实际情况调整饲料配方，控制日粮能量的含量，或通过限制饲养来控制鸡对能量的摄入量，一般原则是产蛋高峰前限量要小，高峰后限量要大。小型鸡种可在120日龄后开始限饲，一般比平时料量减少8%～12%为宜，以减少鸡脂肪肝综合征发生的可能性。

（2）在饲料中添加适量的胆碱、甜菜碱、蛋氨酸、维生素E、维生素 B_{12} 和亚硒酸钠等对鸡脂肪肝综合征的预防和控制都有一定的作用。

（3）应重视蛋用鸡育成期的日增重。在8周龄时应严格控制体重，不可过肥。开产后，加强饲养管理，适当控制光照时间，不能太长。

（4）尽量减少各种应激，保持舍内环境安静，温度适宜，减少噪声等。禁止饲喂霉败饲料对防止鸡脂肪肝综合征的发生也有良好的作用。

（5）治疗　已发病鸡群，在每千克日粮中补加肝碱22～110 mg，治疗1周有一定的帮助。每1 000 kg日粮中补加氯化胆碱1 000 g、维生素E 10 000 IU、维生素 B_{12} 12 mg、肌醇900 g，连用2周或更长一些时间。

任务2　禽中毒病的诊断与防控

一、磺胺类药物中毒的诊断与防控（二维码3-6）

磺胺类药物是一类化学合成的抗菌和抗寄生虫药物，是治疗鸡的细菌性疾病和球虫病的常用药物。用药剂量过大，或连续使用超过7 d，即可造成中毒。其中毒作用主要是损害肾脏，同时可导致黄疸、过敏、酸中毒和免疫抑制等。

二维码3-6
磺胺类药物中毒的诊断与防控

(一)病因

临床上常用的磺胺药剂分为两类:一类是肠道内容易吸收的如磺胺嘧啶、磺胺间甲氧嘧啶、磺胺二甲基嘧啶、磺胺喹噁啉和磺胺甲氧嗪等;另一类是肠内不易吸收的如酞磺胺噻唑、磺胺脒及琥珀酰磺胺噻唑等。在防治家禽寄生虫病中,有些磺胺药的治疗量与中毒量又很接近。因此,药量大或长时间地使用磺胺类药物防治疾病,药物添加饲料内混合不均匀等因素都可能引起中毒。饲料中缺乏维生素 K,也容易造成磺胺类药物中毒。一般情况下,雏鸡要比成年鸡易感,本病多发生在 2 月龄以下的鸡群。

(二)临床症状

(1)鸡急性磺胺类药物中毒的主要症状表现为不食、腹泻、兴奋不安、痉挛和神经症状。

(2)慢性中毒病鸡表现为精神沉郁,全身虚弱,食欲减退,渴欲增加,腹泻,肉髯、鸡冠苍白,羽毛松乱,生长缓慢或停止。

(3)全身出血性变化,有的病鸡头部肿大呈蓝紫色。

(4)重病鸡出现贫血,黄疸,凝血时间延长,血液中颗粒性白细胞减少,溶血性贫血。

(5)排酱油状或灰白色稀粪。

(6)成年产蛋鸡产蛋明显下降,而且经久不能恢复,产薄壳、软壳或粗糙壳蛋,褐壳蛋褪色。

(三)病理变化

病鸡剖检可见主要器官均有不同程度的出血。病鸡皮下、冠、眼睑有大小不等的出血斑,尤其胸肌呈弥漫性或刷状出血,肌肉苍白或呈淡黄色,大腿内侧肌肉有点状或斑状出血。喉头和气管黏膜也有大小不等的出血点。肝脏淤血、稍肿大,呈紫红色或黄褐色,表面有出血斑点或针尖大的坏死灶,胆囊肿大,充满胆汁。脾脏肿大、淤血,表面有灰白色结节或斑点。肾明显肿大,呈土黄色,表面有紫红色出血斑,肾盂和肾小管中常见磺胺药结晶,输尿管扩张,充满白色尿酸盐结晶。腺胃和肌胃交界处黏膜上有紫红色出血斑或条状出血,肌胃角质层下有出血点。肠道浆膜面有出血点,十二指肠黏膜出血明显,盲肠扁桃体肿胀出血,泄殖腔黏膜弥漫性出血。心肌也可有刷状出血和灰色结节区。心内膜出血,肺淤血。脑膜充血和水肿。骨髓呈淡红色或黄色。

除以上病变外,磺胺类药物中毒还会对禽的免疫器官造成影响,引起免疫器官发育受阻,导致病禽抵抗力下降。

(四)诊断要点

根据有超量或连续长时间应用磺胺类药物的用药史,临床症状及病禽剖检病理变化,可做出初步诊断。本病的诊断要点为:鸡冠、肉髯苍白,结膜苍白或黄染,血液稀薄不凝固。全身广泛性出血,特别是胸部、腿部肌肉有条状、块状出血,骨髓色淡,严重者为黄色。实验室诊断可对怀疑饲料和病禽组织进行毒物检验分析,磺胺药物在病禽组织内是稳定的,即使停药后仍然可在组织中残留几天,通过肝或肾中磺胺药物含量超过 20 mg 时,即可诊断。注意与传染性贫血、传染性法氏囊病、球虫病等出血性疾病进行鉴别；还要与新城疫、传支和产蛋下降综合征等引起产蛋下降类疾病进行鉴别诊断。

（五）防制

1. 预防

（1）1月龄以下的雏鸡和产蛋鸡尽量避免使用磺胺类药物。

（2）严格掌握用药剂量和用药时间，用量准确计算，防止超量，连续用药时间不超过1周，尽量选用毒性小的磺胺类药物，如复方新诺明、磺胺喹噁啉、磺胺氯吡嗪等。并配伍使用增效剂[三甲氧苄氨嘧啶（TMP），二甲氧苄氨嘧啶]。

（3）用药期间应保证供应充足的饮水，在饮水中加入1%小苏打和5%葡萄糖溶液，补充富含维生素K的饲料。治疗肠道疾病，如球虫病等，应选用肠内吸收率较低的磺胺药，如复方敌菌净等，这样一方面肠内浓度高，可增进疗效，同时血液中浓度低，毒性较小。

2. 治疗

一旦发现中毒症状，应立即停药，供应充足的含1%～5%的小苏打水，每千克饲料中加维生素C 0.2 g、维生素K 35 mg，连用1～2周。也可使用百毒解，以0.5%～1%的浓度饮水，连用3～5 d。对于中毒不很严重的鸡都有一定的疗效。

二、呋喃类药物中毒的诊断与防控（二维码3-7）

二维码 3-7
呋喃类药物中毒的诊断与防控

鸡场常用的呋喃类药物有呋喃西林和呋喃唑酮，是防治鸡白痢、副伤寒、球虫病和组织滴虫病的常用药物，但这类药物毒性较大，使用中剂量掌握不好容易发生中毒，鸡中毒后表现兴奋、肌肉强直以及角弓反张等神经症状，甚至死亡。以雏鸡中毒常见且严重。

（一）病因

（1）使用呋喃类药物防治鸡病时，使用剂量过大或拌料不均匀。

（2）剂量不大但连续使用时间过长。呋喃唑酮的拌料浓度，预防量为万分之一到万分之二，治疗量加倍，连续用药时间不超过7 d，停药3 d才能再次使用。呋喃西林的毒性最强，成年鸡的中毒量为每千克体重80～100 mg，雏鸡为每千克体重10 mg。

（3）药片粉碎不细和饮水投药不溶解。

（二）临床症状

急性中毒的雏鸡，在给药3～4 h或更长的时间出现症状。病鸡表现为精神沉郁，食欲废绝，饮欲增加，排黄色水样稀粪，闭眼缩颈呆立，或兴奋鸣叫，运动失调、转圈运动，不时摇头，反转头颈，丧失平衡，背着地，两腿伸直，作游泳姿势。有的病鸡兴奋症状与抑制症状反复发作，最后衰竭死亡。严重病鸡在飞奔、转圈时，突然摔倒，痉挛、抽搐而死。中毒较轻者可缓慢恢复。成年鸡发病后的症状与雏鸡相似。发病率高，死亡率高。

(三)病理变化

剖检可见口腔黏膜黄染,口腔、嗉囊、腺胃、肌胃中有黄色黏液,肌胃内容物呈深黄色,肌胃角质层呈黄色,部分脱落。有的小肠内有黄色泡沫及水液,肠黏膜充血、出血、易剥落,肠管浆膜面呈黄褐色,肝脏颜色发黄,稍萎缩,且散布有星网状白色坏死灶。肾脏肿胀,呈土黄色。心肌坚实,胆囊肿大,充满胆汁,肺脏呈淡红色,切面有红色泡沫样液体,腹腔积液。

(四)诊断要点

根据有使用呋喃类药物的病史及上述症状和病理变化,可做出诊断。诊断要点是服用呋喃类药物超剂量,临床症状为食欲废绝及神经症状,投药后雏鸡死亡集中,而且数目较多,剖检肝脏肿大,呈土黄色。心脏及小肠有出血点,口腔、胃内容物有呋喃类药物黄染。但注意与盲肠球虫病、新城疫等进行鉴别诊断。

(五)防制

1. 严格掌握剂量,准确计算药量

呋喃唑酮混饲给药,预防量为 0.01%~0.02%,即每千克饲料加入 100~200 mg,治疗量为 0.02%~0.04%,即每千克饲料加入 200~400 mg,极量为 0.06%。呋喃唑酮难溶于水,不宜混饮用药。若需饮服时,混饮浓度应比混饲浓度低 1 倍,且必须充分搅匀、溶解,溶解不尽的残渣应滤出。凡用粉剂,必须用天平称准,无天平者宜用片剂(0.1 g/片),要把药片研细过细筛,拌料应采用逐级混合法混匀。

2. 正确掌握用药时间

一般连用 5 d,最多不超过 10 d。如需继续使用,必须停药 3 d 以上再用。

3. 合理使用药物

不超量使用;搞清楚所用药物的有效成分,不随便使用无药物成分标示的药物;2 周内的雏鸡尽量不要使用;不得长期连续使用;严厉查处假冒伪劣药物。

4. 发现中毒,立即停药

用 0.01%高锰酸钾溶液饮水 2~4 h。或每升水加入葡萄糖 50 g,维生素 C 0.1 g,维生素 B_1 2.5 mg,自由饮服。

本病目前尚无特效的治疗方法,关键是早确诊,早停药。可以在饮水中加入葡萄糖和多维素。

三、禽黄曲霉毒素中毒的诊断与防控(二维码 3-8)

黄曲霉毒素是由黄曲霉菌和寄生曲霉菌代谢产生的,是黄花菜霉菌的一种代谢产物,广泛存在于各种发霉变质的饲料中。对人和动物都有很强的毒性,鸡对黄曲霉毒素比较敏感,中毒后以急性或慢性肝中毒、全身性出血、腹水、消化机能障碍和神经症状为特征。慢性的可引起癌变。

(一)病因

本病的病因是禽采食了发霉饲料中黄曲霉菌所产生的黄曲霉毒素。该菌属于真菌,广泛存在于自然界中,以花生、玉米、黄豆、棉籽、麸皮等作物及其副产品最易感染。在夏季高温季节,由于饲料受潮受热或含水分高,发霉变质后,霉菌大量繁殖产生黄曲霉毒素。禽食入这些发霉变质的饲料后即可引起发病。

二维码 3-8
禽黄曲霉毒素中毒的诊断与防控

黄曲霉毒素的毒性相当于氰化物的 100 倍。它在正常的饲料和食物中相当稳定,对漂白粉敏感,目前已发现的黄曲霉毒素及其衍生物有 20 多种,如 B_1、B_2、G_1、G_2 等,B_1 的致癌性最强。

家禽中幼龄鸡、鸭和火鸡易感,以雏鸭最为敏感。只要饲料中含有微量黄曲霉毒素就能引起急性中毒。成禽一般引起慢性中毒。公禽比母禽发病率高,幼禽比成禽敏感。

(二)临床症状

2～6 周龄的雏鸡对黄曲霉毒素最敏感,很容易引起急性中毒。病鸡主要表现为精神不振,食欲减退,嗜睡,生长发育缓慢、消瘦、贫血、体弱、冠苍白、黄疸、翅下垂、腹泻、粪便中混有血液,共济失调、角弓反张,最后衰竭而死。最急性中毒者,常没有明显症状而突然死亡。

成年鸡耐受性稍高,病情和缓,中毒后一般引起慢性中毒,病鸡表现为精神委顿,运动减少、食欲不佳、羽毛松乱。开产期推迟、产蛋量减少、蛋小、蛋的孵化率降低。中毒后期鸡有呼吸道症状,伸颈张口呼吸,少数病鸡有浆液性鼻液,卧地不起、昏睡,最终死亡。若不及时更换饲料,持续时间过长,可陆续发生死亡。

(三)病理变化

本病主要病变表现在肝脏上。急性中毒的雏鸡可见肝脏肿大,色泽变淡,呈土黄色,表面有出血斑点,胆囊扩张。肾脏苍白稍肿大。胸部皮下和肌肉常见出血。成年鸡慢性中毒时,剖检可见肝脏萎缩变小,质地变硬,色泽变黄,肝脏中可见到白色小点或结节状病灶。病程在 1 年以上的,肝脏中可能出现肝癌结节,黄曲霉毒素还能引起免疫抑制,表现为法氏囊、胸腺和脾脏的萎缩。

(四)诊断要点

先要调查病史,检查饲料品质与霉变情况。采食可疑饲料与家禽发病率密切相关,未采食可疑饲料的家禽不发病,发病的家禽也无传染性表现,结合临床症状和剖检变化等进行综合分析,可做出初步诊断。必要时取饲料样品 5 kg 分别放在几只大盘内,摊成薄层,在紫外线灯下观察,若有发出蓝色或黄绿色荧光,则可确定饲料中含有黄曲霉毒素。

(五)防制

1. 防霉

平时注意饲料及饲料原料的贮存和保管,防止饲料发霉,不喂发霉饲料。防霉的根本措施是破坏霉变的条件,主要是水分和温度。粮食作物收割后,防遭雨淋,要及时运到场上散开通风、晾晒,使之尽快干燥,水分含量达到谷粒为 13%,玉米为 12.5%,并应贮存于干燥处。

2. 去毒

对轻微霉变的饲料,在农村条件下可用连续水洗法去毒,即用 2%生石灰水浸泡发霉饲料 12 h,弃去上清液,再加清水搅拌浸泡,反复数次,直到浸泡的水变成无色,可除去大部分毒素,但仍不宜喂鸡,可用于喂羊和喂猪。

3. 用霉菌抑制剂。

可向饲料中加入抗霉菌剂以防发霉。用于谷物和粉料中的药物有 4%丙二醇或 2%丙酸钙。

4. 治疗

一旦发现黄曲霉毒素中毒,应立即停喂可疑饲料并及时清除可疑垫料。要立即更换新鲜饲料,无特效解毒药物。对急性中毒的雏鸡用 5%的葡萄糖水,每天饮水 4 次,并在每升饮水中加入维生素 C 0.1 g。尽早服用轻泻剂,促进肠道毒素的排出,如用硫酸钠,按每只鸡每天 1～5 g 溶于水中,连用 2～3 d。病死家禽要焚烧或深埋处理。

四、喹乙醇中毒的诊断与防控

喹乙醇又叫快育灵,是一种广谱抗菌药,有促进生长及抗菌作用,可用于防治禽霍乱,也可作为肉用仔鸡的饲料添加剂。因其价格便宜、不易产生耐药性及效果可靠,在养禽业中使用广泛,但使用不当往往引起中毒,甚至会引起大批死亡。肉鸡养殖过程中导致中毒,致死率非常高,给养禽业造成巨大的经济损失。

(一)病因

1. 使用过量

喹乙醇的治疗量与中毒量很接近。所以安全范围小,且蓄积性强,鸡对喹乙醇较敏感,每千克体重一次服用 90 mg 以上即引起中毒死亡;按每千克体重每日服 50 mg,连服 6 d,约一半鸡中毒死亡。

2. 混合不均匀

没有按照逐级混合法混合。

3. 计算或换算添加量单位错误

误将克和毫克混淆,或将每千克饲料的药物添加量与每千克禽只体重的用药量混淆。

4. 重复添加

某些饲料厂家生产的浓缩或全价饲料中已添加有喹乙醇,而未做说明,养鸡户在饲喂时又添加喹乙醇或含喹乙醇的添加剂如灭霍灵、禽菌灵、灭败灵等,致使实际用量过大。

(二)临床症状

病鸡表现采食减少或停止,缩头,鸡冠呈紫黑色,排黄白色稀便。死前痉挛,角弓反张。出现死亡时间较晚,一般在停药后2～3 d才开始大批死亡,并持续一段时间才能平息。易受惊,口渴,食欲锐减或废绝,蹲伏不动,或行走摇摆。幼禽畏寒、扎堆、聚集于热源旁,鸡冠和肉髯变暗红或黑紫色,粪便稀薄,呈黄白色,双翅下垂,有的表现神经兴奋,呼吸急促,乱窜急跑等症状。一般中毒后1～3 d死亡,病程长的达7～10 d。死前有的拍翅挣扎,尖叫,角弓反张。慢性病鸭有上喙皱缩畸形。

(三)病理变化

从外观上看病死鸡皮肤明显发绀。将胸肌、腿部肌肉剖开后能够看到不同大小的出血斑。腺胃黏膜发生脱落,腺胃乳头出血,且黏膜也存在出血现象。腺胃和肌胃间的黏膜形成黑色溃疡。肌胃角质膜下存在不同大小的出血斑。十二指肠、回肠、空肠黏膜发生弥漫性出血。直肠起始端存在条状出血,盲肠含有黑色内容物,黏膜存在出血条或者出血斑。扁桃体存在点状出血。肝脏由于存在淤血而呈黄红相间斑驳状。胆囊明显收缩,里面含有浓稠的胆汁。脾脏局部淤血,有时色泽较浅。肾脏略有肿大且肾结节周边发生白色玻璃样病变而中央呈紫黑色。间质发生水肿、出血。法氏囊肿大,且质地较软。

(四)诊断要点

根据症状特征及剖检变化,通常只能怀疑喹乙醇中毒,确诊需了解发病经过,是否有大剂量或连续应用喹乙醇的病史。每1 000 kg饲料添加喹乙醇60～100 g以上长期服用,或添加400 g以上连用1周,都能引起一定程度的中毒。本病应与典型新城疫进行诊断鉴别,新城疫有呼吸道症状、口流黏液、黄绿色稀便、抗体水平高低差距大。

(五)防制

如果肉鸡饲料中已经添加常规用量的喹乙醇,注意不要随意添加其他含有喹乙醇的制剂如灭败灵、霍乱灵、禽病灵等药物,不然会导致蓄积中毒。另外,使用喹乙醇的同时不要使用抗生素、杆菌肤锌。饲养者有时选择使用的预混料或者其他药物中已经含有一定量的喹乙醇,因此给肉鸡使用喹乙醇之前必须明确饲料或者药物中是否含有喹乙醇,防止重复使用导致机体摄取量过大而引起中毒。同时使用喹乙醇前还要进行检查,避免认为是与其色泽相似的复方禽菌灵、灭霍灵、诺氟沙星等药物导致过量使用而引起中毒。由于喹乙醇具有难溶于水的特点,因此使用时不能够采取饮水给药,避免鸡一次性摄取过多的药物而发生中毒。

发现中毒鸡,立即停用含有喹乙醇的饲料,同时供给硫酸钠水溶液饮水,严重者可逐只灌服。在饮水中添加5%葡萄糖或者白糖任其自由饮用或者按每千克体重在饲料中添加50～100 mg胆碱,连续使用5～7 d。另外,也可使用0.2%肾肿解毒药和小苏打、维生素C用于增强肝脏的解毒和肾脏的排泄功能以减少死亡。

五、食盐中毒的诊断与防控

氯化钠(食盐)是家禽日粮中的必需营养物质,有增进食欲、增强消化机能、维持体液的渗透压和酸碱平衡等重要作用。但是日粮中食盐添加过多或同时饮水不足，则可引起食盐中毒。临床特征为神经症状和消化紊乱。

(一)病因

1. 饲料中食盐的添加量超过正常范围

正常情况下，每只家禽每天需食盐 0.25～0.5 g，日粮中添加量应为 0.25%～0.5%，以 0.37%最为适宜。鸡的食盐中毒量为每千克体重 1～1.5 g，若雏鸡和成鸡饲料中食盐添加量分别为 0.7%和 1%，即会引起中毒；若分别超过 1%和 3%时，则会发生死亡。

2. 配料时所用的鱼干或鱼粉含盐量过高

鱼粉中通常含有 3%～10%的食盐，进口鱼粉含盐稍少，但也占 3%～4%，不同货源鱼粉的食盐含量有所不同，不加化验即使用，有时可引起中毒。

3. 治疗啄癖时间过长

治疗啄癖时用含食盐 2%的饲料饲喂 2～3 d，具有一定的防治作用，但饲喂时间过长或饮水不足，就有中毒的危险。

4. 拌料不均匀

采用逐级拌料，如维生素 E、钙、镁缺乏时，可增加食盐中毒的敏感性。

(二)临床症状

家禽食盐中毒的症状与其他动物不完全相同，尤其是运动神经兴奋症状不明显或不出现。中毒轻的表现口渴，食欲减少，精神不振，生长发育缓慢，不一定引起死亡。严重中毒时，最明显的症状是极度口渴，狂饮不止，食欲废绝，口、鼻流出大量黏液，嗉囊胀大，腹泻，排水样粪便。病禽精神委顿，运动失调，两脚无力，末梢麻痹，甚至瘫痪。病的后期，呈昏迷状态，呼吸困难，嘴不断地张合，头颈弯曲，腹部朝天，仰卧挣扎，衰竭死亡。

(三)病理变化

剖检病变主要在消化道。味囊充满黏性液体，黏膜脱落。腺胃黏膜充血，有时表面有假膜。小肠黏膜充血发红，有出血点。腹腔和心包积液，心外膜有出血点。肺水肿，脑膜血管充血扩张，有针尖大出血点。有的可见皮下组织水肿，肾脏和输尿管有尿酸盐沉积。

(四)诊断要点

通过分析饲料配方的组成成分，结合症状和剖检变化，可以确诊。

(五)防制

(1)严格控制饲料中的食盐量。应精确计算，不能过量，一般不超过 0.37%，且盐粒要细，搅拌要均匀。如在日粮中使用鱼粉时，最好先化验确知其中食盐含量，并将其计入食盐总量之内，不要使用劣质掺盐鱼粉。

(2)发现中毒后立即停用含盐饲料，改喂无盐饲料。轻度与中度中毒的，供给充足的新鲜饮水或淡糖水即可逐渐好转；中毒严重的要控制饮水量，不能一次供给大量饮水，应采用间断给水，每小时饮水 10～20 min。否则一次大量饮水，可使食盐吸收扩散，反而使症状加剧，诱发脑水肿，加快死亡。

六、氨气中毒的诊断与防控

氨气是一种无色而具有强烈刺激性臭味的气体，是因粪便不能及时清除、舍温较高时粪便中含氮物质分解而产生的一种有害气体。当鸡舍内处于高温高湿环境、高密度的饲养、垫草的反复利用、粪便不能及时清除、通风不良等情况都会促使氨浓度增高。鸡对氨气较敏感，当氨气浓度较高时，极易造成鸡氨气中毒。鸡氨气中毒是由一定浓度氨气引起的非传染性疾病。其症状表现为一个渐进发展的过程，根据鸡舍内氨气的累积浓度增大而表现不同的缺氧性中毒症状与呼吸道病变的过程。本病多发生于肉鸡。一般在冬季及早春季多发，现代密闭式鸡舍、集约化鸡场多发。中毒轻者可造成鸡生长发育缓慢，饲料转化率降低，产蛋下降。鸡群抵抗力下降，容易诱发鸡新城疫、大肠杆菌病、慢性呼吸道病等疾病；严重者可引起鸡死亡，给养鸡生产造成较大的经济损失。

(一)病因

氨气中毒是由于一定量的氨气产生和蓄积的结果。造成氨气产生、蓄积的因素主要包括饲料因素、管理因素、疾病因素等。

1. 管理因素

当鸡舍内温度较高，湿度较大时，如果不及时清除粪便和通风换气，蓄积的粪便和垫料就会发酵产生大量氨气。氨气的溶解度极高，常被吸附在鸡的皮肤黏膜和眼结膜上，产生氢氧化氨，引起角膜发炎等症状。鸡舍内氨的浓度应低于 20 mg/kg，超过这个浓度，鸡会出现不同程度的中毒现象。浓度在 50～75 mg/kg 时，可引起鸡饲料消耗降低，产蛋下降 9%以上，浓度超过 75 mg/kg，鸡心率和呼吸异常，气管和支气管出血，产蛋率严重下降。

2. 饲料因素

现代养鸡业为了使鸡增重加快而缩短饲养期，一般提供营养丰富的全价鸡饲料，特别对肉鸡采用全期自由采食的饲喂方式，这样在短期内生产并积累粪便较多，且粪中含未消化成分也多。当温度、湿度较高时，积累的鸡粪污染垫料或其他有机物被细菌分解、发酵，在很短的时间内产生大量的氨气、硫化氢和粪臭素等。

3. 疾病因素

如鸡发生球虫病和肠炎时，其肠腔内环境、微生物群发生改变，消化机能紊乱，导致粪便中未消化蛋白质成分含量增加，结果在细菌的作用下产生较多的氨气。

(二)临床症状

轻度中毒时，鸡有角膜炎和结膜炎，表现为羞明流泪，呼吸加快，粪便变稀，采食量下降，生长发育减缓，消瘦，产蛋率下降。当严重中毒时，鸡羽毛无光泽，食欲降低甚至废绝，鼻流稀薄黏液，稀便、绿便增多，出现严重的呼吸道症状，伸颈深呼吸，有的甩头，打呼噜，呼吸麻痹,头颈后仰或前伸,倒地,突然出现大批死亡。

(三)病理变化

尸体松软,不易僵化,冠及颜面发绀,眼结膜炎;皮肤、腿和胸肌苍白,皮下有出血点,血液稀薄,喉头水肿、充血并有渗出物蓄积,气管和支气管黏膜充血、出血,流鼻涕并伴有灰白色分泌物。肺水肿、淤血、深紫色,有坏死,气囊轻度混浊,心包积水,心肌柔软,心冠脂肪有点状出血。肝、脾、肾肿大,有腹水,颜色为淡黄色或红色。

(四)诊断要点

根据本病的临床症状和病理变化,结合鸡舍内氨味较浓,人进去后刺鼻刺眼,可做出诊断。

(五)防制

对于氨气中毒,应采取防重于治的原则。平时注意在多发季节、多发舍内监测氨气的浓度,采取必要的预防措施,及时消除可能造成氨气产生或蓄积的因素。

1. 预防

(1)为了防止氨气中毒,鸡舍的粪便和垫料应及时清除。特别是肉鸡在平养时更应注意粪便、垫料的清除,并及时更换垫料。

(2)加强通风换气,保持鸡舍内空气新鲜。特别是冬季,在做好保温工作外,要重视鸡舍内的排污除湿。饲养人员平时要注意鸡舍内氨气的浓度变化。据试验,当人进入鸡舍,若闻到有氨味,但不刺鼻、眼时,其氨气浓度大致在 10～20 mg/kg,即为人嗅觉的最低限度感觉,对鸡无损害,如果人进入鸡舍后,感觉刺鼻、流泪,鼻黏膜有酸辣感,数分钟后才能适应,说明氨浓度在 25～35 mg/kg。如果人感觉到呼吸困难、胸闷、睁不开眼、流泪不止时,鸡舍氨气浓度已达到 40～60 mg/kg。后两种均超出了规定标准,应立即通风换气。

(3)为防止鸡氨气中毒,可用 0.1%～0.2%过氧乙酸喷雾,每周 2 次,每立方米鸡舍用 30 mL,喷雾时雾滴越小越好,避免直接喷向鸡体,鸡舍内各个空间角落都应均匀喷洒。

(4)在饲料中添加微生态制剂。微生态制剂可将肠道里非蛋白氮合成氨基酸、蛋白质供动物利用,同时抑制大肠杆菌等有害菌的腐败作用,减轻臭味。根据科学试验及临床应用证明,添加微生态制剂可有效提高饲料转化率,减少粪便中含氮物质的总量,从而有效降低氨气产生的量。一般添加量为 0.5%～1%。

(5)在鸡舍内撒磷肥(过磷酸钙)以减少氨气的产生,一般每 10 m^2 撒磷肥 0.5 kg 左右,每周一次。

(6)做好肠道疾病的防治工作,防止鸡发生球虫病、肠炎等导致消化机能紊乱的疾病。

(7)在多发季节,有条件的可在肉鸡和蛋鸡饲料中添加丝属植物丝兰竹,可达到抑制氨气释放到鸡舍内的效果。据报道,丝属植物具有储存氨气,并在雨天释放后作该植物养分利用的机能,即称为自肥效应。

2. 治疗

若初诊为鸡氨气中毒,应及时采取有效措施,通风换气,消除病因,减轻症状,及时治疗并发症或继发症，才能把损失降到最低水平，特别对于有可能恢复正常生产性能的鸡群。

(1)发现鸡群有氨气中毒症状时，要马上打开门窗、排气孔和排气扇等所有通风设备，对鸡舍进行通风换气，要清除鸡舍粪便和垫料，同时用草木灰铺撒地面，有条件的可以把鸡转移至环境较好的另一鸡舍。

(2)当鸡舍内氨气浓度较高而通风不良时，可以向舍内墙、棚壁上喷雾稀盐酸，降低氨气浓度。

(3)饮水中按0.03%浓度加入硫酸铜，全群鸡饮服或灌服1%稀醋酸，每只5～10 mL，或1%硼酸水溶液洗眼，涂擦氯霉素眼膏，并供饮5%糖水，口服维生素C片0.05～0.1 g/只，并辅以普康素等免疫增强剂饮水，一般经1～2 d即可痊愈，对于已出现诸如咳嗽、拉稀等中毒症状的鸡，饮水中加入适量的环丙沙星，或在饲料中用110～330 mg/kg的北里霉素，以免继发感染。

任务3　禽其他疾病的诊断与防控

一、肉鸡猝死综合征的诊断与防控(二维码3-9)

二维码 3-9
肉鸡猝死综合征的诊断与防控

肉鸡猝死综合征(Sudden death syndrome，SDS)又称急死综合征、暴死征、翻跳病、两腿朝天病，即肉鸡在没有任何外部症状的情况下突然死亡。本病以肌肉丰满、外观健康的肉鸡突然死亡为特征，是肉鸡常见的一种非传染性疾病。本病主要发生于肉用仔鸡，发病率一般为0.5%～4%，该病一年四季均可发生，尤其夏季、冬季多发。

(一)病因

本病的确切病因至今尚不明了，大多认为与营养、环境、酸碱平衡、遗传及个体发育等有关。

1. 品种、个体遗传因素

一般认为生长速度较快的肉鸡品系，尤其是体重较大的公鸡发病率高。肉仔鸡快速增重，心脏负荷过重。发病日龄多为5～35日龄。

2. 环境因素

鸡舍周围经常有突然的音响以及强烈的噪声，如放鞭炮、打雷、锣鼓声等；鸡舍经常处于强光或长时间的光照刺激；转群、鸡群拥挤、舍内通风不良等应激因素均可使鸡受到惊吓，交感神经异常兴奋，肾上腺素分泌增加，使心脏搏动超限加快、加强，冠状动脉挛缩，心脏供氧障碍，导致心脏骤停而死亡。

3. 饲料因素

日粮营养水平过高及营养不均衡。用低蛋白日粮饲喂肉鸡，其死亡率显著高于饲喂高蛋白日粮；日粮中脂肪含量越高，猝死征发生率越高；饲喂含葡萄糖高的日粮，比饲喂含玉米高或动物性混合脂肪高的日粮死亡率高一倍以上；喂颗粒饲料的鸡群死亡率较喂粉料的鸡群高；在日粮中添加葵花籽油代替动物脂肪可显著降低本病的发生。

4. 新陈代谢因素

营养不平衡、酸碱平衡失调，血钾和血磷的浓度显著低于正常的鸡发病率高。

5. 用药因素

在防治球虫病时，饲喂离子载体类抗球虫药时，猝死综合征发生率明显高于喂非离子载体类抗球虫药。

（二）临床症状

发病前鸡群无明显征兆，外观健康，采食行走均正常，所有病鸡都是突然发病。营养好、生长发育快的鸡多发。发病的日龄最早为 3 日龄，1～2 周龄的发病率呈直线上升趋势，3～5 周龄达高峰，然后缓慢下降。特征是病鸡失去平衡，向前或向后跌倒，呈仰卧姿势。翅膀剧烈煽动，肌肉痉挛，发出尖叫声，从丧失平衡到死亡的时间很短，一般只有 1 min 左右。死后多数为背部着地，两脚朝天。

（三）病理变化

病鸡尸体丰满，消化道特别是嗉囊和肌胃充满食物；肝稍肿大，质脆，色苍白，胆囊空虚。肾呈浅灰色或苍白色。脾、甲状腺和胸腺全部充血。胸肌、股肌湿润，苍白。后股静脉淤血扩张。肺弥漫性充血，气管内有泡沫状渗出物。心脏扩张，心包积液，右心房淤血扩张，心脏比正常鸡大几倍。成年鸡泄殖腔、卵巢及输卵管严重充血。

（四）诊断要点

目前，本病尚无特异性诊断标准，在排除传染病的可能性时，一般可通过病史调查、临床症状及病理变化综合分析加以判断，检查死亡鸡血清总脂含量升高，公鸡肝甘油三酯和心脏花生四烯酸含量较高，可为确诊提供依据。

（五）防制

1. 改善鸡群管理和环境条件

在寒冷季节应处理好保温与通风的矛盾，在不降低舍内温度的前提下，适当打开门窗通风，改善通风换气条件，减少鸡舍内二氧化碳和氨气的含量。保证有较充足的氧气流通。调整鸡群密度，防止拥挤，严格控制鸡舍温度。防止过冷。

2. 早期限饲，控制生长速度

对 3～20 日龄肉仔鸡进行九成饱的饲喂，在最快的生长期中限制其生长速度，虽然对生长不利，但可明显降低本病的发病率。可在生长后期增加饲喂量和提高饲料营养水平的补救措施，仍可获得良好的经济效益。改颗粒饲料为相同成分的粉料。

3. 合理搭配日粮

按照肉鸡生长需要供给平衡日粮。提高日粮中肉粉的比例而降低豆饼比例；添加牛磺酸(150 g/t)；用葵花油代替等量的动物脂肪；添加维生素 A、维生素 D、维生素 E、维生素 B_1 及维生素 B_6 为正常量的 1 倍；添加生物素 300 μg/kg 饲料，可降低死亡率。

4. 加强饲养管理，减少应激因素

在光照时间及强度上，肉鸡出栏前期，尤其是 3 周龄前光照时间不宜太长。1～2 日龄每天光照 23 h，3～21 日龄 10 h，4 周龄至上市前 3 d，在 24 h 内应该有两个光照期和两个黑暗期。第一个光照期光照 10 h，第二个光照期，第 4 周为 1 h，以后每周增加 2 h，上市前 3 d 内每天光照 23 h。光照强度在前 3 d 可给予 22～23 lx，以后逐渐降低，第 3 周以后为 5 lx。防止饲养密度过大，避免转群或受惊吓时的互相挤压等刺激。

5. 治疗

本病目前尚无有效治疗方法，低血钾的病鸡可用碳酸氢钾治疗，每只鸡用量为 0.62 g，混饮，连用 3～5 d；或每千克饲料中加入 3.6 g 碳酸氢钾。

二、肉鸡腹水综合征的诊断与防控(二维码 3-10)

二维码 3-10　肉鸡腹水综合征的诊断与防控

肉鸡腹水综合征是近年来新出现的肉鸡的几种主要综合征之一。是以明显的腹腔积水、右心扩张、肺充血、水肿以及肝脏的病变为特征的一种非传染性疾病。已成为危害肉鸡饲养业的世界性严重问题。虽然本病在各类家禽中均可发生，但最多发、最常见的是 4～5 周龄肉仔鸡，这与此时正值肉用仔鸡迅速生长有关。病鸡中公鸡占有较高的比例，这与其生长快、耗能高、需氧多有关。本病多发于冬季和早春，这与冬春季节舍内饲养通风不良而造成缺氧有关。

(一)病因

引起本病的原因很多，包括遗传、饲养环境及营养等因素，但最主要的病因是因缺氧而使肺动脉压升高，导致右心室衰竭和体腔内发生腹水。

1. 环境因素

舍内通风不良，二氧化碳、氨、一氧化碳、硫化氢等有害气体增多，鸡舍含氧量下降，可使鸡的心脏长期在缺氧状态下过速运动，从而造成心脏疲劳、衰竭及静脉压升高。静脉血管通透性增强，形成腹水，而腹水大量聚积后又压迫心脏，加重心脏负担，使鸡只的呼吸更加困难。另外，用煤焦油类消毒药物对鸡舍进行消毒后，室内光线幽暗、地面潮湿、空气污浊也是导致腹水征的重要原因。

2. 饲料原因

日粮蛋白和能量过高，导致肉仔鸡心肺功能和肌肉的增长速度不协调，造成心肺代偿性肥大和心力衰竭，进而导致腹水；饲料中维生素 E、硒的缺乏，引起腹水；饲料黄曲霉毒素超标及饲喂变质油脂均可破坏肝功能，改变血管通透性，引起腹水。

3. 疾病原因

鸡患呼吸系统疾病，机体缺氧时会发生腹水。鸡患白痢、霍乱、大肠杆菌病时会破坏肝脏功能，引起腹水。

4. 药物原因

大量使用有损心脏功能的药物易引起腹水征。如呋喃唑酮中毒，其他毒素中毒等。

5. 其他原因

舍温低、饲养密度大、慢性缺氧，高海拔地区氧气稀薄、寒冷，饲喂颗粒料、垫料潮湿、食盐中毒等均可引发腹水征。

（二）临床症状

表现为突然死亡。但通常病鸡个体小于正常鸡，而且羽毛蓬乱，神情倦呆，不愿活动，呼吸困难和发绀。肉眼可见的最明显的临床症状是病鸡腹部膨大，呈水袋状，触压有波动感，腹部皮肤变薄发亮。严重者皮肤淤血发红，有的病鸡站立困难，以腹部着地呈企鹅状，行动迟缓，呈鸭步样。病程一般为 7～14 d，死亡率 10%～30%，最高达 50%。

（三）病理变化

剖检可见肺部充血、水肿；心包积液，心脏增大，心脏表面有白色点状小病灶，心腔内有凝固的血凝块。肝脏充血，边缘变厚，有斑点或结节，并覆有一层半胶胨样物；肾脏充血肿大，并有尿酸盐沉积；肠道广泛充血；腹腔积液通常清亮呈稻草色或有出血性渗出物。

（四）诊断要点

根据本病病史分析、发病特点、腹水征及病理变化即可做出判断。

（五）防制

目前，对肉鸡腹水综合征尚无理想的治疗方法，使用强心药（如苯甲酸钠咖啡因、士的宁、盐酸麻黄素、醋酸钾）对早期病鸡有一定的治疗效果，针对该病应着眼于预防，预防措施如下：

1. 消化道中氨的水平

在饲料中添加 125 mL 的尿素酶抑制剂，死亡率平均降低 39.3%，且日增重和饲料转化率都略有改善。这是因为尿素酶抑制剂既抑制了小肠和大肠中的尿素酶活性，又降低了小肠和大肠内的氨含量。这样就有较多的氧供机体利用，消除了造成腹水征及其死亡的原动力。

2. 添加碳酸氢钠

日粮中添加碳酸氢钠可降低肉鸡腹水征的发病率。鸡在酸中毒时可造成肺部血管缩小从而导致肺动脉压增高,而加入碳酸氢钠可中和酸中毒,使血管扩张而使肺动脉压降低,从而降低腹水征的发病率。

3. 早期限饲

由于该病发生的日龄越来越早,采取早期限饲可有效地减少腹水征及死亡,可使腹水征死亡率降低 27%左右。另外,采用低能开食料也可减少肉鸡腹水征的发生。0～14 d 喂以能量水平为 11.5 MJ/kg 的低能日粮,在 21 日龄后再喂能量水平为 12.97 MJ/kg 的高能日粮,腹水征的发病率减少,而鸡的体重并不减轻。

4. 改善饲养环境

在高密度饲养肉仔鸡的生产中,舍内空气中的氨气、灰尘和二氧化碳的含量是诱发腹水征的重要原因。所以,应调整饲养密度,改善通风条件,减少舍内有害气体及灰尘的含量,使之有充足的氧气。增加饲料中维生素 C 的含量,补充钾离子以维持体内电解质平衡,合理搭配饲料,增加利尿药物等,均可减少该病的发生。

5. 氧

孵化缺氧是导致腹水征的重要因素,所以在孵化的后期,向孵化器内补充氧气,也可减少腹水征的发生。

6. 建立科学的免疫程序

预防和控制大肠杆菌病、慢性呼吸道病和传染性喉气管炎、传染性支气管炎、新城疫等的发生。冬、春季节尽量不使用活毒疫苗,以免对肺组织造成损害。

7. 药物预防

口服 50%葡萄糖水 5 mL,每天 2 次,连服 3 d。口服双氢克尿噻,每只鸡 5 mg,每天 2 次,连喂 3 d,即可收得预期效果。

对于个别病鸡可以通过穿刺放出腹腔内积液,对症治疗。

三、异食癖的诊断与防控(二维码 3-11)

异食癖是由于代谢机能紊乱,味觉异常或饲养管理不当等引起的一种非常复杂的多种疾病的综合征。是鸡的一种常见病,多指鸡群中互相啄食,导致外伤,引起死亡或胴体质量降低,产蛋减少等。异食癖的形式很多,常见的有啄肛癖、啄趾癖、啄羽癖等,以啄肛癖危害最严重。

二维码 3-11
异食癖的诊断与防控

(一)病因

1. 饲料因素

(1)饲料粉碎的过细,使鸡采食后缺乏饱腹感。

(2)蛋白质(动物蛋白)含量过低或必需氨基酸含量不足及缺乏,尤其是含硫氨基酸的缺乏。

(3)饲料中食盐给量不足。

(4)钙磷比例不当。

(5)饲料中铜、钴、锰、钙、铁、硫和锌等矿物质不足。

(6)饲料中维生素A、维生素E不足。

2. 饲养管理问题

(1)鸡群密度过大,给料量不足,采食位不足,采食拥挤,产蛋箱不足,通风不良。

(2)育雏室灯泡过低,过亮,光照过强。

(3)湿度过大,温度过高,不同日龄、品种的鸡混养在一起。

(4)育成期光照时间过长,使鸡性成熟过早,易产双黄蛋,导致泄殖腔撕裂引起啄肛。

(5)育成期不控制喂料,致使鸡超重,体内脏器,特别是卵巢、输卵管沉积脂肪,使鸡产蛋后,泄殖腔复位时间延长,引起啄肛。

(6)光线颜色影响,鸡不喜欢黄色和青色的光线,此类光下易引起啄癖。

(7)生理换羽期时,皮肤发痒,鸡自己啄痒。别的鸡跟着学,养成恶癖。

(8)皮肤外伤、出血。

3. 疾病因素

(1)外寄生虫引起,鸡羽虱。

(2)大肠杆菌引起的输卵管炎,只是输卵管黏膜水肿,管腔狭窄,蛋通过困难,致使脱肛,造成啄癖。

(3)鸡白痢、法氏囊病早期易引起啄癖。

(4)输卵管、直肠脱垂,肛门外翻都可导致啄癖产生。

(二)临床症状和病理变化

1. 啄肛癖

多发生在雏鸡和笼养产蛋母鸡,由于腹部韧带和肛门括约肌松弛,产蛋后泄殖腔不能及时收缩回去而留露在外,造成互相啄肛,严重者直肠脱出,甚至死亡。

2. 啄羽癖

多见于幼鸡在开始生长新羽毛或换小毛时易出现,产蛋鸡在盛产期或换羽期也可发生。一旦发生互相啄食羽毛的现象,就会在鸡群中广泛传开,严重的会影响母鸡产蛋量及健康。

3. 啄趾癖

大多是幼鸡喜欢互啄脚趾,引起出血或跛行症状,严重的可啄断脚趾。

4. 啄蛋癖

多见于鸡产蛋旺盛的春季,多由于饲料中缺钙和蛋白质不足,当一只母鸡产蛋后,鸡只就立刻互相啄食,也有的母鸡啄食自己的蛋。

5. 啄鳞癖

患突变膝螨病的鸡，自啄脚上皮肤的鳞片痂皮。

6. 啄肉癖

同群鸡互相攻击，发生伤害死亡后，一部分尸体被攻击者吃掉；或肉鸡限饲期，虽然饲料给量相应，但因饲料质量差，特别是其中的热能饲料、蛋白质饲料严重不足；或舍温偏低，也发生啄肉癖。

7. 异食癖

鸡群中某些鸡发生啄食异物的行为，吃饲料以外的物质，如石灰渣、粪便、稻草、炉灰渣、锯末、编织绳等。

(三)防制

1. 适时断喙

可采用两次断喙法，即 7～9 日龄进行首次断喙，70 日龄时再修喙 1 次。

2. 供给全价日粮

满足鸡对各种必需氨基酸、维生素和微量元素的需要。

3. 改善饲养管理

定时供料、供水，间隔时间不可过长。饲养密度要适宜，不可过大。鸡舍通风良好，照明要适度。

4. 病鸡处理

有啄癖的和被啄伤的鸡，要及时尽快地挑出，隔离饲养与治疗。

5. 检查并调整日粮配方

检查日粮配方，找出缺乏的营养成分及时补给。如蛋白质和氨基酸不足，则需添加豆饼、鱼粉等。若是因缺乏铁和维生素 B_2 引起的啄羽癖，则每只成年鸡给硫酸亚铁 1～2 g 和维生素 B_2 5～10 mg，连用 3～5 d；若暂时弄不清啄羽病因，可在饲料中加入 2%石膏粉，或每只病鸡每天给予 0.5～3.0 g 石膏粉；若是缺盐引起的恶癖，在日粮中暂时添加 2%～4%食盐，保证供足饮水，恶癖很快消失，随之停止增加的食盐，维持在 0.5%～1%，以防发生食盐中毒；若缺硫引起的啄肛癖，在饲料中加入 1%硫酸钠，3 d 之后即可见效，啄肛停止后，暂改为 0.1%的硫酸钠加入饲料内，作为预防。

[项目小结]

- 禽场普通病的诊断与防控
  - 禽营养代谢性疾病的诊断与防控
    - 维生素 A 缺乏症的诊断与防控
    - 钙磷缺乏与钙磷失调症的诊断与防控
    - 硒-维生素 E 缺乏症的诊断与防控
    - 禽痛风的诊断与防控
    - 禽脂肪肝综合征的诊断与防控
  - 禽中毒病的诊断与防控
    - 磺胺类药物中毒的诊断与防控
    - 呋喃类药物中毒的诊断与防控
    - 禽黄曲霉毒素中毒的诊断与防控
    - 喹乙醇中毒的诊断与防控
    - 食盐中毒的诊断与防控
    - 氨气中毒的诊断与防控
  - 禽其他疾病的诊断与防控
    - 肉鸡猝死综合征的诊断与防控
    - 肉鸡腹水综合征的诊断与防控
    - 异食癖的诊断与防控

[项目测试]

一、填空题

1. 硒-维生素缺乏症主要表现为(　　　)、(　　　)、(　　　)。

2. 家禽痛风又称(　　　),是一种(　　　)代谢障碍引起的高尿酸血症。可分为(　　　)型痛风,(　　　)型痛风。

3. 鸡脂肪肝综合征主要发生于(　　　)鸡群,其病变是(　　)。

4. 雏鸡渗出性素质特征性病变是(　　　)。

5. 磺胺类药物中毒的剖检特征是(　　　　)。

6. 呋喃唑酮中毒时常出现(　　　)症状。

7. 作为饲料添加剂,每 1 000 kg 饲料中喹乙醇的添加量为(　　　)g;治疗细菌病,喹乙醇的添加量为(　　)g,连续用药不超过(　　)d。

8. 喹乙醇中毒与新城疫的剖检变化不同点是前者(　　)肿大。

9. 肉鸡猝死综合征以(　　　)为特征,死后典型症状为(　　　),预防的关键措施是(　　　)。

10. 肉鸡腹水综合征常见病因是(　　　),最常发生于(　　　)鸡,特征性症状是(　　　),预防的主要措施是(　　　)。

二、选择题

1. 病鸡出现“观星”姿势大多由(　　)引起。

A. 维生素 A 缺乏　　B. 维生素 B_1 缺乏　　C. 维生素 B_2 缺乏

2. 病鸡出现趾爪蜷曲,两腿瘫痪是由(　　)引起。

A. 维生素 B_1　　B. 维生素 B_2　　C. 泛酸

3. 维生素 E 缺乏常引起(　　)。

A. 夜盲症　　B. 佝偻病　　C. 白肌病

三、判断

1. 呋喃唑酮中毒时肌肉有出血变化。(　　)

2. 鸡饲料中鱼粉的比例超过 15%时易引起肌胃糜烂、溃疡。(　　)

3. 1 周龄以内的雏鸡和产蛋鸡应慎用磺胺药。(　　)

4. 预防鸡白痢可用 0.04%呋喃唑酮混入饲料,连用 10 d。(　　)

四、简答题

1. 钙磷缺乏和钙磷失调症的病因是什么?

2. 引起磺胺类药物中毒的原因是什么?如何防治?

3. 硒-维生素 E 缺乏症的病因及主要症状是什么?

4. 呋喃类药物中毒的原因及防治方法是什么?

5. 维生素 A 缺乏症的病因及防治方法是什么?

[知识链接]

禽病的临床诊断要点

一、发病情况

1. 病程长短

如果发病突然,病程短急,可能是急性传染病或中毒病,如果发病时间较长则可能是慢性病。

2. 发病数量

病禽数量少或零星发病,则可能是慢性病或普通病,病禽数量多或同时发病,可能是传染病或中毒性疾病。

3. 生产性能

对肉禽只了解其生长速度,增重情况及均匀度,对产蛋鸡应观察产蛋率,蛋重,蛋壳质量,蛋壳颜色等。

4. 发病日龄

禽群发病日龄不同,可提示不同疾病的发生。

(1)各种年龄的家禽同时或相继发生同一疾病,且发病率和死亡率都较高,可提示新城疫、禽流感、鸭瘟及中毒病。

(2)1月龄内雏禽大批发病死亡,可能是沙门氏菌病、大肠杆菌病、法氏囊炎、肾传支等,如果伴有严重呼吸道症状可能是传支、慢性呼吸道病、新城疫、禽流感等。

(3)若雏鸭大批死亡,多为鸭病毒性肝炎,沙门菌感染;成年鸭大批发病多为鸭瘟,流感,禽霍乱或鸭传染性浆膜炎等。

(4)若雏鹅大批发病,多为小鹅瘟、球虫病,副黏病毒感染,成鹅大批发病,多为大肠杆菌引起的卵黄性腹膜炎、流感、霍乱等。

5. 饲养管理情况

了解病禽发病前后采食、饮水情况,禽舍内通风及卫生状况等是否良好。

6. 用药情况

若用抗生素类药物治疗后症状减轻或迅速停止死亡,可提示细菌性疾病,若用抗生素药无作用,可能是病毒性疾病、中毒性疾病或代谢病。

7. 流行病学调查

对疑是传染性疾病的,除进行一般调查外,还要进行流行病学调查,包括病禽的现有症状、既往病史,疫情调查,平时防疫措施落实情况等。

8. 饲料情况调查

对可疑营养缺乏的禽群要对饲料进行检查,重点检查饲料中能量、粗蛋白质、钙、磷等情况,必要时对各种维生素、微量元素和氨基酸等进行成分分析。

9. 中毒情况调查

若饲喂后短时间内大批发病,个体大的禽只发病早,死亡多;个体小的禽只发病晚,死亡少,可怀疑是中毒病。要对禽群用药进行调查,了解用何种药物,用量,药物使用时间和方法,是否有投毒可能,舍内是否有氨气,饲料是否发霉等。

二、病史和疫情

1. 了解既往病史

畜禽场或养禽专业户的禽群过去发生过什么重大疫情，有无类似疾病发生、其经过及结果如何等情况，借以分析本次发病和过去发病的关系。如过去发生大肠杆菌病、新城疫、而未对禽舍进行彻底的消毒，禽也未进行预防注射，可考虑旧病复发。

2. 调查附近家禽养殖场的疫情

调查附近家禽场(户)是否有与本场相似的疫情，若有可考虑空气传播性传染病，如新城疫、流感、鸡传染性支气管炎等。若禽场饲养有两种以上禽类，单一禽种发病，则提示为该禽的特有传染病，若所有家禽都发病，则提示为家禽共患的传染病，如霍乱、流感等。

3. 调查引种情况

有许多疾病是引进种禽(蛋)传递的，如鸡白痢、霉形体病、禽脑脊髓炎等。进行引种情况调查可为本地区疫病的诊断提供线索。若新进带菌、带病毒的种禽与本地禽群混和饲养，常引起新的传染病暴发。

4. 平时的防疫措施落实情况

了解禽群发病前后采用何种免疫方法、使用何种疫苗。通过询问和调查，可获得许多对诊断有帮助的第一手资料，有利于做出正确诊断。

三、临床检查

(一)群体检查

在禽舍内一角或外侧直接观察，也可以进入禽舍对整个禽群进行检查。因为禽类是一种相对敏感的动物，特别是山鸡、鸡。因此进入禽舍应慢慢进入，以防止惊扰禽群。群体检查主要观察禽群精神状态、运动状态、采食、饮水、粪便、呼吸以及生产性能等。

1. 禽群精神状态检查

(1)正常状态下，家禽对外界刺激反应比较敏感，听觉敏锐，两眼圆睁有神。有一点刺激家禽会头部高抬，来回观察周围动静，严重刺激会引起惊群、压堆、乱飞、乱跑、发出鸣叫。

(2)病理状态下，家禽首先反映到精神状态变化，会出现精神兴奋或精神沉郁和嗜睡。

①精神兴奋　家禽对外界轻微的刺激或没有刺激表现强烈的反应，引起惊群、乱飞、鸣叫，临床多表现为药物中毒，维生素缺乏等。

②精神沉郁　禽群对外界刺激反应轻微，甚至没有任何反应。家禽离群呆立、头颈卷缩、两眼半闭、行动呆滞等。临床上许多疾病均会引起精神沉郁，如雏鸡沙门菌感染、霍乱、法氏囊炎、新城疫、禽流感、肾支、球虫病等。

③嗜睡　重度的萎靡、闭眼似睡、站立不动或卧地不起，给以强烈刺激才引起轻微反应甚至无反应，可见于许多疾病后期，往往愈后不良。

2. 运动状态检查

(1)正常状态下,家禽行动敏捷,活动自如。休息时,往往两肢弯曲卧地,起卧自如,有一点刺激马上站立活动。

(2)病理状态下的颈部异常

①观星状 鸡的头部向后极度弯曲形成所谓的“观星状”姿势,兴奋时更为明显,多见于维生素 B_1 缺乏。

②扭头 病鸡头部扭曲,在受惊吓后表现更为明显,临床多见新城疫后遗症。

③角弓反张 小鸭若出现全身抽搐,向一侧仰脖,头弯向背部,两腿阵发性向后踢蹬,有时在地上旋转,多为鸭病毒性肝炎。

④强迫采食 家禽出现头颈部不自主的盲目点地,像采食一样,多见于强毒力新城疫,球虫病,坏死性肠炎等。

⑤颈部麻痹 表现头颈部向前伸直,平铺于地面,不能抬起,又称软颈病,同时出现腿翅麻痹,多见于鸭肉毒素中毒病。

⑥犬坐姿势 禽类呼吸困难时往往表现呈犬坐姿势,头部高抬,张口呼吸,跖部着地。雏鸡多见于曲霉菌感染,肺型白痢,成鸡多见于喉气管炎、白喉型鸡痘等。

(3)病理状态下的肢体异常

①跛行 是临床最常见的一种运动异常,表现为腿软、瘫痪、喜卧地,运动时明显跛行,多见于钙、磷比例不当、维生素 D_3 缺乏、痛风、病毒性关节炎、滑液囊支原体病或中毒;雏鸡跛行多见于新城疫、脑脊髓炎、维生素 E-亚硒酸钠缺乏;肉仔鸡跛行多见于大肠杆菌、葡萄球菌、绿脓杆菌感染;刚接回雏鸡出现瘫痪多见于雏鸡腿部受寒或禽脑脊髓炎等。

②劈叉 青年鸡一腿伸向前,一腿伸向后,形成劈叉姿势或两翅下垂,多见于神经型马立克病,雏鸡出现劈叉多为肉仔鸡腿病。

③企鹅状姿势 病禽腹部较大,运动时左右摇摆幅度较大,像企鹅一样运动,临床上肉鸡多见于腹水综合征;蛋鸡多见于早期传染性支气管炎或衣原体感染导致输卵管永久性不可逆损伤引起“大裆鸡”,或大肠杆菌引起的严重输卵管炎(输卵管内有大量干酪物)。

④趾曲于内侧 两肢趾部弯曲、卷缩,曲于内侧,以关节着地,并展翅维持平衡,临床多见于维生素 B_2 缺乏。

⑤偏瘫 雏鸡偏瘫在一侧,两肢后伸,头部出现震颤,多见于禽脑脊髓炎。

⑥转圈运动 雏鹅在暴饮后 30 min 左右出现共济失调,两腿无力,行走步态不稳,两腿急步呈直线前进或后退,或转圈运动,多为雏鹅水中毒病。

⑦两腿后伸 产蛋鸡早上起来发现两腿向后伸直,出现瘫痪,不能直立,个别鸡舍外运动后恢复,多为笼养鸡产蛋疲劳症。

⑧肘部外翻 家禽运动时肘部外翻,关节变短、变粗,临床多见于锰缺乏。

⑨蹼尖点地 水禽运动时蹼尖着地,头部高昂,尾部下压,多见于葡萄球菌感染。

3. 采食状态检查

(1)正常状态下,家禽采食量相对比较大,特别是笼养产蛋鸡加料后 1～2 h 可将食物吃光。观察采食量可根据每天饲料记录就能准确掌握摄食增减情况,也可以观察鸡的嗉囊大小,料槽内剩余料的多少和采食时禽的采食状态等来判断禽类的采食情况。如舍内温度较高,采食会减少;舍内温度偏低则采食量会上升。采食量减少是反映禽病最敏感的一个症状,能最早反映禽群健康状况。

(2)病理状态下采食量增减直接反映禽群健康状态,临床多见于以下几种情况:

①采食量减少　表现加入料后,采食不积极,食几口后退缩到一侧,料槽余量过多。比正常采食量下降,临床中许多病均能使采食量下降,如沙门氏菌病、霍乱、大肠杆菌病、败血型支原体病、新城疫、流感等。

②采食量废绝　多见于禽病后期,往往预后不良。

③采食量增加　多见于食盐过量,饲料能量偏低;或在疾病恢复过程中采食量会不断增加,反映疾病好转。

4. 粪便观察

许多疾病均会引起家禽粪便变化和异常。因此粪便检查具有重要意义。粪便检查应注意粪便性质、颜色和粪便内异物等情况。

(1)正常粪便的形态和颜色　正常情况下鸡粪便像海螺一样,下面大上面小呈螺旋状,上面有一点白色的尿酸盐颜色,多表现为棕褐色;家禽有发达的盲肠,早晨排出稀软糊状的棕色粪便;刚出壳雏鸡尚未采食,排出胎便为白色或深绿色稀薄的液体。

(2)影响粪便生理因素

①温度对粪便的影响　家禽粪道和尿道相连于泄殖腔,粪、尿同时排出,家禽又无汗腺,体表覆盖大量羽毛。因此室温增高,家禽粪便变得相对较稀,特别是夏季,会引起水样腹泻;温度降低时,粪便变稠。

②饲料原料对家禽粪便的影响　若饲料中加入杂饼、杂粕(如菜籽粕)、发酵抗生素与药渣会使粪便发黑;若饲料加入白玉米和小麦会使粪便颜色变浅变淡。

③药物对粪便影响　若饲料中加入腐殖酸钠会使粪便变黑。

在排除上述影响粪便的生理因素、饲料因素、药物因素以外,若出现粪便异常多为病理状态,临床多见有粪便性质的变化、粪便颜色的变化、粪便异物等。

(3)粪便颜色变化

①发白　粪便稀而发白如石灰水样,在泄殖腔下羽毛被尿酸盐污染呈石灰水渣样,临床多见于痛风、雏鸡白痢、钙、磷比例不当、维生素 D 缺乏、法氏囊炎、肾型传染性支气管炎等。

②鲜血便　粪便呈鲜红色血液流出,临床多见于盲肠球虫病、啄伤。

③发绿　粪便颜色发绿呈草绿色,临床多见于新城疫、伤寒和慢性消耗性疾病(马立克病、淋巴白血病、大肠杆菌引起输卵管内有大量干酪物)。另外当禽舍通风不良时,环境的氨气含量过高,粪便也呈绿色。

④发黑　粪便颜色发暗、发黑呈煤焦油状，临床多见于小肠球虫病、肌胃糜烂、出血性肠炎。

⑤黄绿便　粪便颜色呈黄绿带黏液，临床多见于坏死性肠炎、流感等。

⑥西瓜瓤样便　粪便内带有黏液，红色似西红柿酱色，临床多见于小肠球虫病、出血性肠炎或肠毒综合征。

⑦带血丝　粪便带有鲜红色血丝，临床多见于家禽前殖吸虫病或啄伤。

⑧颜色变浅　比正常颜色变浅、变淡，临床多见于肝脏疾病，如盲肠肝炎、包涵体肝炎等。

(4)粪便性质变化

①水样稀便　粪便呈水样，临床多见于食盐中毒、卡他性肠炎。

②粪便中有大量未消化的饲料　又称料粪，粪酸臭，临床多见于消化不良，肠毒综合征。

③粪便中带有黏液　粪便中带有大量脱落上皮组织和黏液，粪便腥臭，临床多见于坏死性肠炎、流感、热应激等。

(5)粪便异物

①粪便中带有蛋清样分泌物　雏鸡多见于法氏囊炎；成鸡多见于输卵管炎、禽流感等。

②带有黄色干酪物　粪便中带有黄色纤维素性干酪物结块，临床多见于因大肠杆菌感染而引起的输卵管炎症。

③带有白色米粒大小结节　在粪便中带有白色米粒大小结节，临床多见于绦虫病。

④粪便中带有泡沫　若雏鸡在粪便中带有大量泡沫，临床多为雏鸡受寒或加葡萄糖过量且时间过长引起。

⑤粪便中有假膜　在粪便中带有纤维素，脱落肠段样假膜，临床多见于堆式球虫病、坏死性肠炎、鸭瘟等。

⑥粪便中带有大线虫　临床多见于线虫病。

5. 呼吸系统检查

临床上家禽呼吸系统疾病占70%左右，许多传染病均引起呼吸道症状，因此呼吸系统检查意义重大。

(1)正常情况下呼吸系统检查　鸡每分钟呼吸次数为22～30次，鸭为15～18次，鹅为9～10次，计算鸡的呼吸次数主要通过观察泄殖腔下侧的腹部及肛门的收缩和外突来计算。

呼吸系统检查主要通过视诊、听诊来完成。视诊主要观察呼吸频率、张嘴呼吸次数、是否甩血样粘条等。听诊主要听群体中呼吸道是否有杂音，最好在夜间熄灯后慢慢进入鸡舍进行听诊。

(2)病理状态下呼吸系统异常　张嘴伸颈呼吸：家禽表现呼吸困难，多由呼吸道狭窄引起，临床多见于传染性喉气管炎后期、白喉型鸡痘、支气管炎后期。雏鸡出现张嘴伸颈呼吸多见于肺型白痢或霉菌感染。热应激时禽类也会出现张嘴呼吸，应注意区别。

①甩血样黏条　在走道、笼具、食槽等处发现有带黏液血条，临床多见于喉气管炎。

②甩鼻音　听诊时听到禽群有甩鼻音，临床多见于传染性鼻炎、败血型支原体病、传染性支气管炎、传染性喉气管炎、新城疫、禽流感、曲霉菌病等。

③怪叫音　当家禽喉头部气管内有异物时会发出怪音，临床多见于传染性喉气管炎、白喉型鸡痘等。

6. 生长发育及生产性能检查

肉仔鸡、育成鸡主要观察禽只生长速度、发育情况及禽群整齐度。若禽群生长速度正常，发育良好，整齐度基本一致，突然发病，临床多见于急性传染病或中毒性疾病；若禽群发育差，生长慢，整齐度差，临床多见于慢性消耗性疾病，营养缺乏症或抵抗力差而继发其他疾病。蛋鸡和种鸡主要观察产蛋率，蛋重，蛋壳质量，蛋品内部质量变化。

(1)产蛋率下降　引起产蛋率下降的疾病很多，如减蛋综合征、禽脑脊髓炎、新城疫、禽流感、传染性支气管炎、传染性喉气管炎、大肠杆菌或沙门菌感染等。薄壳蛋，软壳蛋增多：临床检查中发现有大量薄壳蛋，软壳蛋，在粪道内有大量蛋清和蛋黄，临床多见于钙、磷缺乏或比例不当，维生素D缺乏，禽流感、传染性支气管炎、传染性喉气管炎、输卵管炎等。

(2)蛋壳颜色变化　褐壳蛋鸡若出现白壳蛋增多，临床多见于钙、磷比例不当，维生素D缺乏，禽流感、传染性支气管炎、传染性喉气管炎、新城疫等。

(3)小蛋增多　多见于输卵管炎、禽流感等。

(4)蛋清稀薄如水　若打开鸡蛋，蛋清稀薄如水，临床多见于传染性支气管炎等。

(二)个体检查

通过群体检查选出具有特征病变的个体进一步做个体检查。个体检查内容包括体温检查、冠部检查、眼部检查、鼻腔检查、口腔检查、皮肤及羽毛检查、颈部检查、胸部检查、腹部检查、腿部检查、泄殖腔检查等。

1. 体温检查

体温变化是家禽发病的标志之一，可通过用手触摸禽体或用体温计来检查。

(1)正常状态下体温　鸡体温41.5 ℃(40～42 ℃)、鸭41～43 ℃、鹅40～41 ℃。

(2)病理状态下体温变化　当动物出现疾病，临床症状明显，体温发生变化，有体温升高和体温下降两种病理状态。

①体温升高　有热源性刺激物作用时，体温中枢神经机能发生紊乱，产热和散热的平衡受到破坏，产热增多，散热减少而使体温升高，并出现全身症状称发热。临床上引起发热性疾病很多。许多传染性疾病也会引起禽只发热，如禽霍乱、沙门氏菌病、新城疫、禽流感、热应激等。

②体温下降　鸡体散热过多而产热不足，导致体温在正常以下称体温下降。病理状态下体温下降多见于营养不良、营养缺乏、中毒性疾病和濒死期禽只。

2. 冠和肉垂检查

(1)正常状态下冠和肉垂　鲜红色，湿润有光泽，用手触诊有温热感觉。

(2)病理状态下冠和肉垂的变化

①冠和肉垂出现肿胀　临床多见于禽霍乱、禽流感、严重大肠杆菌感染和颈部皮下注射疫苗引起。

②冠和肉垂出现苍白　临床上若冠和肉垂不萎缩、单纯性出现苍白,多见于白冠病、雏鸡球虫病、弧菌肝炎、啄伤等。

③冠萎缩　冠和肉垂由大变小,出现萎缩,颜色发黄,无光泽,临床多见于消耗性疾病,如马立克病、淋巴白血病,因大肠杆菌感染引起输卵管炎或其他病感染引起卵泡萎缩等。

④冠和肉垂发绀　临床出现冠和肉垂呈暗红色,多见于新城疫、禽霍乱、呼吸系统疾病等。

⑤冠和肉垂出现发蓝紫色　临床多见于 H5 流感病毒感染。

⑥冠和肉垂出现发黑　临床多见于盲肠球虫病(又称黑头病)。

⑦有痘斑　临床多见于禽痘。

⑧有小米粒大小梭状出血和坏死　临床多见于卡白细胞原虫病。

⑨冠和肉垂出现有皮屑无光泽　临床多见于营养不良、维生素 A 缺乏、真菌感染和外寄生虫病。

3. 鼻腔检查

检查鼻腔时,检查者用左手固定家禽的头部,先看两鼻腔周围是否清洁,然后用右手拇指和食指用力挤压两鼻孔,观察鼻孔有无鼻液或异物。

健康家禽鼻孔无鼻液。病理状态下出现有示病意义的鼻液。如透明无色的浆液性鼻液,多见于卡他性鼻炎;黄绿色或黄色半黏液状鼻液,黏稠,灰黄色、暗褐色或混有血液的鼻液,混有坏死组织、伴有恶臭鼻液多见于传染性鼻炎;鼻液量较多常见于鸡传染性鼻炎、禽霍乱、禽流感、鸡败血型霉形体病、鸭瘟等。此外,鸡新城疫、传染性支气管炎、传染性喉气管炎、鸭衣原体病等过程中,亦有少量鼻液。当维生素 A 缺乏时,可挤出黄色干酪样渗出物。当鼻腔内有痘斑多见于禽痘。值得注意的是,凡伴有鼻液的呼吸道疾病一般可发生不同程度的眶下窦炎,表现眶下窦肿胀。

4. 眼部检查

(1)正常情况下眼部状态　家禽两眼有精神,特别是鸡两眼圆睁,瞳孔对光线刺激敏感,结膜潮红,角膜白色。在检查眼时注意观察角膜颜色、有无出血和水肿、角膜完整性和透明度、瞳孔情况和眼内分泌物情况。

(2)病理状态下眼部病变

①眼半睁半闭状态　眼部变成条状,临床多见于传染性喉气管炎、环境中氨气、甲醛浓度过高。

②眼部出现流泪　眼部出现流泪,严重时眼下羽毛被污染,临床多见于传染性眼炎、传染性鼻炎、传染性喉气管炎、鸡痘、支原体感染以及氨气、甲醛浓度过高。

③眼角膜充血、水肿、出血　临床多见于结膜炎、眼型鸡痘、禽曲霉病、禽大肠杆菌病、支

原体病等。另外当环境尘土过多也可以引起，应注意区别。

④眼部出现肿胀　眼部出现肿胀，严重时上下眼睑结合在一起，内积大量黄色豆腐渣样干酪物。临床多见于传染性眼炎、支原体病、黏膜型鸡痘、维生素 A 缺乏，肉仔鸡大肠杆菌、葡萄球菌、绿脓杆菌感染等。

⑤眼角膜发红　角膜发红，临床多见于副大肠杆菌病。

⑥角膜混浊　角膜出现浑浊，严重形成白斑和溃疡，临床多见于眼型马立克病。

⑦结膜形成痘斑　临床多见黏膜型鸡痘。

5. 脸部检查

(1)正常情况下脸部状态　家禽脸部红润，有光泽，特别是产蛋鸡更明显，脸部检查注意脸部颜色、是否出现肿胀和脸部皮屑情况。

(2)病理情况下脸部变化

①脸部出现肿胀　若用手触诊脸部出现发热，有波动感，临床多见于禽霍乱、传染性喉气管炎；用手触诊无波动感多见于支原体感染、禽流感、大肠杆菌病；若两个眶下窦肿胀多见于窦炎、支原体病等。

②脸部有大量皮屑　临床多见于维生素 A 缺乏，营养不良和慢性消耗病。

6. 口腔检查

(1)家禽口腔检查　用左手固定头部，右手大拇指向下扳开下喙，并按压舌头，然后左手中指从下颚间隙后方将喉头向上轻压，然后观察口腔。

(2)正常情况下家禽口腔　家禽口腔内湿润有少量液体，有温热感。口腔检查时注意上颚裂、舌、口腔黏膜及食道喉头、器官等变化。

(3)病理状态下口腔异常

①在口腔黏膜上形成一层白色假膜　临床多见于念珠球菌感染。

②口腔黏膜出现溃疡　口腔及食道乳头变大，融合形成溃疡，临床多见于维生素 A 缺乏。

③上颚腭裂处形成干酪物　临床多见于支原体感染，黏膜型鸡痘。

④口腔内积有大量酸臭绿色液体　临床多见于新城疫、嗉囊炎和返流性胃炎。

⑤口腔积有大量黏液　临床多见于禽流感、大肠杆菌病、禽霍乱等。

⑥口腔积有泡沫液体　临床多见于呼吸系统疾病。

⑦口腔有血样黏条　临床多见于传染性喉气管炎。

⑧口腔积有稀薄血液　临床多见于卡氏白细胞原虫病、肺出血、弧菌肝炎等。

(4)病理状态下喉头、气管、舌、喙异常

①喉头出现水肿出血　临床多见于传染性喉气管炎、新城疫、禽流感等。

②喉头被黄色干酪样物栓子阻塞　临床多见于传染性喉气管炎后期。

③喉头、气管上形成斑痘　临床多见于黏膜型鸡痘。

④气管内有黄色块状或凝乳状干酪样物　临床多见于支原体病，传染性支气管炎、新城

疫、禽流感等。

⑤舌尖发黑　临床多见于药物引起或循环障碍性疾病。

⑥舌根部出现坏死，反复出现吞咽动作　临床多见于家禽食长草或绳头缠绕，使舌部出现坏死。

⑦鸭喙出现变形　上喙变短变形，临床多见于鸭光过敏和药物过敏。

7. 嗉囊检查

(1)正常情况下嗉囊　嗉囊位于食管颈段和胸段交界处，在锁骨前形成一个膨大盲囊，成球形，弹性很强。鸡、火鸡的嗉囊比较发达。常用视诊和触诊的方法检查嗉囊。

(2)病理状态下嗉囊异常

①软嗉　其特征是体积膨大，触诊发软、有波动，如将禽的头部倒垂，同时按压嗉囊可由口腔流出液体，并有酸败味，临床常见于某些传染病、中毒病；火鸡患新城疫时，嗉囊内有大量黏稠液体。

②硬嗉　当禽只缺乏运动，饮水不足，或喂单一干料，常发生硬嗉。按压时呈面团状。

③垂嗉　嗉囊逐渐增大，总不空虚，内容物发酵有酸味，临床多见于饲喂大量粗饲料而引起。

④嗉囊破溃　临床多见于误食石灰或火碱引起。

⑤嗉囊壁增厚　用手触诊嗉囊壁增厚多见于链球菌感染。

8. 皮肤及羽毛检查

(1)正常情况下皮肤及羽毛　成年家禽羽毛整齐光滑、发亮、排列匀称，刚出壳雏禽有纤维的绒毛，皮肤因品种、颜色不同而有差异。

(2)病理状态下皮肤与羽毛病变

①皮肤上形成肿瘤　临床多见于皮肤型马立克病。

②皮肤形成溃疡　在皮肤上形成溃疡，毛易脱，皮下出现出血，临床多见于葡萄球菌感染。

③皮下出现白色胶样渗出　临床多见于维生素 E-亚硒酸钠缺乏。

④皮下出现绿色胶样渗出　临床多见于绿脓杆菌感染。

⑤脐部愈合差，发黑，腹部较硬　临床多见于沙门菌、大肠杆菌、葡萄球菌、绿脓杆菌感染引起的脐炎。

⑥羽毛无光泽，容易脱落　临床多见于维生素 A 缺乏、营养不良、慢性消耗病或外寄生虫病。

⑦皮下形成脓肿，严重破溃、流脓　临床上多见于外伤或注射疫苗感染引起。

⑧皮下形成气肿　严重时禽像气球吹过一样，临床多见于外伤引起气囊破裂，气体进入皮下引起。

9. 胸部检查

(1)正常情况下胸部　胸部平直，胸部肌肉附着良好，因经济作用不一样，肌肉有差异。

肉鸡胸肌发达，蛋禽胸部肌肉适中，肋骨隆起。在临床检查中注意胸骨平直情况、两侧肌肉发育情况以及是否出现囊肿等。

(2)病理状态下胸骨变化

①胸骨出现弯曲，肋骨(软骨部分)出现凹陷　临床多见于钙、磷、维生素D缺乏，钙比例不当、氟中毒等。

②胸骨部分出现囊肿　临床多见于肉种鸡、仔鸡运动不足或垫料太硬引起。

③胸骨呈刀脊状　胸骨肌肉发育差，胸骨呈刀脊状，临床多见于一些慢性消耗性疾病，如马立克病、淋巴结白血病、大肠杆菌引起的腹膜炎，输卵管炎。

10. 腹部检查

鸡的腹部是指胸骨和耻骨之间所形成的柔软的体腔部分。腹部检查的方法主要通过触诊检查。

(1)正常情况下家禽腹部　家禽腹部大小适中，相对比较丰满，特别是产蛋鸡、肉鸡用手触诊温暖柔软而有弹性，在腹部两侧后下方可触到肝脏后缘；腹部下方可触到较硬的肌胃(产蛋鸡的肌胃，注意不应与鸡蛋相混淆)。对鸭、鹅需要用手触摸，可感到肌胃在手掌内滚动，按压有韧性。在临床过程中应该注意观察腹部的大小、弹性、波动感等。

(2)病理状态下的腹部异常

①腹部容积变小　临床多见于家禽采食量下降和产蛋鸡的停产引起。

②腹部容积变大　若肉鸡腹部容积增大，触诊有波动感，临床多见于腹水综合征；若蛋鸡腹部较大，走路像企鹅，临床多见于家禽早期感染传染性支气管炎、衣原体引起的输卵管不可逆病变导致的大量蛋黄或水在输卵管内或腹腔内聚集；若雏禽腹部较大，用手触摸较硬，临床多见于由大肠杆菌、沙门菌或早期温度过低引起卵黄吸收差所致。

③腹部变硬　若触诊感觉很厚，临床多见于鸡过肥、腹部脂肪过多聚集引起；若肉鸡腹部触诊较硬临床多见于大肠杆菌感染；产蛋鸡瘦弱胸骨呈刀脊状，腹部较硬且大，临床多见于大肠杆菌、沙门菌感染而引起输卵管内积有大量干酪物所致。

腹部感觉有软硬不均的小块状物体，腹部增温，触诊有痛感，腹腔穿刺有黄色或灰色带有腥臭味浑浊的液体，多提示卵黄性腹膜炎。

④肝脏肿胀至耻骨前沿　临床多见于淋巴白血病。

11. 泄殖腔检查

(1)正常情况下泄殖腔　泄殖腔周围羽毛清洁。高产蛋鸡肛门呈椭圆形、湿润、松弛。检查时检查者用手抓住鸡的两腿把鸡倒悬起来，使肛门朝上，用右手拇指和食指翻开肛门，观察肛道黏膜的色泽、完整性、紧张度、湿度和有无异物等。

(2)病理状态下泄殖腔的异常变化

①形成假膜　肛门周围发红肿胀，并形成一种有韧性，黄白色干酪样假膜。将假膜剥离后，留下粗糙的出血面，临床常见于慢性泄殖腔炎(也称肛门淋)或鸭瘟。

②石灰样分泌物　肛门肿胀，周围覆盖有多量黏液状灰白色分泌物，其中有少量的石灰

质，常见于母鸡前殖吸虫病、大肠杆菌病等。

③脱肛　肛门明显突出，甚至外翻并且充血、肿胀、发红或发紫，是高产母鸡或难产母鸡不断努责引起的脱肛症。

④泄殖腔黏膜发生出血、坏死　常见于外伤、鸡新城疫及鸭瘟。

四、病理剖检

(一)肌肉组织

1. 正常情况下肌肉组织

肌肉丰满，颜色红润，水禽肌肉颜色较重，呈深红色，表面有光泽，临床诊断时应注意观察肌肉颜色、弹性和是否脱水等异常情况。

2. 病理状态下肌肉的异常变化

(1)肌肉脱水　表现肌肉无光泽，弹性差，严重者表现为“搓板状”，临床多见于肾脏疾病引起的盐类代谢紊乱而导致的脱水或严重腹泻等。

(2)肌肉水煮样　肌肉颜色发白，表面有水分渗出，肌肉变性，弹性差，像热水煮过一样，临床多见于热应激和坏死性肠炎。

(3)肌肉纤维间形成梭状坏死和出血　小米粒大小，临床多见于卡氏白细胞原虫病。

(4)肌肉刷状出血　临床多见于法氏囊炎、磺胺类药物中毒。

(5)肌肉上有白色尿酸盐沉积　临床多见于痛风、肾型传染性支气管炎。

(6)肌肉形成黄色纤维素渗出物　腿肌、腹肌变性，有黄色纤维素渗出物，临床多见于严重大肠杆菌病。

(7)肌肉贫血、苍白　临床多见严重出血、贫血或啄伤。

(8)肌肉形成肿瘤　临床多见于马立克病。

(9)肌肉溃烂、脓肿　临床多见于外伤或注射疫苗引起感染。

(二)肝脏

1. 正常情况下肝脏

鸡肝脏颜色深红色，两侧对称，边缘较锐，在右侧肝脏腹面有大小适中的胆囊。刚出壳的雏鸡，肝脏颜色呈黄色，采食后，颜色逐渐加深；水禽左右肝脏不对称。在观察肝脏病变时，应注意肝脏颜色变化、被膜情况、是否肿胀、出血、坏死、是否有肿瘤。

2. 病理状态下肝脏的异常变化

(1)肝脏肿大、淤血，肝脏被膜下有针尖大小的坏死灶　临床多见于禽霍乱。

(2)肝脏肿大，在被膜下有大小不一的坏死灶　临床多见于鸡白痢等。

(3)肝脏肿大，呈铜锈色，有大小不一的坏死灶　临床多见于伤寒。

(4)肝脏土黄色　临床多见于雏鸡法氏囊感染，青年鸡磺胺类药物中毒，产蛋鸡脂肪肝和弧菌肝炎。

(5)肝脏上有榆钱样坏死,边缘有出血　临床多见于盲肠肝炎。

(6)肝脏有星状坏死　临床多见于弧菌肝炎。

(7)肝脏肿大,出现出血和坏死相间,切面呈琥珀色　临床多见于包涵体肝炎。

(8)肝脏肿大至耻骨前沿　临床多见于淋巴白血病。

(9)肝脏形成黄豆粒大小的肿瘤　临床多见于马立克病、淋巴白血病。

(10)肝脏出现萎缩、硬化　临床多见于肉鸡腹水综合征后期。

(11)肝脏被膜上有黄色纤维素渗出物　临床多见于鸡的大肠杆菌病、鸭的传染性浆膜炎。

(12)肝脏被膜上有白色尿酸盐沉积　临床多见于痛风和肾支。

(13)肝脏被膜上有一层白色胶样渗出物　临床多见于衣原体感染。

(三)气囊

1. 正常情况下气囊

气囊是禽类呼吸系统的特有器官,是极薄的膜性囊,气囊共9个,只有1个不对称,即单个的锁骨间气囊和成对的颈气囊、前胸气囊、后胸气囊和腹气囊,气囊与支气管相通,可作为空气的贮存器,有加强气体交换的功能。观察气囊时注意气囊壁的厚薄,有无结节,干酪物、霉菌菌斑等。

2. 病理状态下气囊的异常变化

(1)气囊壁增厚　临床多见于大肠杆菌、支原体、霉菌感染。

(2)气囊上有黄色干酪物　临床多见于支原体、大肠杆菌感染。

(3)气囊形成小泡,在腹气囊中形成许多泡沫　临床多见于支原体感染。

(4)气囊形成霉菌斑　临床多见于霉菌感染。

(5)气囊形成黄白色车轮状硬干酪物　临床多见于霉菌感染。

(6)气囊形成小米粒大小结节　临床多见于雏鸡曲霉菌感染或卡氏白细胞原虫病。

(四)泌尿系统

1. 正常情况下肾脏

肾位于腰背部,分左右两侧。每侧肾脏由前、中、后三叶组成,呈隆起状,颜色深红。两侧有输尿管,无膀胱和尿道,尿在肾中形成后沿输尿管输入泄殖腔与粪便混合一起排出体外。临床上注意观察肾脏有无肿瘤、出血、肿胀及尿酸盐沉积等。

2. 病理状态下肾脏的异常变化

(1)肾脏实质出现肿大　肾脏肿大有尿酸盐沉积形成花斑肾,临床多见于肾型传染性支气管炎、沙门菌感染、痛风、法氏囊炎、磺胺类药物中毒等。

(2)肾脏被膜下出血　临床多见于卡氏白细胞原虫病、磺胺类药物中毒。

(3)肾脏形成肿瘤　临床多见于马立克病、淋巴白血病等。

(4)肾脏单侧出现自融　临床多见于输尿管阻塞。

(5)输尿管变粗、结石　临床多见于痛风、肾型传染性支气管炎、磺胺类药物中毒。

(五)生殖系统

1. 正常情况下生殖系统

公禽生殖系统包括睾丸、输精管和阴茎。睾丸一对,位于腹腔肾脏下方,没有前列腺等副性腺;母禽生殖器官包括卵巢和输卵管,左侧发育正常,右侧已退化。成禽卵巢如葡萄状,有发育程度不同,大小不一的卵泡;输卵管由漏斗部、卵白分泌部、峡部、子宫部、阴道部5个部分组成。观察生殖系统时注意观察卵泡发育情况、输卵管的病变。

2. 病理状态下卵巢的异常变化

(1)卵巢变成菜花样肿胀　临床多见于马立克病。

(2)卵巢出现萎缩　临床多见于沙门菌感染、新城疫、禽流感、减蛋综合征、禽脑脊髓炎、传染性支气管炎、传染性喉气管炎等。

(3)卵泡出现液化呈蛋黄汤样　临床多见于禽流感、新城疫等。

(4)卵泡呈绿色并萎缩　临床多见于沙门菌感染。

(5)卵泡上有一层黄色纤维素性干酪物、恶臭　临床多见于禽流感、严重的大肠杆菌病。

(6)卵泡出现出血　临床多见于热应激、禽霍乱、坏死性肠炎。

(7)输卵管内积大量黄色凝固样干酪物,恶臭　临床多见于大肠杆菌引起的输卵管炎。

(8)输卵管内积有似非凝蛋清样分泌物　临床多见于禽流感。

(9)输卵管内出现水肿,像热水煮过一样　临床多见于热应激,坏死性肠炎。

(10)输卵管内像撒一层糠麸样,壁上形成小米粒大小红白相间结节　临床多见于卡氏白细胞原虫病。

(11)输卵管子宫部出现水肿,严重形成水泡　临床多见于减蛋综合征、传染性支气管炎。

(12)输卵管发育不全,前部变薄积水或积有蛋黄,峡部出现阻塞　临床多见于雏鸡感染性支气管炎,衣原体感染。

(13)输卵管系膜形成肿瘤　临床多见于马立克病,网状内皮组织增生病。

(六)消化系统

1. 正常情况下消化系统

禽的消化系统较特殊,没有唇、齿及软腭。上下颌形成喙,口腔与咽直接相连,食物入口后不经咀嚼,借助吞咽经食管入嗉囊。嗉囊是食管入胸腔前扩大而成,主要机能是贮存、湿润和软化食物,然后收缩将食物送入腺胃。腺胃体积小,呈纺锤形,仅位于腹腔左侧,可分泌胃液,含有蛋白酶和盐酸。肌胃紧接腺胃之后,肌层发达,内壁是坚韧的类角质膜,肌胃内有沙砾,对食物起机械研磨作用。

禽肠的长度与躯干(最后颈椎至尾综骨)之比为:鸡、山鸡为(7～9)∶1,鸭为(8.5～11)∶1,鹅为(10～12)∶1,鸽为(5～8)∶1。大小肠黏膜都有绒毛,整个肠壁都有肠腺。十二指肠起于肌胃,形成"U"形袢而止于十二指肠起始部的相对处。空肠形成许多半环状肠袢,由肠系膜悬挂于腹腔右侧。胰腺位于十二指肠袢内,呈淡黄色,长形,分背腹两叶,以导管与胆管一同开口于十二指肠。大肠由一对盲肠和直肠组成。盲肠的入口处为大肠和小肠的分界线，这里有明显的肌性回盲瓣，后段肠壁内分布有丰富的淋巴组织，形成盲肠扁桃体，以鸡最明显。禽类的直肠很短，泄殖腔是消化、泌尿和生殖三个系统的共同出口，最后以肛门开口于体外。泄殖腔体被两个环形褶分为前、中、后三部分：前为粪道，与直肠直接相连；中为泄殖道，输尿管、输精管或输卵管的阴道部开口于此；后为肛道，是消化道最后一段，壁内有括约肌。在泄殖道与肛道交界处的背侧有一腔上囊（又称法氏囊）。临床检查应注意观察消化系统的内脏是否出现水肿，出血，坏死，肿瘤等。

2. 病理状态下消化系统的异常变化

(1)腺胃肿胀，浆膜外出现水肿变性，肿胀像乒乓球样　临床多见于腺胃型传染性支气管炎、马立克病。

(2)腺胃变薄，严重时形成溃疡或穿孔，腺胃乳头变平，严重形成蜂窝状　临床多见于坏死性肠炎，热应激。

(3)腺胃乳头出血　临床多见于新城疫、禽流感，药物中毒。

(4)腺胃黏膜和乳头出现广泛性出血　临床多见于卡氏白细胞原虫病，药物中毒和肉仔鸡严重大肠杆菌病。

(5)腺胃与肌胃交接处出血　临床多见于新城疫、禽流感、法氏囊病和药物中毒。

(6)腺胃与肌胃交接处出现腐蚀，糜烂　临床多见于药物中毒，霉菌感染。

(7)腺胃与肌胃交接处形成铁锈色　临床多见于药物中毒，肉仔鸡强毒力新城疫和低血糖综合征。

(8)腺胃与肌胃交接处角质层出现水肿，变性　临床多见于药物中毒。

(9)腺胃与食道交接处出现出血　临床多见于传染性支气管炎，新城疫，禽流感。

(10)食道出现出血　临床多见于药物中毒，禽流感和鸭瘟。

(11)食道出现坏死　多见于鸭瘟。

(12)食道形成一层白色假膜　临床多见于念珠菌感染和毛滴虫病。

(13)肌胃变软，无力　多见于霉菌感染，药物中毒。

(14)肌胃角质层糜烂　临床多见于药物中毒，霉菌感染。

(15)肌胃角质层下出血　临床多见于新城疫、禽流感、霉菌感染或药物中毒。

(16)小肠肿胀，浆膜外观察有点状出血或白色点　临床多见于小肠球虫病。

(17)小肠壁增厚，有白色条状坏死，严重时在小肠形成假膜　临床多见于堆式球虫病或坏死性肠炎。

(18)小肠出现片状出血　临床多见于禽流感和药物中毒。

(19)小肠出现黏膜脱落　临床多见于坏死性肠炎，热应激或禽流感。

(20)十二指肠腺体，盲肠扁桃体，淋巴滤泡出现肿胀，出血，严重的形成纽扣样坏死　临床多见于新城疫感染。

(21)小鹅小肠变粗增厚形成肠芯　多见于小鹅瘟或病毒性肠炎。

(22)肠壁形成米粒样大小结节　多见于慢性沙门菌,大肠杆菌引起的肉芽肿,以直肠最明显。

(23)盲肠内积红色血液,盲肠壁增厚,出血,盲肠体积增大　临床多见于盲肠球虫病。

(24)盲肠内积有黄色干酪物,呈同心圆状　临床多见于盲肠肝炎,慢性沙门菌感染。

(25)鸭直肠出血,坏死　多见于鸭瘟。

(26)胰脏出现肿胀,出血,坏死　临床多见于禽霍乱,沙门菌、大肠杆菌感染或禽流感。

(27)肠道形成肿瘤　多见于马立克病。

(七)呼吸系统

1. 正常情况下呼吸系统

禽的呼吸系统由鼻、咽、喉、气管、支气管、肺和气囊等器官构成。鸣管是禽类的发音器官,由几枚气管和支气管环以及一枚特殊的鸣骨作支架构成。鸣骨位于气管分叉顶部,将鸣腔一分为二,在支架上,具有两对弹性薄膜,叫内、外鸣膜,形成一狭缝,当禽类呼气时,空气振动鸣膜而发音。公鸭的鸣管形成一个膨大的骨质鸣泡,无鸣膜,发声嘶哑。

2. 病理状态下呼吸系统的异常变化

(1)肺部成樱桃红色　临床多见于一氧化碳中毒。

(2)肺部出现肉变,肺表面或实质有肿块或肿瘤　成鸡多见于马立克病。

(3)肺部形成黄色的米粒大小的结节　临床多见于禽白痢,曲霉菌感染。

(4)肺部出现水肿　临床多见于肉鸡腹水综合征。

(5)肺部形成黄白色较硬的豆腐渣样物　临床多见于禽结核,曲霉菌感染,马立克病。

(6)肺部出现霉菌斑和出血　临床多见于霉菌感染。

(7)支气管内积有大量的干酪物或黏液　临床多见于育雏前七天湿度过低,传染性支气管炎。

(8)支气管上端出血　临床多见于传染性支气管炎、新城疫、禽流感等。

(9)鼻黏膜出血,鼻腔内积大量的黏液　临床多见于传染性鼻炎、支原体病、鸭瘟等。

(10)喉头出现水肿　临床多见于传染性喉气管炎、新城疫、禽流感。

(11)气管内形成痘斑　多见于黏膜型鸡痘。

(12)气管内形成血样黏条　多见于传染性喉气管炎。

(13)喉头形成黄色的栓塞　多见于传染性喉气管炎或黏膜型鸡痘。

(八)心脏

1. 正常情况下心脏

鸡的心脏较大,为体重的4%～8%,呈圆锥形,位于胸腔的后下方,夹于肝脏的两叶之间。心脏的壁是由心内膜、心肌和心外膜构成。心脏的瓣膜是由双层的心内膜褶和结缔组织构成的,心脏的外面包一浆膜囊叫做心包。在正常情况下,内含少量心包液,呈湿润状态,有减少心动摩擦的作用。但在病态情况下,常积有较多的液体,其含量多少,因病而异。正常和营养状况良好的鸡只,心脏的冠状沟和纵沟上,有较多的脂肪组织,观察心脏的形态,脂肪及心内外膜,心包,心肌情况有诊断意义。

2. 病理状态下心脏的异常变化

(1)冠脂出血　多见于禽霍乱或禽流感。

(2)心脏上形成米粒样大小结节　临床多见于慢性沙门氏菌病,大肠杆菌病或卡氏白细胞原虫病。

(3)心肌出现肿瘤　多见于马立克病。

(4)心包内形成黄色纤维素性渗出物　多见于大肠杆菌病。

(5)心包内积有大量白色尿酸盐　临床多见于痛风、肾型传染性支气管炎、磺胺类药物中毒等。

(6)心包积有大量黄色液体　临床多见于一氧化碳中毒、肉鸡腹水综合征、肺炎及心力衰竭。

(7)心脏代偿性肥大,心肌无力　多见于肉鸡腹水综合征。

(8)心脏出现条状变性,心内、外膜出血　多见于禽流感、心肌炎、维生素 E 缺乏等。

(9)心脏瓣膜形成圆球状　临床多见于风湿性心脏病、心肌炎等。

五、鸡的鉴别诊断

(一)引起呼吸系统症状的疾病(表 3-1)

表 3-1　引起呼吸系统症状的疾病

病名	相似点	区别点
新城疫	张口呼吸,咳嗽,呼噜,甩鼻	呼噜,斜颈歪头,脚,翼麻痹,产蛋下降,剖检可见喉头气管有黏液,气管黏膜增厚环状出血,肺、脑有出血点
禽流感	呼吸有啰音,咳嗽,流泪,呼吸困难,发出怪叫声	头肿,流泪,眼睑浮肿,鸡冠肉垂肿胀发紫甚至坏死。呼吸困难,气管环出血,鼻腔内黏液增多,发烧,产蛋下降,卵泡坏死、变性,畸形蛋增多
传染性鼻炎	甩鼻,打喷嚏,呼吸困难	发病率高,死亡率低。鼻腔症状明显,鼻腔内黏液增多、黏膜红肿或阻塞有黄色干酪样物质,多数为一侧鼻窦或脸肿,少数为双侧肿
鸡败血支原体病	呼噜,甩鼻,呼吸有啰音	传播慢,死亡率低。呼吸有啰音,流泪,气囊混浊、囊壁增厚,偶尔出现脸肿大
传染性支气管炎	咳嗽,打喷嚏	为急性发生,有一定的死亡率。支气管内黏液增多,有时形成栓塞,支气管有出血,呼吸时常发出异常声音,产蛋率下降
传染性喉气管炎	伸颈张口呼吸,甩鼻,咳血,发出尖叫声	发病迅速,死亡快。病鸡张口呼吸,伸颈,喉头气管出血,有大量的血凝块,常发出尖叫声
鸡痘(白喉型)	呼吸困难,张口伸颈	呼吸和吞咽困难,窒息死亡,口腔和咽喉黏膜出现痘疹和假膜,混合感染其他病型还可见无毛的皮肤处出现痘疹
维生素 A 缺乏症	呼吸困难,呼吸有啰音	消化道黏膜上皮细胞角质化,可见灰白色小结节,呈树皮状

(二)引起冠髯及面部肿胀、皮肤出现病变的疾病(表 3-2)

表 3-2 引起冠髯及面部肿胀、皮肤出现病变的疾病

病名	相似点	区别点
禽流感	鸡冠及肉髯肿胀,呈紫红色,眼睑水肿,流泪	病鸡呆立,鸡冠有坏死灶,腿部角质鳞片有出血点,全身浆膜、黏膜广泛性出血,急性型内脏呈败血型经过
禽霍乱	鸡冠及肉髯肿胀,呈黑紫色	16 周龄以前的鸡较少发生,发病突然,死亡多为强壮鸡和高产鸡,排绿色稀粪。剖检变化为心冠脂肪出血,肝脏出血,十二指肠弥漫性出血,慢性可见关节炎
鸡痘	皮肤型鸡痘:头部、鸡冠、肉垂、口角、眼周围有痘疹,黏膜型鸡痘:眼睑肿胀,流泪,面部肿胀,呼吸困难	皮肤型鸡痘:无毛部皮肤及肛门周围、翅膀内侧均见痘疹,坏死后形成痂皮;黏膜型鸡痘:在口腔及咽喉黏膜上有白色痘斑,突出于黏膜,相互融合,表面可形成黄白色假膜
大肠杆菌病	单侧型眼炎,眼睑肿胀,流泪,有黏性分泌物	引起多种类型的病症,全眼球炎见于 30～60 日龄的雏鸡,严重的引起失明,还有败血症、气囊炎、脐炎、关节炎及肠炎变化
传染性鼻炎	眶下窦和面部肿胀,肉垂水肿,鸡冠发紫,单侧脸肿	成年鸡最易感,从鼻孔流出浆液性、黏液性以至脓性恶臭的分泌物,鼻腔和眶下窦黏膜充血、肿胀,窦腔内蓄积大量黏液,脓性分泌物,有时为干酪样物质,角膜浑浊,眼球萎缩
支原体病	呼噜,甩鼻,流泪,多为双侧颜面肿胀,眶下窦肿胀	鼻腔、眶下窦及腭裂蓄积大量黏液和干酪样物质,气囊增厚、浑浊、有泡沫样或黄色干酪样物质,肺部有灰红色肺炎病灶
肿头综合征	眼及面部肿胀,流泪,流鼻液	头、眼周、冠、肉垂、下颌皮下水肿呈胶冻状,后期为干酪样物质,肠系黏膜水肿,呈黄色胶冻状
维生素 A 缺乏症	头、面部、眼周围水肿,眼球凹陷	眼睑肿胀,角膜软化或穿孔,眼球凹陷,失明,结膜囊内蓄积干酪样物质,口腔、咽、食道黏膜有白色小米颗粒状结节

(三)引起关节肿胀、腿部发育异常等运动障碍的疾病(表 3-3)

表 3-3 引起关节肿胀、腿部发育异常等运动障碍的疾病

病名	相似点	区别点
大肠杆菌病(关节炎)	关节肿大,跛行,触诊有波动感	切开关节流出浑浊液体,重者关节腔内有干酪样物质,涂片镜检可见革兰氏阴性小杆菌
葡萄球菌病	多数关节性肿胀,以跗趾关节多见,病鸡跛行,不愿站立走动	肿胀关节紫红,逐渐化脓,有的形成趾瘤,切开关节后,流出黄色脓汁,涂片镜检可见葡萄球菌

续表 3-3

病名	相似点	区别点
滑液囊支原体病	跗关节、趾关节肿胀，触诊有波动感、热感，站立、运动困难	切开后关节囊内有黏稠液体或干酪样物，多发于 4～16 周龄鸡，偶见于成年鸡
病毒性关节炎	跗关节及后侧腓肠肌腱和腱鞘肿胀，表现为拐腿，站立困难，步态不稳	多为双侧性跗关节与腓肠肌腱肿胀，关节腔积液呈草黄色或淡黄色，有时腓肠肌腱断裂、出血，外观病变部位呈青紫色
痛风	腿部关节肿胀，有的脚掌趾关节肿胀，走路不稳，跛行，重者不能站立	关节囊有淡黄色或白色石灰乳样尿酸盐沉积
胆碱缺乏症	跗关节轻度肿大，周围点状出血，长骨短粗，趾骨变形弯曲，出现滑健症	雏鸡、青年鸡可见滑腱症，肝脂肪含量增多，成年鸡主要表现为机体脂肪过度沉积，一般无关节病变
维生素 B_2 缺乏症	跗、趾关节肿胀，脚趾向内卷曲成拳状，即“卷爪”，双脚不能站立，行走困难	两侧坐骨神经和臂神经显著肿大、变软，为正常的 4～5 倍，胃肠黏膜萎缩，肠内有泡沫状内容物，多发于雏鸡和产蛋高峰期鸡
维生素 B_{11} 缺乏症	主要表现为胫骨粗短，偶尔也会有滑腱症	有头颈部麻痹症状，头无法抬起，颈向前伸直下垂，喙触地，雏鸡嘴角上下交错，产蛋下降
锰缺乏症	长骨短粗，跗关节明显肿胀，腿弯曲无法站立和行走	长骨变短粗，但不变软变脆，雏鸡表现为明显的滑腱症
维生素 B_6 缺乏症	长骨短粗，腿严重跛行	有神经症状，雏鸡表现异常兴奋，盲目奔跑，运动失调，一侧或两侧中趾等关节内向弯曲，重症腿软，以胸着地，伸屈脖子，剧烈痉挛，有时可见肌胃糜烂
锌缺乏症	跗关节肥大，腿脚粗短	轻者爪、腿、皮肤有鳞片状皮屑，重者腿、爪皮肤严重角化，趾掌有裂缝，羽毛严重缺损，尤以翼羽和尾羽明显

（四）引起肝脏病变的疾病（表 3-4）

表 3-4　引起肝脏病变的疾病

病名	相似点	区别点
传染性法氏囊病	排白色水样粪便，肾肿、有白色尿酸盐沉积，呈花斑肾	3～6 周龄的雏鸡多发，死亡率高。法氏囊肿胀、出血或内容物呈果酱样，胸肌及腿肌出血

续表 3-4

病名	相似点	区别点
肾型传染性支气管炎	排白色水样稀便，肾脏肿胀，颜色变浅，有大量尿酸盐沉着	多见于 3～10 周龄雏鸡，两侧肾脏均等肿胀，有尿酸盐沉着，质地变硬，严重时内脏器官浆膜有多量尿酸盐沉着，死亡率高，成鸡产蛋率下降，蛋形及颜色改变，畸形蛋明显增多，病鸡康复后产蛋率很难恢复到以前的水平
痛风	排白色石灰样稀便，肾脏肿胀，有大量的尿酸盐沉着	肾脏颜色变黄，有大量的尿酸盐沉着，通常一侧萎缩，另一侧明显肿胀，输尿管增粗，有大量的白色尿酸盐，心外膜、心包腔、肝被膜均见大量尿酸盐覆盖
病毒性肾炎	肾不肿或微肿，颜色变浅，呈淡黄色，排白色稀便	1 日龄的鸡最易感染，成鸡常呈隐性感染，不出现肾炎病变，内脏可见尿酸盐沉积，特征性症状，生长发育停滞，产蛋率下降，蛋壳品质没有明显变化

(五)引起肾脏病变的疾病(表 3-5)

表 3-5　引起肾脏病变的疾病

病名	相似点	区别点
禽霍乱	肾肿大，表面布满黄白色针尖大坏死点	成年鸡易发，常突然发病，死亡多为肥胖鸡，心冠脂肪和心外膜有大量出血点，十二指肠严重出血
鸡沙门氏菌病	肝肿大，表面有大量灰白色针尖大坏死点	多发生于雏鸡和青年鸡，雏鸡拉白色的糊状粪便及糊肛，心肺上也有坏死灶，青年鸡的肝脏有时呈青铜色
鸡大肠杆菌病	肝脏肿大，肝周炎	多发生于雏鸡和 6～10 周龄的青年鸡，有纤维性心包炎、肝周炎、腹膜炎
鸡弧菌性肝炎	肝脏肿大，表面和实质内有黄色星芒状的小坏死灶或布满菜花样的大坏死区	多发生于青年鸡或新开产的母鸡，肝脏被膜下有出血区，或形成血肿
鸡组织滴虫病(盲肠肝炎)	肝肿大，表面有圆形或不规则状中心凹陷，周围边缘隆起的溃疡灶	多发生于 8 周龄至 4 月龄的鸡，一侧盲肠肿大，内有香肠状的干酪样凝固栓子，切面呈同心圆状
鸡包涵体肝炎	肝肿大，表面有点状或斑状出血	多发生于 3～9 周龄的肉鸡和蛋鸡。肝脏涂片，肝细胞核内见嗜酸性或嗜碱性核内包涵体
淋巴白血病	肝脏极度肿大，灰白色结节型、粟粒型或弥散性肿瘤	多发生于 18 周龄以上，法氏囊、脾、肺、肾处形成大小不等的肿瘤
马立克病(内脏型)	肝肿大，表面有灰色肿瘤结节	多发于 18～21 周龄的鸡，内脏其他实质器官也有肿瘤结节，法氏囊萎缩
脂肪肝综合征	肝肿大，呈黄色，质地松软，表面有出血点	多发生于成年鸡，鸡冠、肉髯和肌肉苍白，肝脏出血，腹腔和肠系膜有大量脂肪沉积

（六）引起肺脏、气囊病变的疾病（表 3-6）

表 3-6　引起肺脏、气囊病变的疾病

病名	相似点	区别点
鸡白痢	肺上有大小不等黄白色坏死结节	多发生于 2 周龄以内的雏鸡，拉白色糊状粪便，心脏和肝脏有坏死结节
鸡败血性支原体病	气囊浑浊、增厚，囊腔内有黄色干酪样物质	多发生于 4～8 周龄的雏鸡，呼吸困难，眶下窦肿胀，心脏和肝脏无病变，眼角有泡沫状液体流出
鸡曲霉菌病	肺和气囊上有灰黄色、大小不等的坏死结节	多发生于雏鸡，病鸡呼吸困难，胸腔上有坏死结节，内有干酪样物质。可见霉菌斑，镜检可见霉菌丝和孢子

（七）引起产蛋率下降、蛋品质降低的疾病（表 3-7）

表 3-7　引起产蛋率下降、蛋品质降低的疾病

病名	相似点	区别点
鸡白痢	卵泡变形、坏死、五颜六色	成年鸡呈隐性感染，产蛋停止，肠道出血，卵泡大小、性状、颜色发生改变，可见卵黄性腹膜炎
减蛋综合征	产蛋率突然下降	产蛋突然减少，蛋壳褪色，出现无壳、软壳、薄壳蛋等；输卵管、子宫部水肿性肥厚、苍白，一般在高峰期发病
传染性支气管炎	产蛋率突然下降	蛋壳异常，畸形蛋多、卵泡变性、出血、破裂，输卵管发炎、萎缩，后期小蛋多，蛋清稀薄如水，蛋黄不成形
鸡伤寒	卵泡变形	发生于 3 周龄至成年鸡，时有死亡，肝脏呈古铜色或淡绿色
鸡副伤寒	卵泡变形	肠炎、拉稀、卵巢炎、输卵管炎
绦虫病	产蛋率下降	粪便中可见小米粒大小、白色、长方形绦虫节片，肠内可见绦虫成虫
鸡蛔虫病	产蛋率下降	逐渐消瘦，下痢与便秘交替出现，肠中有较多蛔虫
产蛋鸡疲劳综合征	产蛋率下降	腿无力，但精神尚好，严重时精神不振，瘫痪或自发性骨折，胸骨、肋骨变形
维生素 D 缺乏症	产蛋率下降	软蛋增多，龙骨弯曲，瘫痪鸡日晒恢复
锰缺乏症	产蛋率下降	蛋壳变薄易碎，孵化后死胚多，跗关节肿胀，腓肠肌腱滑向一侧
钙、磷缺乏症或过多症	产蛋率下降	软壳蛋增多，钙过多引起痛风，肾脏出现尿酸盐沉积，缺磷过多影响钙的吸收，出现厌食，生殖器官发育不良

(八)引起肠炎、下痢的疾病(表 3-8)

表 3-8　引起肠炎、下痢的疾病

病名	相似点	区别点
新城疫	排黄绿色稀便	有呼吸道症状,后期有神经症状,消化道黏膜肿胀、出血、溃疡,腺胃乳头有出血点
禽流感	排黄白绿色稀便	胸、腿肌出血,腺胃乳头有出血点,肠道出血,输卵管内有蛋清样的物质,卵泡坏死、变性
鸡传染性法氏囊病	白色水样下痢	3～6 周龄多发,死亡率高,法氏囊肿胀出血,肌肉出血,花斑肾
大肠杆菌病	急性败血型可见排白色、黄绿色稀粪	可表现多种类型的疾病,急性败血症主要表现为:纤维素性心包炎和肝周炎,肝脏有点状坏死
禽轮状病毒感染	水样下痢	6 周龄以下的雏鸡易感染。泄殖腔肿胀出血,小肠内有大量液体和气泡,肠腔高度膨胀
坏死性肠炎	黑褐色、带血色稀粪	小肠中后段肠壁出血,斑点呈不规则形,肠壁坏死,有土黄色坏死灶,有时覆有灰黄色厚层假膜,肝脏可见 2～3 mm 圆环坏死灶
鸡组织滴虫病	带血稀便	病鸡头部皮肤黑褐色,盲肠有出血,坏死性肠炎,肠内容物坚实干燥,形成干酪样凝固栓子
球虫病	排血便或带血丝的粪便	3 周龄以下雏鸡多发,为急性经过,死亡率高,盲肠或小肠呈现出血性坏死性炎症,肠壁有白色结节,有神经症状
白冠病(住白细胞原虫病)	排白色、水样或绿色稀便	鸡冠苍白,口腔流出淡绿色液体,严重时有血样液体,全身皮下肌肉、肺、肾、心、脾、胰、肌胃、腺胃及肠黏膜均见出血点,并见灰白色小结节
鸡白痢	白色的石膏样稀便	急性型多见于 2 周龄左右的雏鸡,脐带红肿,卵黄吸收不良,成年鸡表现为隐性感染
鸡伤寒	黄绿色的粪便	肝、脾和肾肿大为正常的 2～4 倍,肝呈青铜色,有白色坏死点,卵泡变性
溃疡性肠炎	排白色、黄绿色、红色水样稀便,粪便中带有气泡	小肠和盲肠有大量圆形溃疡灶,中心凹陷,肝脏黄色或灰色圆形的小病灶或大片不规则的坏死区
肠毒综合征	水样稀便、西红柿样的粪便	有神经症状,尖叫,奔跑,腿瘫,粪便为西红柿样、水样或粪便中有未消化的饲料

（九）引起神经症状的疾病（表 3-9）

表 3-9　引起神经症状的疾病

病名	相似点	区别点
新城疫	四肢麻痹，共济失调，头部出现转圈运动（常见于后期）	有呼吸道症状，十二指肠降段、卵黄蒂后 3～4 cm 处、回肠前 1/3 处、盲肠淋巴结肿胀、出血，腺胃乳头有出血点
马立克病	共济失调，步态异常，严重瘫痪，呈“劈叉”动作	内脏实质器官出现肿瘤，坐骨神经呈单侧肿胀
传染性脑脊髓炎	共济失调，步态不稳，或以跗关节和翅膀支撑前行	头颈部震颤，剖检见脑水肿、充血，多发于 3 周龄以内的鸡
维生素 E、Se 缺乏症	头颈弯曲，有时出现角弓反张，两腿痉挛抽搐，行走不稳或瘫痪	脑水肿、出血，有散在的出血点，以小脑尤为明显，肌肉苍白，多见于雏鸡
大肠杆菌病（脑炎型）	垂头，昏睡，有的歪头，斜颈，共济失调，抽搐症状	脑膜充血、出血，小脑脑膜及实质有许多针尖大小的出血点
肉毒梭菌中毒	腿、翅、颈肌肉麻痹，两腿无力，步态不稳，重者瘫痪	呼吸急促，“软腿病”两眼深睡状，饲料中含有变质的动物性饲料所致

参考文献

[1]傅先强，刘占君.养禽场禽病检验手册[M].北京：中国农业大学出版社，1992.
[2]甘孟侯.中国禽病学[M].北京：中国农业出版社，1999.
[3]于致茂.最新实用鸡病诊断与防治[M].北京：中国农业出版社，2000.
[4]李生涛.禽病防治[M].北京：中国农业出版社，2001.
[5]蔡宝祥.家畜传染病学[M].4 版.北京：中国农业出版社，2001.
[6]王宝英.禽病防治[M].北京：高等教育出版社，2002.
[7]赵玉军.国家法定禽病诊断与防制[M].北京：中国轻工业出版社，2005.
[8]杨慧芳.养禽与禽病防治[M].北京：中国农业出版社，2006.
[9]李生涛.禽病防治[M].北京：中国农业出版社，2008.
[10]路燕.动物寄生虫病防治[M].北京：中国轻工业出版社，2017.
[11]白文彬，于康震.动物传染病诊断学[M].北京：中国农业出版社，2002.
[12]郭玉璞.家禽传染病诊断与防治[M].2 版.北京：中国农业大学出版社，1999.
[13]邝荣禄.禽病学[M].北京：中国农业出版社，1995.
[14]毛春生，章金钢.家禽防疫技术[M].北京：中国农业出版社，1996.
[15]张登荣，赵洪明，王世荣.鸡病学[M].天津：天津科学技术出版社，1995.
[16]辛朝安.禽病学[M].北京：中国农业出版社，2003.
[17]高波.鸡病防控与治疗技术[M].北京：中国农业出版社，2003.
[18]徐建义.禽病防治[M].北京：中国农业出饭社，2006.
[19]赵聘，潘琦，刘亚明.畜禽生产[M].3 版.北京：中国农业大学出版社，2021.
[20]赵聘，黄炎坤，徐英.家禽生产[M].3 版.北京：中国农业大学出版社，2021.